Hunde-
Enzyklopädie

Esther J. J. Verhoef-Verhallen

Hunde-Enzyklopädie

KARL MÜLLER VERLAG

Umschlaggestaltung: Ton Wienbelt, Den Haag
Redaktion und Produktion: TextCase, Groningen

Titel der Originalausgabe: Honden Encyclopedie
Übertragung aus dem Holländischen:
Michael Löschner, Dipl. Bio.
Lektorat: Liane Schalatek

5 4 3 2 1 97 98 99 00 01

Inhalt

Vorwort

Wir wollten in diesem Buch eine übersichtliche und logische Einteilung vornehmen und haben uns daher im weitesten Sinne an die Vorgaben der Internationalen Kynologischen Vereinigung (F.C.I., Fédération Cynologique Internationale) gehalten. Die Richtlinien dieser Vereinigung greifen bereits im größten Teil Europas, einige Nationen (USA, Großbritannien) arbeiten aber mit eigenen Einteilungen. Auch in anderen Ländern werden – obwohl sie sich der F.C.I. angeschlossen haben – hier und da abweichende Einteilungen der Rassen vorgenommen. Da in diesem Buch der internationale Charakter im Vordergrund stehen sollte, ist es also nicht immer automatisch gesichert, daß der Leser eine Hunderasse sofort auf dem „gewohnten" Platz findet. Wer mehr über die systematische Stellung einer bestimmten Rasse erfahren möchte, sollte sich am besten an eine Vereinigung wenden, die sich mit den Belangen genau dieser Rasse beschäftigt.
Es wurden bereits etliche Bücher und Enzyklopädien über Rassehunde herausgegeben, in denen viele – vor allem wissenschaftliche – Fakten über die Tiere zusammengetragen worden sind. Mit unserem Nachschlagewerk wollten wir eher auf die praktischen Belange und Fragen eines Hundefreundes eingehen. Es ist also vor allem für Menschen gedacht, die Freude an ihrem Haustier haben möchten, ohne gleich mit wissenschaftlichen Fakten überladene Informationen aufnehmen zu müssen. Es sind eher die alltäglichen, praktischen Fragen, die hier beantwortet werden sollen, also Themenbereiche wie Versorgung und Pflege, Bewegung, Charakter und Verträglichkeit einer Rasse. Für Fragen, die über diesen Rahmen hinausgehen, verweisen wir auf speziellere Literatur der betreffenden Rassenvereinigungen.

Esther J. J. Verhoef-Verhallen

Einleitung

Ein Rassehund ist zuallererst ein Hund

Wer sich irgendwann einmal dazu entschließt, sich auf die Suche nach einem Rassehund zu machen, sollte sich zunächst über die Rasse klar werden, die ihm am liebsten wäre. Dabei darf man nicht aus dem Blick verlieren, daß es nicht allein um das Aussehen des neuen vierbeinigen Freundes geht, sondern daß zu den Eigenschaften einer Rasse auch oder vor allem ein bestimmter Charakter gehört, der sich über viele Jahrhunderte der Zucht entwickelt hat. Hunde wurden für die verschiedensten Zwecke gezüchtet, meist um eine Arbeit zu erleichtern, oder um sie sogar vollkommen in „ihre Pfoten" zu übergeben. In jenen Tagen war das Äußerliche eines Hundes also weit weniger interessant als andere Eigenschaften, auch wenn bald festgestellt wurde, daß Hunde mit einem bestimmten Felltyp oder einer besonderen Gestalt die gestellten Aufgaben besser erledigen konnten als andere. Daß dann auf Dauer relativ uniforme Hunde entstanden, die im selben Gebiet die selben Anforderungen erfüllen sollten, beruht nicht auf Zufällen. Auch wenn die Menschen jener Tage sich noch nicht mit echten Rassehunden beschäftigten, so stimmten die äußerlichen und innerlichen Eigenschaften jener Hunde ganz allgemein doch mit denen der Rassehunde, die wir heute kennen, überein.

In unserer modernen Zeit – und vor allem in der westlichen Welt – werden viele von diesen Rassehunden nicht mehr für ihre ursprünglichen Aufgaben eingesetzt. Von einigen Ausnahmen abgesehen, haben sich die meisten Hunderassen vorzüglich an ihre neue Bestimmung als Haushund angepaßt.

Auch heutzutage sind die Urinstinkte der Hunde noch tief in den Genen verankert. Selbst eine lange Zuchtgeschichte kann ohne Frage niemals die Auswirkungen von Jahrmillionen der natürlichen Selektion beseitigen. Dennoch ist es aber jedem möglich, einen Hund zu finden, der genau in die Familie paßt. Es kann nicht oft genug erwähnt werden und sei deshalb auch hier noch einmal angesprochen: Das Äußere eines Hundes kann Zeitgeschmack und Moden unterworfen sein – der Charakter aber ist verantwortlich für ein intaktes, „heiles" Hundeleben. Eine gute Auswahl ist also von allergrößter Bedeutung. Die Anschaffung, Haltung und Versorgung eines Rassehundes ist eine wertvolle und wichtige Erfahrung, die sowohl für den Hund wie auch für „seine Familie" zur größten Freude werden kann, aber auch ein großes Maß an Verantwortung für ein lebendes Wesen bedeutet.

Die Pflege des Fells gehört zu den wichtigsten Aufgaben eines Hundebesitzers.

Die Anschaffung eines Rassehundes

Nicht übers Knie brechen

Wer sich Gedanken über die Anschaffung eines Hundes macht, der sollte dabei niemals aus dem Gedächtnis verlieren, daß diese Anschaffung mindestens für die nächsten zehn Jahre einschneidende Auswirkungen haben wird. Der Hund wird jedem Tag in dieser Zeitspanne seinen ganz eigenen Stempel aufdrücken, man sollte die Entscheidung also ganz gewiß nicht übers Knie brechen. Zunächst muß man sich im klaren darüber sein, zu welchem Zweck man sich einen Hund anschafft. Will man mit ihm arbeiten, oder möchte man weiterzüchten? Möchte man den Hund eventuell auf Ausstellungen präsentieren? Oder möchte man nichts weiteres als einen „Familienhund" bekommen? Gerade in diesem Fall ist ein Hund mit einem kleinen „Schönheitsfehler" – beispielsweise in der Fellfärbung – wesentlich günstiger in der Anschaffung, den Traum von einem Champion auf Hundeausstellungen oder großen Zuchterfolgen kann man dann aber selbstverständlich vergessen. Wenn man hingegen einen Hund sucht, mit dem man auf die Jagd gehen kann,

sollte man sich freilich an einen spezialisierten Züchter für Jagdhunde wenden. Die Aussicht auf einen geschickten Jagdhund ist dann deutlich größer, als wenn man einen Welpen sucht, der sämtliche Schönheits-Champions in seinem Stammbaum vereint.
Wenn man sich bereits über die Rasse sicher geworden ist, so sollte man bedenken, daß es leider noch immer gute und schlechte Züchter gibt. Man nehme also zunächst am besten Kontakt mit der Vereinigung auf, die sich mit den Belangen der gewünschten Rasse beschäftigt. Es hilft auch immer, wenn man sich mit anderen Züchtern oder Hundeliebhabern unterhält, um „Insidertips" zu bekommen. Etliche Rassenverbände verschicken auch mehrmals im Jahr ihr Vereinsblatt, in dem viele nützliche Informationen zu finden sein dürften. Aber wie auch immer – der Kauf eines lebenden Tieres sollte eine wohlüberlegte Tat sein.
Oft sieht man leider auch heutzutage noch Tierhändler auf Märkten oder gar Volksfesten; vom Kauf eines Hundes mit so ungewisser Vergangenheit ist unbedingt abzuraten! Nur echte Experten können sich da noch ein Bild vom wahren Gesundheitszustand des Hundes machen, denn auch wenn äußerlich alles in bester Ordnung zu sein scheint, so haben die Welpen oftmals psychische Schäden, die natürlich wesentlich schwieriger zu erkennen sind. Ein Hündchen mag da noch so „preisgünstig" angeboten werden – der „Gewinn" kann schon binnen weniger Monate dahin (oder sogar zum Verlust geworden) sein, wenn die Rechnungen des Tierarztes für die Behandlung des Welpen eintreffen.
Wenn man sein Herz an eine seltenere Rasse verloren hat, so kann es sein, daß man noch länger nach einem vertrauenswürdigen Züchter Ausschau halten muß. Eine übergeordnete, nationale kynologische Organisation kann bei dieser Spurensuche meist behilflich sein. In einigen Fällen muß ein Tier einer seltenen Rasse sogar erst importiert werden. Dann gilt es vor allem, rechtzeitig die erforderlichen Papiere zu besorgen. Bei der Gelegenheit kann man vielleicht sogar jemanden um Rat fragen, der sich mit Importen aus dem betreffenden Land auskennt. Eine seltene Rasse muß übrigens nicht automatisch teurer als eine gängige sein, in einigen Fällen sind diese Hunde sogar preiswerter. Wenn eine Rasse beispielsweise der breiten Masse unbekannt ist, hat der Züchter oft Schwierigkeiten, ein gutes Zuhause für die Welpen zu finden.

Männchen oder Weibchen?

Rüden und Hündinnen haben beide ihre Vor- und Nachteile. Rüden zeigen in der Regel einen ausgeglicheneren Charakter als Hündinnen. Das hängt vor allem mit den Hormonschwankungen der Hündinnen vor, während und nach der Läufigkeit zusammen. Hündinnen werden durchschnittlich zweimal pro Jahr läufig. Sie sind dann empfängnisbereit und können Flecken auf dem Teppich hinterlassen, denen aber mit besonderen „Läufigkeitsbinden" vorgebeugt werden kann. Man kann dem Tier vom Veterinär auch Hormone spritzen lassen, die dann verhindern, daß die Hündin läufig wird. Eine andere Möglichkeit besteht darin, der Hündin die Gebärmutter entfernen zu lassen, was gleichzeitig den Vorteil bietet, daß ihr Charakter etwas ausgeglichener wird.
Rüden sind gewöhnlich unabhängiger und kräftiger. Das kommt besonders bei großen, dominanten Rassen wie dem Rottweiler zum Ausdruck. Bei Rassen mit sanfterem Wesen sind die Unterschiede oft weniger auffällig – doch wie überall in der Natur gibt es auch für diese Regel zahlreiche Ausnahmen.
Die Entscheidung für einen Rüden oder eine Hündin kann man also eigentlich nur nach dem persönlichen Geschmack treffen. Wenn man sich allerdings für eine eher dominante Rasse interessiert, aber nur über wenig oder gar keine Erfahrung mit der Haltung von Hunden verfügt, so ist eine Hündin meist die bessere Wahl. Am sichersten ist es aber wohl, den betreffenden Züchter um Rat zu fragen. Da er sich von Anfang an mit den jungen Welpen beschäftigt hat, kann er ihre Anlagen meist sehr gut einschätzen. Wenn man sich mit einem

guten Züchter besprochen hat, so ist dieser sicher in der Lage, einen Welpen auszuwählen, der den Wünschen und Gegebenheiten am ehesten entspricht.
Auch wenn die charakterlichen Eigenschaften der verschiedenen Rassen in dieser Enzyklopädie ausführlich beschrieben werden, so muß man immer bedenken, daß hier nur Durchschnittswerte von den typischen Vertretern einer Rasse angeführt werden können. Selbst bei verwandten Linien (Familien) einund derselben Rasse können die Charaktereigenschaften in etlichen Punkten abweichend ausfallen. Letztendlich ist es ja ganz natürlich: Jeder Hund ist einzigartig, ein Individuum – selbst Welpen aus demselben Wurf.

Ältere Hunde oder Welpen?

Sicherlich ziehen die meisten Menschen einen Welpen dem ausgewachsenen Hund vor. Das liegt nicht nur daran, daß die kleinen Hunde so niedlich sind, sondern auch an der berechtigten Hoffnung, die Wesenszüge eines Welpen noch relativ gut steuern und fördern zu können. Außerdem bereitet es natürlich ganz einfach Freude, das Heranwachsen des kleinen Hundes beobachten zu können. Damit soll aber nicht gesagt sein, daß in vielen Fällen nicht auch ein älterer Hund eine gute Wahl sein kann. Er ist charakterlich bereits geformt, hat meist schon eine – zumindest grundlegende – Erziehung genossen und ist sauber. Er hat seine Geschlechtsreife bereits erreicht und paßt sich den neuen Gegebenheiten meist problemlos an. Die Beziehung, die sich zu einem älteren Hund aufbauen läßt, ist ebenso eng wie bei einem Welpen. Viele Rassenvereinigungen führen Listen über halbausgewachsene und erwachsene Hunde, die auch wieder ein neues Heim finden sollen. Dabei wird die „Vorgeschichte" des Hundes offen dargelegt, damit sich der potentielle zukünftige Herr ein besseres Bild von den Eigenschaften und dem Erziehungsstand (oder auch eventuellen „Macken") des Hundes machen kann. Wer also nicht unbedingt an einen Welpen gedacht hat, sollte auf jeden Fall Kontakt zu einem Rassenverband aufnehmen, um diese Möglichkeiten zu nutzen und so „verwaisten" Hunden eine neue Chance zu geben.

Erziehung

Umgang

Etliche wissenschaftliche Untersuchungen haben nachgewiesen, daß sich alle Eindrücke, die ein Welpe zwischen seiner 12. und 14. Lebenswoche erfährt, bindend für den Rest seines Lebens auswirken. Lernt er in dieser Prägungsphase andere Menschen, Kinder, Katzen oder Straßenverkehr kennen, so wird das zu gefestigten Reaktionen im späteren Leben führen. Das gleiche gilt selbstverständlich auch für den umgekehrten Fall: Ein Welpe, der bis zu seiner 14. Lebenswoche in einem Zwinger gehalten wurde und niemanden außer seiner Mutter, seinen Geschwistern und dem Pfleger kennengelernt hat, der wird später unter Umständen größere Schwierigkeiten damit haben, sich an unser übliches Zusammenleben anzupassen. Natürlich ist auch die Art der Eindrücke, die in dieser Phase auf den Welpen einwirken, von entscheidender Bedeutung. Wird er beispielsweise in dieser Zeit von einer Katze angefallen, dann kann das dazu führen, daß der junge Hund für den Rest seines Lebens ein gestörtes Verhältnis zu Katzen entwickelt. Es gibt inzwischen also keinerlei Zweifel mehr darüber, daß es am besten ist, die Welpen bei einem Züchter zu kaufen, der in der frühen Phase des Lebens der Welpen viel Zeit, Einfühlungsvermögen und Energie investiert. Im Alter von sieben bis zwölf Wochen kann man die Welpen bereits mit nach Hause nehmen. Der Züchter hat dann sein Möglichstes getan, nun liegt es am neuen Besitzer, die Entwicklung des jungen Hundes in die richtige Bahn zu lenken.

Konsequenz

Für die Erziehung eines Hundes gilt – ungeachtet seiner Rasse – die große Maxime: Die strikte Einhaltung der Konsequenz. Konsequenz bedeutet unter anderem, daß man den Hund erst dann lobt, wenn er ein gegebenes Kommando vollständig und korrekt befolgt hat. Das klingt jetzt in der Theorie sicherlich schon fast allzu selbstverständlich, im alltäglichen Umgang mit dem Hund schleichen sich aber sehr leicht kleine Inkonsequenzen ein. Wenn man beispielsweise möchte, daß der Hund sich hinlegt, so darf man sich erst dann zufrieden geben, wenn er sich auch tatsächlich hingelegt hat. In bestimmten Alltagssituationen kann es dann leicht sein, daß man auch schon zufrieden wäre, wenn sich der Hund nach diesem Befehl „wenigstens" endlich hinsetzen würde – aber das wäre nicht konsequent. Da man ja öfter auch einmal fortgehen möchte, kommt man leicht in Versuchung, zu dem Hund zu sagen: „Marsch in dein Körbchen und bleib' dort!" Man kann dann aber natürlich nicht mehr überprüfen, ob er auch wirklich dort bleibt, wenn man das Haus verlassen hat. Daher sollte man auf solche Kommandos am besten gleich völlig verzichten. Man gibt dem Hund dann nämlich gar nicht erst die Möglichkeit, sich in irgendeiner Form des Ungehorsams zu üben. Wenn man beschlossen hat, daß der Hund nicht auf das Sofa darf, dann darf er eben niemals auf das Sofa – auch dann nicht, wenn er beispielsweise krank ist. Damit er gerade in solchen Fällen trotzdem nicht allein ist und in der Nähe bleiben kann, reicht eine Matratze oder ein paar Decken am Boden.

Entsprechende Konsequenz muß auch eingehalten werden, um sicherzustellen, daß der Hund nicht vor lauter Begeisterung an jedem Menschen hochspringt. Da mag es sicher Tage geben, an denen man eine so stürmische Begrüßung als ausgesprochen liebevoll empfindet – zumal man gerade sowieso etwas ältere Kleidung trägt –, doch der Hund kann diese feinen Nuancierungen natürlich nicht verstehen und wird unsicher oder gar unglücklich. Ohne Frage ist es aber möglich, konsequent zu bleiben. Schwieriger wird die Sachlage dann allerdings in einer größeren Familie, in der jeder seine eigenen Ideen und Vorstellungen von der richtigen Erziehung des vierbeinigen Hausgenossen hat. Daß solche unterschiedlichen Auffassungen zu Verwirrungen beim Hund führen müssen, ist sicher mehr als verständlich. Er müßte ja ständig aufpassen, wer gerade das Sagen hat. Einige Hunderassen sind so empfindsam, daß als Folge gestörte Verhaltensweisen – sei es Dominanz oder extreme Unterwürfigkeit – auftreten können. Man sollte also innerhalb eines Haushaltes keine flexiblen oder gar abweichenden Regeln aufkommen lassen. Im Interesse des Welpen müssen sich alle Familienmitglieder darüber einig sein, an welche Leitgedanken sich der Hund fortan halten muß, und es ist von höchster Wichtigkeit, daß diese Regeln dann auch strikt und konsequent eingehalten werden.

Bestrafung

„Strafe muß sein", so lehrt uns schon ein Sprichwort, das sicher nicht extra für Hundehalter entworfen worden ist – aber sie muß zur rechten Zeit erfolgen. Nehmen wir an, der Hund hat in unserer Abwesenheit etwas angestellt. Das bleibt nach dem Nach-Hause-Kommen natürlich nicht lange unbemerkt, und der Hund bekommt seine Strafe – verbal oder körperlich. Uns ist klar, daß der Hund für seinen Verstoß bestraft wurde, und wenn man den Gesichtsausdruck des vierbeinigen Übeltäters betrachtet, so scheint alles deutlich darauf hinzuweisen, daß das auch dem Hund verständlich ist. Weit gefehlt! Die meisten Hunde haben ihre „Missetat" schnell wieder vergessen. Sie registrieren einzig die „schlechte Stimmung" im Haus und reagieren entsprechend mit Unterwürfigkeit oder sogar Flucht. Das einzige, das man damit also erreicht, ist, daß der Hund die Strafe in Verbindung mit dem Heimkommen des Herrchens bringt und dann am nächsten Feierabend ängstlich reagiert. Je nach Rasse kann das auf längere Sicht entweder zu aggressiven oder verschreckten Reaktionen führen. Der Hund verliert das Vertrauen zu seinem launischen und unberechenbaren Rudelführer. Wenn man einen Hund besitzt, der stets in dem Augenblick, in dem man einmal nicht aufpaßt oder fortgeht, etwas Verkehrtes anstellt, dann ist es am besten, ihn in einen Zwinger (im Haus in eine Kammer) zu sperren. Dort kann er nichts falsch machen und ist daher brav gewesen, wenn man später nach Hause kommt. Die meisten Hunde wachsen nach einiger Zeit aus diesen „Pubertätsrüpeleien" heraus. Es gibt aber dennoch aus den verschiedensten Gründen „Revoluzzer", sei es nun aus Bewegungsmangel oder weil sie zuwenig Aufmerksamkeit bekommen. Andere stellen auch einfach aus Langeweile etwas an. Es ist daher außerordentlich wichtig, daß man den Hund in seiner Erziehungsphase sofort bestraft, wenn er etwas Falsches gemacht hat. Ein Beispiel: Man ruft den Hund – er kommt aber erst nach einigem Zögern. Der Hund hat dann aber trotzdem ein Kommando befolgt und erwartet (zu Recht) eine Belohnung. Dennoch kommt es natürlich häufig vor, daß das „genervte" Herrchen den Hund in solch einem Fall strafen möchte, da dieser nicht sofort auf den Zuruf reagiert hat. Das wäre aber genau die falsche Reaktion. Der Hund kombiniert nun sein Kommen mit der Strafe und wird in Zukunft mit Sicherheit noch zögerlicher auf Rufen reagieren.

Man sieht: Die Erziehung eines Hundes ist ein schwieriges Feld und kann im Rahmen dieses Buches sicherlich nur sehr oberflächlich gestreift werden. Weiterführende, spezielle Literatur ist also in jedem Fall empfehlenswert. Wenn man noch keinerlei Erfahrungen mit der Aufzucht eines Hundes gemacht hat, kann man sich zu einem „Welpenkurs" anmelden – natürlich zusammen mit dem Hund. Auf diese Weise wird die Entwicklung des Hundes fachkundig begleitet. Allerdings ist kein Hund wie der andere, vor allem die Rassenunterschiede sind oft gewaltig. Man sollte sich also vor Beginn erkundigen, ob die Instruktoren bereits Erfahrungen mit der betreffenden Rasse gemacht haben.

Eingewöhnung und Sozialisation sind äußerst wichtige Erziehungspunkte: Diese Dobermänner lassen das Federvieh in Ruhe, an das sie seit ihrer Jugend gewöhnt sind.

Der Umgang mit Hunden, anderen Haustieren und Kindern

Ob ein Hund mit Artgenossen, anderen Haustieren oder auch Kindern gut auskommt, hängt zum Teil von seinen Anlagen (seiner Rasse) ab, zum Teil auch von seiner Prägung und Integrierung in die Familie. Selbst bei einem Meutehund, der also von Natur aus über gewisse soziale Verhaltensformen verfügen sollte, kann es nach einer negativen Prägungsphase dazu kommen, daß er ein gestörtes Verhältnis zu anderen Hunden, anderen Haustieren oder Kindern entwickelt.

Die Charakterbeschreibungen in diesem Buch sind generalisiert. Es wurde davon ausgegangen, daß die Hunde eine positive Sozialisation erfahren haben und korrekt aufgezogen wurden. In jedem Fall sollte aber eine Warnung deutlich ausgesprochen werden: So liebevoll ein als geduldig beschriebener Hund auch mit Kindern umgehen mag, für jeden Hund gilt, daß er nie ohne Aufsicht mit Kindern allein gelassen werden sollte. Dabei ist aber auch genauso wichtig, daß auch die Kinder lernen, wann der Hund in Ruhe gelassen werden muß, daß er also beispielsweise beim Fressen nicht gestört werden sollte. Quälereien sind selbstverständlich sofort zu unterbinden. Bringen Sie Ihren Kindern den korrekten Umgang bei; zeigen Sie ihnen auch, wie man den Hund herbeiruft, das wirkt sich nämlich auch festigend auf die Rangordnung aus.

Versorgung und Pflege

Ohren, Krallen und Nägel

Jede Hundeart muß auf eine andere Weise versorgt werden, genauere Angaben sind bei den jeweiligen Rassen vermerkt. Hier soll zunächst darauf eingegangen werden, daß man sich nach Möglichkeit niemals mit einem Wattestäbchen in den Ohren eines Hundes zu schaffen machen sollte. Es besteht die Gefahr, daß man viel zu tief in den Gehörgang eindringt, und das kann Folgen haben. Besser sind Markenohrenreiniger, die man ebenfalls nur bis höchstens in die Mitte des Gehörganges einführt und dann das Ohr vorsichtig massiert. Danach putzt man mit einem weichen Taschen- oder Kosmetiktuch Rückstände weg. Einige Hunde besitzen übermäßig starken Haarwuchs in den Ohren. Diese Haare müssen entfernt werden, um Infektionen vorzubeugen. Dabei ist allerdings Fingerspitzengefühl vonnöten: Man kann die Haare nicht alle auf einmal ausreißen, genausowenig kann man sie aber Härchen für Härchen auszupfen – beides wäre für den Hund zu schmerzhaft. Es gilt also, einen geeigneten Mittelweg zu finden. Bei einigen Hunden wächst auch zu viel Haar zwischen den Fußballen. In solchen Fällen genügt es, lediglich diejenigen Haare, die über die Sohlen hinausstehen, zu kürzen. Eine gebogene Schere ist hierfür das geeignetste Werkzeug. Wenn man die Rundung der Schere zum Kürzen verwendet, besteht kaum Gefahr, daß man dem Hund in die Sohle schneidet.

Auch die Krallen müssen kurz gehalten werden. Solange der Hund regelmäßig und häufig auf hartem Untergrund läuft, nutzen sich die Nägel meist von selbst ab; einige Hunde besitzen aber so stark wachsende Krallen, daß sie bisweilen eine „Pediküre“ brauchen. Dabei ist es sehr sinnvoll, den Hund bereits in seiner Jugend an solche Prozeduren zu gewöhnen. Ein

Überstehende Haare zwischen den Fußballen müssen regelmäßig geschnitten werden.

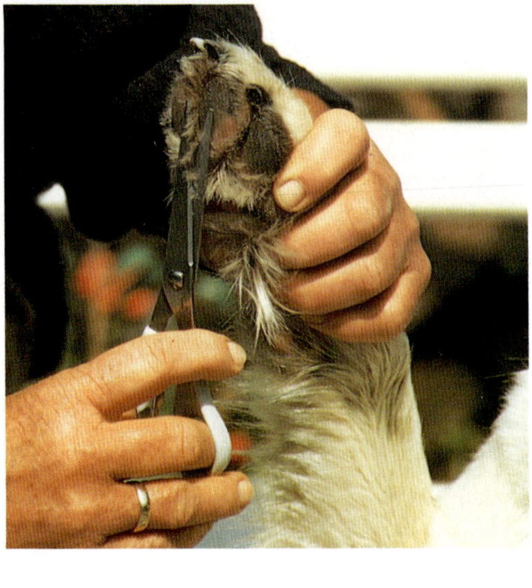

ausgewachsener, starker Hund, der mit solchen Ritualen nicht vertraut ist, wird sicherlich auf so eindringliche Weise „protestieren“, daß eine gute Versorgung der Krallen kaum mehr möglich ist. Wenn einem die Aufgabe zu heikel ist, kann man den Hund auch in einen Hundesalon bringen, wo man oft auch gute Ratschläge bekommt, wie man den Hund später doch selbst pflegen kann.

Die allgemeine Pflege bezieht selbstverständlich auch das Gebiß ein. Solange der Hund nur harte Brocken zu beißen bekommt und regelmäßig Kauknochen o. ä. zur Verfügung gestellt werden, sollte die Zahnpflege kaum Probleme bereiten. Hunde, die hingegen vorwiegend mit weichem Futter ernährt werden und dadurch nur wenig Gelegenheit zur Benutzung ihres Gebisses erhalten, leiden wesentlich leichter und schneller an Zahnstein. Man sollte daher regelmäßig den Belag des Gebisses kontrollieren, denn wie überall gilt auch hier: „Vorbeugen ist besser als heilen.“

Das Fell

Je langhaariger das Fell des Hundes, desto mehr Pflege ist vonnöten. Für einen Kämm- und Bürstdurchgang muß man dann schon eine gute Stunde einplanen. Am besten bringt man seinem Hund bei, sich für diese Zeremonie auf einen Tisch mit fester Oberfläche zu stellen oder legen. Auf diese Weise kann man sich an die Arbeit machen, ohne gleich ein Rückenleiden zu riskieren. Einen langhaarigen Hund sollte man mindestens einmal pro Woche bürsten, aber auch für Hunde mit kurzem Fell ist das kein übertriebener Luxus. Bei dieser Fellpflege kann man nämlich auch Dinge bemerken, die einem sonst womöglich entgangen wären – beispielsweise kleine Wunden, Zecken oder andere Parasiten. Für die Wäsche des Fells sollte man ein gutes Marken-Hundeshampoo verwenden, das den natürlichen Fettschutz der Haut nicht angreift. Den frischgewaschenen, feuchten Hund sollte man anschließend natürlich weder in einem kalten oder zugigen Raum zurücklassen, noch zu früh nach der Wäsche mit dem Hund ins Freie gehen.

Bei einigen Hunderassen ist es notwendig, daß das Fell regelmäßig getrimmt wird. Bisweilen ist dieser Haarschnitt so einfach, daß man ihn beim Züchter lernen kann, meist ist es aber besser, diese Arbeit in einem Hundesalon vornehmen zu lassen. Dort ist man mit der Fellpflege und dem Trimmen der meisten Rassen vertraut. Ist man Besitzer einer selteneren Rasse, so nimmt man am besten ein Trimmschema mit in einen spezialisierten Trimmsalon. So ein Besuch ist wirklich kein übertriebener Luxus, schon gar nicht, wenn man den Hund später auf einer Hundeschau präsentieren will. Ein Trimmschema bekommt man in den meisten Fällen bei der betreffenden Rassenvereinigung oder dem Züchter.

Bewegung

Eine Rasse, die zu Ihnen paßt

An sonnigen Tagen oder an einem schönen Herbstnachmittag beginnt es bei vielen Menschen zu „kribbeln". Was müßte es jetzt herrlich sein, denken sie, mit einem Hund am Strand herumzutollen, in freier Natur zu rennen oder zu spielen. Um es kurz zu machen: Die Gedanken an einen Hund werden romantisiert. Ist der Hund nämlich erst einmal da, und jeder hat sich an das Haustier gewöhnt, dann stellt sich in der Familie oft die Streitfrage, wer mit dem Hund nach draußen muß. Dann gibt es kein Erbarmen, egal ob es regnet, stürmt oder schneit – die Freude am Gassi-Gehen ist auf Null reduziert.
Ein Jahr besteht aus 365 Tagen, und jeden Tag muß der Hund mindestens viermal hinaus: wieder und immer wieder. Einige Rassen haben besonders viel Bewegung nötig: dann sind diese viermal am Tag eigentlich noch viel zu wenig, dann muß man mit dem Hund auch größere Strecken zurücklegen, beispielsweise auf dem Fahrrad neben ihm herradeln. Es ist also gleich zu Beginn unabdingbar notwendig, sich bei der Anschaffung eines Hundes auch darüber Gedanken zu machen und sich eventuell für eine Rasse zu entscheiden, die auch zum „Bewegungsdrang" der menschlichen Familienmitglieder paßt. Ist man selbst sportlich und fit, joggt man gerne oder geht oft und lange spazieren, dann kann ein sportiver Hund ein idealer Partner für all diese Aktivitäten werden. Ist man hingegen eher ruhig und weniger gerne außer Haus, dann ist eine geruhsamere Rasse sicherlich die bessere Wahl.

Hundesport

In der letzten Zeit sind Hundesportarten wie „Fly-ball" stark in Mode gekommen. Einigen Rassen, vornehmlich denjenigen aus der Gruppe der Hütehunde, kann man mit diesem Ballspiel eine große Freude bereiten. Natürlich können auch andere, auf den ersten Blick weniger offensichtlich „sportliche" Hunde an dieser Art des Trainings Spaß haben. Damit ist auch gleich das wichtigste Wort gefallen: Es ist wichtig, daß sowohl Herr wie auch Hund Spaß an der Sache finden. Dazu gehört auch, daß man den Hund nicht dauernd in irgendwelche Wettkämpfe treibt und ihn dem Streß des ständigen Gemessenwerdens aussetzt.
Eine andere weit verbreitete Form des Hundesports ist die Abrichtung. Hier gilt es zu beachten, daß nicht jede Hunderasse an Wettkämpfen teilnehmen kann. Der Wettbewerb ist hier um so vieles härter, daß nicht alle Hunde der Anspannung gewachsen sind. Generell geht es bei diesen Wettkämpfen um Gehorsamkeitsprüfungen, was an sich gar nicht so schlimm ist. Schließlich kommen Herr und Hund auch im normalen Alltag in Situationen, wo sich der Besitzer voll und ganz auf die Gehorsamkeit und Kontrolle seines Hundes verlassen können muß. Neben der reinen „Befehlsausführung" wird aber auch der Charakter des Hundes geschult, so daß die Tiere nach dem Kurs meist noch zuverlässiger sind, als sie es eventuell ohnehin schon vorher waren. Das Gerücht, daß den Hunden in diesen Kursen übel mitgespielt werden würde, ist völlig aus der Luft gegriffen. Zwar ist die Abrichtung ein sehr disziplinierter Sport, in der kein Raum für Eigeninitiativen des Hundes bleibt, dennoch empfinden die meisten diese Form des Hundesports eher als Lebenserfüllung denn als bloße „Beschäftigungstherapie".
Ähnliches kann auch über die Jagd gesagt werden. Geht man mit einem Hund auf die Jagd, dann muß der Kontakt zwischen Hund und Herr besonders eng sein. Es ist sicher be-

kannt, daß sich nicht alle Hunderassen für die Jagd eignen. Auch innerhalb des Jagdsports gibt es etliche verschiedene Aufgaben für die Hunde, und für jede dieser Aufgaben kommen einige der hier beschriebenen Hunderassen in Frage. Nicht immer bedeutet Jagdsport, daß ein Wildtier aufgescheucht und niedergeschossen wird. Oft werden auch mit Duft getränkte Tücher zum Auslegen einer Fährte verwendet, doch auch so eine „falsche“ Jagd kann Hund und Herrn viel Spaß machen.

Die Hunderennbahn ist wohl in gewisser Weise der einzige Ort, an dem sich Windhunde wirklich einmal so richtig „auslaufen“ können. Vor einiger Zeit wurde auch das sogenannte „Coursing“ eingeführt, angesichts des steigenden Interesses sollte es sich hierbei wohl um keine Eintagsfliege handeln. Beide Sportarten sind allerdings lediglich für Hunde aus der Windhundgruppe geeignet (es werden auch nur solche zugelassen).

In unseren gemäßigten Klimabereichen ist es nur schwer möglich, den Schlittenhunden die Ausübung ihrer ursprünglichen Aufgaben zu ermöglichen. Viele Hundebesitzer reisen daher mit ihren Tieren in Regionen, in denen Schneefälle etwas sicherer zu erwarten sind. Hier können die Hunde dann – auch ohne Wettkämpfe – ihrer eigentlichen Bestimmung nachkommen. Doch auch wenn bei uns nicht so viel Schnee liegt, sollten diese Hunde trotzdem trainiert werden. Eine gute Gelegenheit bieten dann „Räderschlitten“, die sogar im Sommer zum Einsatz kommen können.

Die Teilnahme an Ausstellungen ist ein ganz anderes Feld. Die erste Voraussetzung liegt natürlich darin, daß es sich bei unserem Hund um ein herausragendes Exemplar seiner Rasse handeln muß, zweitens muß er von untadeliger Herkunft sein. Doch damit nicht genug. Nicht jeder Hund – wie schön er auch sein mag – akzeptiert den Streß einer Ausstellung, mag im Mittelpunkt stehen, und nicht jeder Züchter versteht es, seinen Hund im besten Licht zu präsentieren. Bei vielen Kynologie-Vereinigungen werden Schulungen abgehalten, bei denen man lernt und gezeigt bekommt, wie man den Hund richtig vorbereitet.

Unsere Aufzählung über das, was der Hundesport zu bieten hat, ist alles andere als vollzählig. Sport mit dem Hund kann eine helle Freude und ein angenehmer, gesunder Zeitvertreib sein. Man lernt den Hund besser kennen, und dasselbe gilt natürlich auch umgekehrt, die gegenseitige Bindung wird fester und sicherer. Am wichtigsten ist, daß man den Sport zusammen mit dem Hund genießt. Wenn man irgendwann merken sollte, daß der Hund in einem bestimmten Sport nicht so sonderlich geschickt ist, so tut das seinen anderen positiven Eigenschaften sicher keinen Abbruch.

Angepaßte Bewegung

Viele schnellwachsende Hunderassen benötigen im ersten Lebensjahr eine angepaßte Bewegung. Bei diesen Rassen wäre es sträflich, in der Wachstumsphase (zu) viel mit dem Hund zu laufen oder zu spielen, da auf diesem Weg die erst in der Entwicklung stehenden Gelenke und Sehnen zu stark belastet werden könnten – was sich im späteren Hundeleben dann sicher rächen würde. Hüft-, Knie- und Rückenprobleme sind zum Teil erblich, zu einem großen Anteil sind sie aber auch auf falsche Ernährung und zu starke Belastung des Skeletts – speziell während der Wachstumsphase – zurückzuführen. Man sollte nun aber auch nicht übervorsichtig werden. Den Tieren ist auch nicht gedient, wenn man sie mit Glacéhandschuhen anfaßt. Einige Male am Tag ein kurzer Gang schadet sicher nicht. Richtige Bewegung in einem dem Hund angepaßten Tempo ist eine gute Methode, um die Muskulatur des jungen Hundes aufzubauen. Auch das Laufen neben dem Fahrrad ist für viele Rassen eine ausgezeichnete Körperertüchtigung. Ist der Hund dann erst einmal ausgewachsen, so kann man die ganze Sache langsam ausbauen. Auch so etwas wie eine „Winterpause“ muß nicht eingehalten werden – man unternimmt dann aber besser keinen großen Ausflug, sondern geht lieber in längeren Abständen mit dem Hund. Der Hund muß schließlich eine Gelegenheit bekommen, um seine Kondition aufzubauen.

1. Hüte- und Treibhunde

Schäferhunde und Herdenhunde

Australischer Schäferhund

HERKUNFTSLAND
Vereinigte Staaten

VERANLAGUNG/TYP
Hütehund

GRÖSSE
Rüden erreichen eine Schulterhöhe zwischen 50 und 57 cm, Hündinnen zwischen 45 und 52 cm.

FELL
Das Fell besteht aus halblangem, starrem und leicht gewelltem Haar mit dichter Unterwolle. Der Australische Schäferhund wird in den Färbungen blue merle, red merle (rotbraun), einfarbig schwarz oder braun, eventuell mit lohfarbenenen oder weißen Abzeichen gezüchtet.

PFLEGE
Der Australische Schäferhund braucht nur relativ wenig Fellpflege. Lediglich während des Fellwechsels sollten die losen Haare (der Unterwolle) entfernt werden.

CHARAKTER
Intelligent, schlau und gelehrig; ausgeglichen, aber dennoch lebhaft und munter; aktiv, abgehärtet, große Ausdauer; treu und anhänglich an „seine" Familie.

AUFZUCHT UND ERZIEHUNG
Bei der Erziehung der „Aussies" ist kaum Strenge nötig, da die Hunde schnell und bereitwillig lernen. Als „Schoßhündchen" würden sich diese aktiven Hunde allerdings schnell langweilen. Sie besitzen einen großen Bewegungsdrang und spielen gern Ball oder apportieren. Auch als Hunde zum Aufspüren von Fährten oder Rauschgift, bei der Rettungsarbeit und als Hilfe für taube Menschen haben sich diese Hunde hervorragend bewährt und sind daher gut für Gehorsamkeitsprüfungen einzusetzen.

VERTRÄGLICHKEIT
Ausgehend von einer guten Sozialisierung, macht der Hund keine Probleme mit Artgenossen oder anderen Haustieren. Auch mit Kindern kommen sie in der Regel gut zurecht, lediglich gegenüber Fremden können sich die „Aussies" recht zurückhaltend zeigen.

BEWEGUNG
Wie schon gesagt, brauchen diese Hunde viel Bewegung; auch Beschäftigung ist nötig, damit sie sich richtig glücklich fühlen. Am wohlsten fühlen sie sich daher bei einem sportlichen Herrchen, das auch die notwendige Zeit aufbringt, um täglich mit dem Hund zu gehen.

BESONDERHEITEN
Das „Australische" dieses Schäferhundes ist recht irreführend. Es rührt vermutlich daher, daß die Einwanderung der Vorfahren dieser Rasse (u.a. Pyrenäenberghund, Collie und Border Collie) zu Ende des 19. Jahrhunderts auf dem Umweg über Australien in die USA stattgefunden hat.

Australischer Schäferhund

Australischer Schäferhund: Kopfstudie

Langhaar-Collie

Bearded Collie

HERKUNFTSLAND
Schottland

VERANLAGUNG/TYP
Hütehund und Familienhund.

GRÖSSE
Rüden erreichen eine Schulterhöhe zwischen 53 und 56 cm, bei Hündinnen liegt sie zwischen 51 und 53 cm.

FELL
Die Unterwolle ist dicht und weich, das Oberfell ist lang, hart und dicht. Als Färbungen werden zugestanden: schwarz, blau, falb, rötlich-braun und schiefergrau; alle Farben mit oder ohne weiße (oder lohfarbene) Abzeichen an Fangspitze, Stirn, Brust, Hals und Pfoten („irisches Verteilungsmuster")

Bearded Collie

PFLEGE
Bearded Collies brauchen eine intensive Fellpflege. Die langen Haare müssen jede Woche gebürstet und gekämmt werden, damit keine Verfilzungen entstehen können. Auch übermäßige Behaarung an den Fußsohlen und Haare im Gehörgang müssen entfernt werden. Das Fell muß gescheitelt nach unten fallen.

CHARAKTER
Aufgeweckt und fröhlich, begabt und wißbegierig; sie sind sehr lebhaft, manchmal etwas übermütig, aber liebevoll und sehr anhänglich. Bearded Collies brauchen „Familienanschluß", im Zwinger fühlen sie sich nicht wohl.

AUFZUCHT UND ERZIEHUNG
Der Bearded Collie ist ein intelligenter Hund, der schnell lernt. Strenge Erziehung zeigt bei diesem Hund keine Wirkung, besser ist eine vorsichtige, spielerische Anleitung. Man sollte nicht zu viel Last auf seine zotteligen Schultern legen, denn dann verliert der Hund leicht sein fröhliches Gemüt.

VERTRÄGLICHKEIT
Die Bearded Collies kommen gut mit Kindern, Haustieren und anderen Hunden aus. Auch Fremde werden in der Regel freundlich begrüßt.

BEWEGUNG
Die größte Freude macht man diesen zotteligen Schäferhunden, wenn man sie regelmäßig mit in die freie Natur nimmt und sie dort „toben" läßt. Bearded Collies zeigen (wie die meisten Hunde dieser Rassengruppe) keinerlei Neigung wegzulaufen, im Gegenteil: Sie bleiben meist dicht bei Fuß. Mit ihren angeborenen Instinkten machen sie sich gut bei Gehorsamkeits- und Hüteleistungsprüfungen.

BESONDERHEITEN
Wegen seines sanften Wesens ist der Bearded Collie auch für solche Menschen geeignet, die weniger Erfahrung mit der Aufzucht von Hunden haben. Dank seines großen Anpassungsvermögens findet er sich sowohl auf dem Land als auch in der Stadt zurecht. Man sollte sich aber immer daran erinnern, daß das Fell dieser Hunde sehr viel Pflege und damit Zeit braucht.

Bearded Collie

Bearded Collie

Beauceron

Beauceron oder Berger de Beauce

HERKUNFTSLAND
Frankreich

VERANLAGUNG/TYP
Hütehund und Familienhund.

GRÖSSE
Für Rüden liegt die Schulterhöhe zwischen 65 und 70 cm, die der Weibchen zwischen 63 und 68 cm, das Gewicht schwankt zwischen 30 und 40 kg.

FELL
Das kurze, harte und dicht anliegende Fell besitzt dichte und weiche Unterwolle. Nur zwei Farbschläge werden akzeptiert: schwarzlohfarben und die sogenannte Harlekin-Zeichnung (schwarzgrau gefleckt, ebenfalls mit roten Abzeichen), die allerdings relativ selten vorkommt.

PFLEGE
Das Fell des Berger de Beauce braucht nur wenig Pflege, lediglich ein wenig Bürsten (was der Hund meist auch als sehr wohltuend empfindet).

CHARAKTER
Der Hund ist gescheit, aufmerksam, aktiv, intelligent, manchmal etwas vorwitzig und sehr anhänglich an sein Herrchen und dessen Familie. Er ist sehr ausdauernd und wachsam.

AUFZUCHT UND ERZIEHUNG
Eine konsequente, aber liebevolle Erziehung und viel Bewegung in Kontakt mit seinem Herrchen sind für die Entwicklung eines jungen Beauceron unentbehrlich. Wird ihm dieses vorenthalten, so kann er neurotisch oder sogar aggressiv werden. Er sollte daher schon in der Jugend mit allerlei Dingen, Situationen, Menschen und anderen Tieren in Berührung kommen.

VERTRÄGLICHKEIT
Ein gut vorbereiteter und erzogener Beauceron geht unter normalen Umständen gut mit Kindern um; andere Hunde und Haustiere sollten ebenfalls keine Probleme machen.

BEWEGUNG
Dreimal am Tag um den Block zu gehen ist für diese Rasse absolut zu wenig. Die lauffreudigen Hunde brauchen eher lange Wanderungen, wobei man ihnen ab und zu auch die Gelegenheit bieten sollte, ohne Leine herumtollen und spielen zu können. Wenn man dem Hund eine besondere Freude machen will, so sollte man ihn auch Ball spielen, über Behendigkeitskurse führen oder apportieren lassen.

Junger Belgischer Schäferhund, Laekenois: Kopfstudie

Belgische Schäferhunde

Belgische Schäferhunde, Laekenois

• *Belgischer Schäferhund, Laekenois*

HERKUNFTSLAND
Belgien

VERANLAGUNG/TYP
Ursprünglich Treibhund, jetzt Wach- und Familienhund.

GRÖSSE
Rüden erreichen eine Schulterhöhe von ungefähr 62 cm, Hündinnen ca. 58 cm; Abweichungen von 2 cm nach unten und 4 cm nach oben werden zugestanden.

FELL
Das Fell ist rauh, hart und struppig, mit dunkel geflammter Behaarung auf Fang und Rute.

PFLEGE
Dieser rauhhaarige Hund muß – in Abhängigkeit von der Beschaffenheit des Fells – ungefähr zweimal pro Jahr getrimmt werden, wobei überflüssige Haare von Hand aus dem Fell „gepflückt" werden. Man sollte sich nie verleiten lassen, den Hund zu scheren, das Fell würde für viele Jahre darunter leiden. Neben dem Trimmen muß das Fell mit einem groben Kamm gekämmt werden. Die Laekenois können gut in einem Außenzwinger gehalten werden, wenn sie genügend Aufmerksamkeit und Bewegung bekommen.

CHARAKTER
Aufmerksam, tüchtig, mutig und arbeitswillig; guter Wachhund, großes Durchhaltevermögen; er ist lebendig, intelligent, dominant, sehr anhänglich an sein Herrchen.

AUFZUCHT UND ERZIEHUNG
Um dominanter Partner im Verhältnis Mensch/Hund zu werden, sollte der Besitzer den Laekenois frühzeitig erziehen. Die Hunde sind in der Regel ausgesprochen intelligent und lernen schnell, man sollte daher das Training möglichst abwechslungsreich gestalten.

VERTRÄGLICHKEIT
Diese Schäferhunde gehen im allgemeinen gut mit Kindern um. Im Verhältnis zu anderen Hunden geben sie sich meist eher dominant, aber nach einer guten Sozialisierung sollte auch der Umgang mit Katzen und anderen Haustieren problemlos verlaufen.

BEWEGUNG
Diese Rasse besitzt einen großen Bewegungsdrang. Laekenois sind hervorragende Arbeits-, Wach- und Schutzhunde. Man muß ihnen aber immer die Gelegenheit bieten, ihre fast schon übergroße Energie auszutoben. Sie lieben es, völlig unabhängig von der Witterung, draußen zu sein.

• *Belgischer Schäferhund, Malinois*

HERKUNFTSLAND
Belgien

Belgischer Schäferhund, Malinois

VERANLAGUNG/TYP
Ursprünglich Treibhund, jetzt Wach-, Schutz- und Familienhund.

GRÖSSE
Rüden erreichen eine Schulterhöhe von ungefähr 62 cm, Hündinnen sind mit 58 cm etwas kleiner; Abweichungen von 2 cm nach unten und 4 cm nach oben werden zugestanden.

FELL
Das Fell ist kurz, dicht, falbfarben mit schwarzen Haarspitzen und schwarzer Maske.

PFLEGE
Die Malinois-Schäferhunde brauchen nur wenig Fellpflege: ab und zu ein wenig Bürsten ist ausreichend. Die Hunde lassen sich gut in einem Außenzwinger halten, wenn sie genügend Aufmerksamkeit, Zuwendung und vor allem Bewegung bekommen.

CHARAKTER
Aufmerksam, mutig und arbeitswillig; guter Wachhund, große Beständigkeit und Ausdauer; lebendig, intelligent, sehr anhänglich an sein Herrchen, dabei aber auch sehr dominant.

AUFZUCHT UND ERZIEHUNG
Der Hund lernt relativ schnell. Wegen seiner etwas dominanten Art braucht er eine starke und feste Hand.

VERTRÄGLICHKEIT
Die Malinois gehen im allgemeinen gut mit Kindern um. Nach einer guten Sozialisierung sollte auch der Umgang mit anderen Haustieren problemlos verlaufen. Anderen Hunden gegenüber geben sie sich meist eher dominant.

BEWEGUNG
Die Hunde dieser Rasse sind gut abzurichten – auch für Wettkampfniveau. Aber auch wenn man keine Ambitionen in dieser Richtung hegt, sollte man regelmäßig mit dem Hund „arbeiten", damit er seine Energie abbauen kann. Die meisten Malinois-Schäferhunde sind ganz wild auf Ball spielen, Schwimmen, Apportieren, Laufen und andere Spiele.

• *Belgischer Schäferhund, Tervueren und Belgischer Schäferhund, Groenendael*

HERKUNFTSLAND
Belgien

VERANLAGUNG/TYP
Ursprünglich Treibhund, jetzt Familienhund.

GRÖSSE
Rüden erreichen eine Schulterhöhe von ungefähr 62 cm, bei Hündinnen beträgt sie ca. 58 cm; Abweichungen von 2 cm nach unten und 4 cm nach oben werden zugestanden.

Belgischer Schäferhund, Malinois: Kopfstudie

Belgischer Schäferhund, Groenendael

FELL
Die Hunde besitzen ein mittellanges, üppiges Fell mit Unterwolle. Groenendaeler sind schwarz, eventuell mit etwas Weiß auf der Brust. Tervueren kommen vor in Rot, falb- oder mahagonifarben, mit schwarzen Grannen und schwarzer Maske.

Belgischer Schäferhund, Groenendael

PFLEGE
Die Hunde sollten nicht allzuoft gebürstet oder gekämmt werden, da die Unterwolle beschädigt werden könnte. Während des Fellwechsels ist ein grobzinkiger Kamm allerdings sehr nützlich.

CHARAKTER
Energisch, wachsam, intelligent, arbeitswillig, sehr beweglich. Tervueren und Groenendaeler bleiben gern dicht bei ihrem Besitzer – auch im Haus.

AUFZUCHT UND ERZIEHUNG
Beide Schäferhundrassen müssen als kleine Welpen in ihrem Selbstvertrauen gestärkt werden. Man sollte sie öfter einmal zu unbekannten Plätzen mitnehmen, oder ihnen – unter Aufsicht – Kontakte zu anderen Menschen und Tieren ermöglichen. Dabei muß natürlich darauf geachtet werden, daß diese Begegnungen auch positiv verlaufen. Die Hunde lernen schnell und reagieren gut auf die Stimme ihres Herrn.
Schlagen oder Schreien ist also absolut unnötig und kann gegebenenfalls zum gegenteiligen Resultat führen. Eine sanfte, aber sichere Art ist für die Tiere am besten. Die Hunde sind begeisterte „Ballspieler".

VERTRÄGLICHKEIT
Wenn die jungen Hunde bereits früh mit anderen Lebewesen zusammengebracht werden, so kommen sie später prima sowohl mit Artgenossen wie auch mit anderen Haustieren zurecht. Auch der Umgang mit Kindern sollte nach so einer Gewöhnungsphase keine Probleme mehr aufwerfen. Gegenüber Fremden sind sowohl Tervueren wie auch Groenendaeler etwas zurückhaltender.
(Foto Belgischer Schäferhund, Tervueren S. 25)

BEWEGUNG
Wenn die Hunde außer Haus genügend Auslauf bekommen, sind sie daheim entsprechend ruhig. Die meisten von ihnen sind vom Ballspielen und Apportieren ausgesprochen begeistert.

Bergamasco

HERKUNFTSLAND
Italien

VERANLAGUNG/TYP
Herdenhund und Wachhund, Familienhund.

GRÖSSE
Rüden wiegen bei einer Schulterhöhe von 60 cm zwischen 32 und 38 kg. Hündinnen wiegen 26 bis 32 kg und erreichen eine Schulterhöhe von 56 cm. Abweichungen von 2 cm nach oben und unten sind beiden Geschlechtern erlaubt.

Ausgewachsene Bergamasco-Hündin

FELL
Der Bergamasco besitzt eine dichte Unterwolle, das Deckhaar zeigt deutliche Neigungen zur Verfilzung, das Haar auf Kopf und Schultern verfilzt allerdings nicht. Die Farben umfassen alle Grauschattierungen,

Belgischer Schäferhund, Tervueren

mit schwarzen, lohfarbenen oder weißen Flecken. Weiße Abzeichen sind erlaubt, wenn sie nicht mehr als 20 % der Felloberfläche bedecken.

PFLEGE
Schon in seinem ersten Lebensjahr sollte man den Bergamasco ans Kämmen gewöhnen. Danach soll das Fell verfilzen, denn ein dichtes, zottiges Haarkleid schützt den Hund nicht nur vor Witterungseinflüssen, sondern auch vor Verletzungen. Damit das Fell aber nicht in zu dicke Filzstücke fällt, sollte man es mit der Hand in etwa 3 cm dicke Schnüre „zwirbeln". Lediglich das Kopfhaar, das in Kaskaden über die Augen fällt, sollte hin und wieder einmal durchgekämmt werden.

CHARAKTER
Intelligent und arbeitsam, selbständig, ausgeglichen und ruhig, mutig und wachsam, freundlich und sehr anhänglich.

AUFZUCHT UND ERZIEHUNG
Bergamascos besitzen eine angeborene Dickköpfigkeit, die schon früh durch konsequente Erziehung überwunden werden muß.

VERTRÄGLICHKEIT
Wenn man den Bergamasco früh eingewöhnt hat, gibt es mit anderen Haustieren eigentlich keine Probleme mehr. Die loyalen Hunde weisen von sich aus das Bedürfnis auf, die Kinder aus „ihrer Familie" beispielsweise gegen die Neckereien anderer Kinder zu beschützen. Bergamascos sind aber auch im allgemeinen hervorragende Wachhunde – was sich auch in einem generellen Mißtrauen gegenüber Fremden manifestiert –, die das Haus ihrer Besitzer wirklich gut behüten.

BEWEGUNG
Die Rasse hat relativ viel Bewegung nötig. Man kann mit diesem Hund ausgedehnte Wanderungen unternehmen, in geeignetem Terrain sollte man ihm

Junger Bergamasco-Rüde

aber auch die Möglichkeit geben, seinen Bewegungsdrang „auf eigene Faust" zu stillen. Da diese Hunde ursprünglich für den Schutz der Herden im Gebiet von Bergamo gezüchtet wurden, sind diese Arbeitshunde also absolut nichts für Stubenhocker.

Pastore Maremanno-Abbruzzen-Schäferhund oder Maremma

HERKUNFTSLAND
Italien

VERANLAGUNG/TYP
Familienhund und Herdenschutzhund.

GRÖSSE
Rüden erreichen eine Schulterhöhe zwischen 63 und 73 cm, für Hündinnen gilt eine Höhe zwischen 60 und 68 cm.

FELL
Das Fell ist ziemlich lang und fest, mit einer dichten Unterwolle. Die Farbe ist Weiß; leicht elfenbeinfarben oder blaß falb (an den Ohren) ist ebenfalls zulässig.

Pastore Maremanno-Abbruzzen-Schäferhund: Kopfstudie

PFLEGE
Diese Rasse benötigt eine regelmäßige und sehr gründliche Bürsten- und Kämmpflege, um die losen Haare zu entfernen. Besonders während des Fellwechsels ist spezielle Ausdauer in der Pflege notwendig.

CHARAKTER
Er ist freundlich und treu, mutig und aufgeweckt, stark und gibt einen sehr guten Wachhund ab, ohne gleich ein „Kläffer" zu sein. Maremmas umschmeicheln ihren Herrn vielleicht nicht sofort, sind aber allemal ergeben und treu.

AUFZUCHT UND ERZIEHUNG
Der Pastore Maremanno-Abbruzzen-Schäferhund ist kein Hund, der Kommandos sklavisch und absolut befolgt, besonders dann nicht, wenn er sie nicht einsieht. Er sollte daher auf der Basis von gegenseitigem Respekt erzogen werden, einfühlsam, aber mit Konsequenz.

VERTRÄGLICHKEIT
Der Pastore Maremanno-Abbruzzen-Schäferhund geht sowohl mit Artgenossen und anderen Haustieren als auch mit Kindern sehr gut um und ist sehr geduldig und nachgiebig. Gegenüber Fremden nimmt er eher eine reservierte Haltung ein, doch nimmt auch dies keine extremeren Formen an. Wer allerdings nichts auf dem Grundstück verloren hat, der bekommt von diesem Hund garantiert keinen Zugang erlaubt.

BEWEGUNG
Die Rasse braucht Raum, sowohl geistig wie auch körperlich. Nur dreimal täglich Gassi zu gehen wäre für den Hund eine Qual. Diese Berghundrasse braucht lange Spaziergänge oder Wanderungen, bei denen sie sich richtig austoben kann. Wenn sie genügend Auslauf und Bewegung bekommen, dann sind die Maremmas anschließend auch daheim ruhig und friedlich.

Pastore Maremanno-Abbruzzen-Schäferhund

Border Collie

HERKUNFTSLAND
England

VERANLAGUNG/TYP
Herden- und Treibhund.

GRÖSSE
Die Schulterhöhe von Rüden beträgt 53 bis 55 cm; Hündinnen sind etwas kleiner.

FELL
Die dicke Unterwolle ist halblang und glänzend. Alle Farben werden zugestanden, nur Weiß darf nicht überwiegen. Schwarz-weiße Fellfärbungen kommen am häufigsten vor.

Border Collie bei der Arbeit.

PFLEGE
Das Fell der Border Collies hat nur relativ wenig Pflege nötig. Wöchentliches Durchbürsten hält das Fell in gutem Zustand.

CHARAKTER
Sehr arbeitswillig, intelligent, schlau, schnelle Auffassungsgabe, aufmerksam, beweglich, wachsam, tapfer, sehr anhänglich an seinen Besitzer und dessen Familie.

AUFZUCHT UND ERZIEHUNG
Die Border Collies sind weltweit für ihre enorme Intelligenz und den Wunsch, diesem Ruf auch gerecht zu werden, bekannt. Neue Kommandos begreifen sie außerordentlich schnell. Die meisten Border Collies besitzen eine naturgegebene Veranlagung für das Treiben von Vieh.

Border Collie: Kopfstudie

VERTRÄGLICHKEIT
Wenn ein Border Collie ausreichend Bewegung und eine intensive Beziehung zu seinem Besitzer bekommt, geht er im allgemeinen gut mit Artgenossen, anderen Haustieren sowie Kindern um. Bei Mangel an Arbeit kann es sein, daß sich der Border selbst eine Beschäftigung sucht und beispielsweise die Kinder „zusammentreibt".

BEWEGUNG
Ein Border Collie, der nichts zu tun hat, wird schnell zu einem unguten, manchmal sogar aggressiven Hund. Ein wenig Auslauf allein genügt dieser Rasse nicht. Die Borders wollen und müssen arbeiten, Körper und Geist müssen mit einer oder mehreren Aufgaben gefordert werden. Somit ist es nicht weiter erstaunlich, daß Border Collies bei Wettkämpfen meist auf den vorderen Plätzen zu finden sind, speziell wenn es um Behendigkeit, Gehorsamkeit, „Fly-ball" oder das Treiben von Schafen geht. Die Hunde sind gewissermaßen „Perfektionisten" und wollen immer alles richtig machen.
Es ist offensichtlich: Diese Rasse braucht Beschäftigung.

BESONDERHEITEN
• Die Rasse kann ausgezeichnet in Zwingern gehalten werden, allerdings brauchen die Hunde unbedingt ihre tägliche Zuwendung und Kontakt zu ihrem Herrchen.
• Für Menschen, die sich dem Hundesport widmen wollen, sind Border Collies ein Geschenk des Himmels. Auch Bauern, bei denen die Hunde ihren ursprünglichen Aufgaben nachkommen können, werden sicher nicht enttäuscht werden. Als reiner Haushund sind Borders allerdings nicht unbedingt die beste Wahl.

Briard

HERKUNFTSLAND
Frankreich

VERANLAGUNG/TYP
Hütehund, Wachhund, Familienhund

GRÖSSE
Die Schulterhöhe liegt bei Hündinnen zwischen 56 und 64 cm, bei Rüden zwischen 62 und 68 cm.

FELL
Das Fell ist ziegenhaarähnlich mit langen, leicht gewellten Haaren und einer dünnen Unterwolle. Alle reinen Farben sind – mit Ausnahme von Weiß und Kastanie – erlaubt. Die häufigsten Fellfarben sind Schwarz und Falb.

Briards

PFLEGE
Briards müssen einmal pro Woche gründlich gekämmt und gebürstet werden. Die Gehörgänge müssen freigehalten werden, was bedeutet, daß überflüssige Haare weggeschnitten werden müssen. Das gleiche gilt auch für die Haare, die zwischen den Fußballen hervorwachsen.

CHARAKTER
Intelligent und arbeitsam, abgehärtet, mutig, wachsam, treu, ein wenig dominant und absolut ungeeignet für Zwingerhaltung. Briards besitzen keinen „Sinn für Humor" – man sollte sie also besser nicht zu sehr necken.

AUFZUCHT UND ERZIEHUNG
Die Erziehung muß mit Konsequenz, viel Geduld und Liebe, aber auch mit strenger Hand erfolgen. Eine zu strenge Ausbildung hat allerdings denselben Effekt wie gar keine oder eine schlechte Erziehung. Der Hund kann sich zurückziehen oder sogar aggressiv werden. Im Haus, inmitten der Mitglieder „ihrer Familie", fühlen sich diese Hunde am wohlsten.

VERTRÄGLICHKEIT
Beim richtigen Besitzer entwickelt sich der Briard zu einem hervorragenden Familienhund, der gut mit anderen Haustieren zusammenleben kann. Einige benehmen sich etwas dominant gegenüber anderen Hunden und sind Fremden gegenüber recht argwöhnisch.

BEWEGUNG
Die Hunde haben einiges an Bewegung nötig. Man kann mit dem Briard einfach in die freie Natur ziehen; Schwimmen und Laufen neben dem Fahrrad sind ebenfalls gute Körperertüchtigungen für den Hund. Briards eignen sich gut zur Abrichtung.

BESONDERHEITEN
In den Ländern außerhalb Frankreichs ist der Briard eine nichtalltägliche Erscheinung, der Besitzer und Besitz bewacht; er ist nicht unbedingt ein Hund für jedermann.

Cão da Serra de Aires (Portugiesischer Schäferhund)

HERKUNFTSLAND
Portugal

VERANLAGUNG/TYP
All-round-Hütehund, Wach- und Familienhund.

GRÖSSE
Rüden erreichen eine Schulterhöhe zwischen 45 und 55 cm, für Hündinnen gelten Höhen zwischen 42 und 52 cm.

FELL
Das Fell ist lang, nur ganz leicht gewellt und ohne Unterwolle. Die am häufigsten vorkommende Farbe ist Schwarz; Grau, Gelb, Braun und Falb kommen auch vor, oft in Verbindung mit lohfarbenen Abzeichen. Einige weiße Haare werden zugestanden, mit Ausnahme des Brustflecks aber keine größeren weißen Flächen.

Cão da Serra de Aires

PFLEGE
Das Fell muß regelmäßig nach Kletten u. ä. durchgesehen werden, sollte aber nicht zu oft gebürstet werden, damit die Haarstruktur erhalten bleibt. Überstehende Haare an den Sohlen entfernen. Man sagt, daß diese Hunde so wenig wie möglich gewaschen werden sollten.

CHARAKTER
Aufgeweckt, lebendig, intelligent, eifrig, sehr treu und anhänglich an „seine" Menschen, dennoch wachsam, lernfreudig, aber auch manchmal etwas eigenwillig.

AUFZUCHT UND ERZIEHUNG
Die Hunde brauchen eine sehr konsequente Ausbildung. Sie lernen sehr schnell eine gewisse Bequemlichkeit, oft muß man sagen Faulheit, schätzen. Die leicht dominanten und eigenwilligen Hunde brauchen daher ein Herrchen, das energisch und geradlinig ist.

VERTRÄGLICHKEIT
Diese Hütehunde gehen mit anderen Hunden gut um, auch mit anderen Haustieren können sie problemlos zusammenleben. Gegenüber Kindern geben sie sich meist sehr geduldig. Die Portugiesischen Schäferhunde – wie die Tiere mit dem klangvollen Namen auch genannt werden – sind Fremden gegenüber allerdings sehr zurückhaltend, was sie zu hervorragenden Wachhunden macht.

BEWEGUNG
Portugiesische Schäferhunde besitzen eine unglaubliche Ausdauer. Sie müssen also genug Bewegung an frischer Luft bekommen, damit sie im Haus friedlich bleiben. Auch auf dem Gebiet der Behendigkeit leisten die Hunde einiges.

Deutscher Schäferhund

HERKUNFTSLAND
Deutschland

VERANLAGUNG/TYP
Familienhund, für die verschiedensten Aufgaben einsetzbar.

GRÖSSE
Die Schulterhöhe variiert bei Rüden zwischen 60 und 65 cm, bei Hündinnen zwischen 55 und 60 cm.

Cão da Serra de Aires

Deutscher Schäferhund: Kopfstudie

Deutscher Schäferhund

FELL
Bis zum Jahr 1915 gab es drei Felltypen: Stockhaar, Langhaar und Rauhhaar; letztere ist inzwischen verschwunden. Als Farben kommen Schwarz, Eisgrau oder Aschgrau in Frage, entweder einfarbig oder mit regelmäßigen braunen, gelben oder hellgrauen Abzeichen, aber die schwarze Decke ist wohl am häufigsten.

PFLEGE
Das Fell dieser Hunde braucht vergleichsweise wenig Pflege, es genügt meist, die losen Haare auszubürsten. Allerdings schätzen die Hunde das Bürsten oft als sehr angenehm.

CHARAKTER
Hohe Intelligenz, leicht auszubilden, gehorsam, freundlich, sozial, temperamentvoll, wachsam und beschützend, anpassungsfähig, selbstbewußt aber dennoch anhänglich, sehr treu.

AUFZUCHT UND ERZIEHUNG
Der Deutsche Schäferhund ist eine der über die ganze Welt am verbreitetsten eingesetzten Hunderassen – sei es als Blindengeleithund, Lawinenhund, Spürhund, Wach- und Schutzhund oder Polizeihund, die vielfältigen Leistungen dieser Hunde sind anerkannt. Bei Gehorsamkeitsprüfungen stellen sie die anderen Rassen meist weit in den Schatten. Eigentlich ist es fast unnötig, hier zu schildern, welche Möglichkeiten diese Rasse bietet – es ist bekannt.
Die Tiere lernen schnell und gut, sie lieben die Arbeit und brauchen eine Aufgabe. Sie entwickeln eine enge Bindung an ihren Besitzer und brauchen dementsprechend viel Kontakt zu ihrem Herrchen. Wer also nur über wenig Zeit verfügt, sollte sich besser keinen Schäferhund anschaffen.

VERTRÄGLICHKEIT
Bei guter Erziehung kommen Deutsche Schäferhunde hervorragend mit Artgenossen, anderen Tieren sowie Kindern aus, ungebetene Besucher werden allerdings sofort gestellt. Diese ursprünglich als Hütehunde eingesetzten Tiere zeigen keine Neigung zum Weglaufen.

BEWEGUNG
Selbst Menschen, die Deutsche Schäferhunde als Haushund halten wollen, kommen dennoch nicht an der Tatsache vorbei, daß diese Hunde ausgesprochen arbeitswillig sind. Man tut dem Hund nichts Gutes, wenn man ihn nur als Gesellschaft im Haus hält, ohne ihm eine echte Beschäftigung zu geben. Glücklicherweise gibt es aber zahlreiche Schäferhund-Vereine, in denen der Hund in bezug auf Gehorsamkeit, Abrichtung oder Behendigkeit in Form gebracht werden kann, was ihm sowohl seelisch wie körperlich sehr gut tut. Für alle großen Hunde – und damit auch für den Deutschen Schäferhund – gilt, daß der junge Hund besonders während der Wachstumsphase genügend Nährstoffe für den Aufbau von

Deutscher Schäferhund

Knochen, Sehnen und Muskeln braucht. Es können unheilbare Schäden entstehen, wenn der junge Hund in dieser Zeit zu schwer belastet wird oder qualitativ minderwertiges Futter bekommt. Deutsche Schäferhunde können sehr gut im Außenzwinger gehalten werden, wenn sie trotzdem die notwendige Bewegung, die nötige Aufmerksamkeit und ein ausreichendes Maß an Zuwendungen erhalten.

BESONDERHEITEN
Die Deutschen Schäferhunde stellen momentan die einzige Rasse dar, für die eine länderübergreifende Organisation besteht, die die Belange dieser Rasse weltweit vertritt: Es ist der W.U.S.V. in Deutschland, mit über einer halben Million Mitgliedern in über 60 Ländern.

Holländischer Schäferhund

HERKUNFTSLAND
Niederlande

VERANLAGUNG/TYP
Hütehund und Familienhund.

GRÖSSE
Rüden besitzen eine Schulterhöhe, die zwischen 57 und 62 cm liegt, bei Hündinnen variiert sie zwischen 55 und 60 cm.

FELL
Der Holländische Schäferhund wird in drei Fellschlägen gezüchtet: Kurzhaarig (silber- und goldgestromt), rauhhaarig (blaugestromt, rot-, silber- oder goldgestromt) und langhaarig (rot-, silber- oder goldgestromt). Für alle Varietäten gilt, daß man auf Ausstellungen zu viel Weiß auf Brust und Pfoten ungern sieht.

PFLEGE
Das kurz- und langhaarige Fell muß regelmäßig gebürstet und gekämmt werden, damit ausgefallene Haare entfernt werden können. Besonders das luxuriöse lange Haarkleid braucht vergleichsweise viel Pflege, weswegen die Kurzhaarhunde bei bequemeren Menschen beliebter sind. Das rauhhaarige Fell braucht man hingegen nicht zu bürsten. Kämmen kann man es, aber auch das muß in Maßen geschehen, da sonst die Fellstruktur leiden würde. Ungefähr zweimal pro Jahr muß der Hund in den Trimmsalon. Überschüssige Haare in den Gehörgängen sind zu entfernen.

Holländische Schäferhunde, kurzhaarig

Langhaariger Holländischer Schäferhund

Rauhhaariger Holländischer Schäferhund

CHARAKTER
Anhänglich, lernwillig, intelligent und gehorsam, seinem Besitzer und dessen Familie treu ergeben, unbestechlich, aktiv und beweglich, wachsam.

AUFZUCHT UND ERZIEHUNG
Holländische Schäferhunde sind echte Allround-Hunde. Sie sind ausgesprochen lernbeflissen und verstehen neue Kommandos erstaunlich schnell. In Hundesportarten wie Behendigkeit, Fly-ball und Gehorsamkeitswettkämpfen können rauhhaarige Holländische Schäferhunde Spitzenleistungen erbringen. Die Kurzhaarhunde werden am häufigsten zur Abrichtung verwendet.

VERTRÄGLICHKEIT
Holländische Schäferhunde kommen ausgesprochen gut mit Artgenossen und anderen Haustieren zurecht, und wenn die Kinder den Hund zur rechten Zeit in Ruhe lassen können, so ist er ein prima Spielkamerad. Ungebetene Besucher werden gestellt, Bekannte der Familie werden aber freudigst begrüßt.

Rauhhaariger Holländischer Schäferhund

BEWEGUNG
Es tut dem Hund gut, wenn man ihn regelmäßig neben dem Rad laufen läßt oder ihm ausgiebiges Rennen auf freiem Feld ermöglicht. Da Holländische Schäferhunde recht gern arbeiten, ist es nicht verkehrt, ihn mindestens zweimal pro Woche ein paar Übungen machen zu lassen, damit er geistig und körperlich in guter Verfassung bleibt.

Komondor

HERKUNFTSLAND
Ungarn

VERANLAGUNG/TYP
Herdenschutzhund

GRÖSSE
Die Schulterhöhe liegt für Rüden bei mindestens 65 cm, für Hündinnen gilt eine Mindesthöhe von 60 cm; am besten werden diese Angaben reichlich überschritten, es gibt keine Maximalgröße, allerdings sollte alles ausgewogen wirken.

FELL
Das Fell ist Rassenmerkmal und Kennzeichen dieser Hunde. Es besteht aus Schnüren, die sich im Laufe der Jahre durch Verfilzung bilden und größer werden. Es dauert rund drei bis vier Jahre, bis sich das endgültige – immer weiße – Fell des Komondors ausgeformt hat.

PFLEGE
Der Komondor wird in der Regel nicht gekämmt oder gebürstet, damit sich seine langen Zotteln ausbilden können. Die Schnüre entstehen dadurch, daß die zarte Unterwolle nicht ausfällt und sich mit den härteren, längeren Deckhaaren verfilzt. Um die Entwicklung dieser Filzschnüre zu fördern, sollte der Besitzer die Haare ab und zu von Hand „scheuern". Die Wäsche des Fells ist verständlicherweise äußerst zeitintensiv und sollte wegen der langen Trockenzeiten im Sommer stattfinden.

CHARAKTER
Selbständig und dominant, sehr wachsam und mutig, unbestechlich, hart gegen sich selbst, sozial, sehr treu und anhänglich, ausgeglichen und ruhig. Die Hunde bellen von Natur aus nur wenig. Komondoren wird die besondere Gabe zugeschrieben, daß sie Menschen durchschauen können, die ihren Besitzern Böses wollen.

AUFZUCHT UND ERZIEHUNG
Der Komondor ist ein noch sehr „naturbelassener" Hund, der sich stark an seinen Instinkten orientiert. Die Erziehung muß entsprechend konsequent erfol-

Komondor

gen, sollte aber immer auf gegenseitigem Respekt basieren. Der Komondor besitzt einen unkomplizierten Charakter; wenn er die Hausregeln erst einmal verstanden hat, wird er sie nicht übertreten. Die ehrliche Art dieses Hundes verlangt nach einem Besitzer, der ebenfalls ehrlich mit dem Hund umgeht, welcher einen „einsichtigen" Befehl am leichtesten befolgt. Er ist für Gehorsamkeitswettkämpfe also nicht sonderlich geeignet.

VERTRÄGLICHKEIT
Der Komondor wird ohne große Probleme gut mit anderen Haustieren umgehen, wenn diese Tiere zu „seiner Familie" gehören. Das gilt auch für die Kinder seiner Besitzer, die er gegen die Hänseleien anderer Kinder verteidigen wird. Fremden mißtraut er von Natur aus, ungebetene Besucher bekommen keine Chance, das Grundstück zu betreten. Regelmäßige Gäste werden aber als „zugehörig" identifiziert und dürfen die Familie ohne Erschwernisse besuchen.

BEWEGUNG
Man kann den Hund sowohl in Wohngebieten wie auf dem Land halten, auch wenn die Tiere in freier Natur natürlich eher zu ihrem Recht kommen. Wird der Komondor draußen gehalten, so wird er die Grenzen seines Territoriums inspizieren gehen, wobei er oft nach eigenen Maßstäben vorgeht. Auch nachts kann man den Komondor im Freien lassen, wo er viele Stunden verschläft. Nässe und Kälte kann Hunden mit einem so dichten Fell selbstverständlich überhaupt nichts anhaben.

Kuvasz

HERKUNFTSLAND
Ungarn

VERANLAGUNG/TYP
Familienhund, Hütehund

GRÖSSE
Die Schulterhöhe von Rüden liegt zwischen 71 und 75 cm, die der Hündinnen zwischen 66 und 70 cm. Rüden wiegen 40 bis 52 kg, Hündinnen sind etwas leichter.

FELL
Das Fell ist auf dem Kopf und an der Pfotenvorderseite kurz, am Rest des Körpers ist das Haar länger. Das Fell ist leicht gewellt und mit feiner Unterwolle versehen. Die Farbe ist Weiß bis Elfenbein.

Kuvasz

PFLEGE
Das dichte Fell schützt den Kuvasz vor allen Witterungseinflüssen. Wenn dieses Fell ausgeht, verliert der Hund enorme Mengen an Haaren, es ist daher

ratsam, den Kuvasz regelmäßig gründlich zu bürsten, speziell während der Zeit des Fellwechsels.

CHARAKTER
Guter Wachhund, intelligent, bellt nur, wenn es nötig ist, sehr anhänglich, mutig, dominant, ehrlich, ausgewogen, seinem Besitzer treu ergeben. Der Kuvasz ist anhänglich, aber nicht unselbständig.

AUFZUCHT UND ERZIEHUNG
Diese Hunde benötigen eine ausgeglichene, aber dennoch zielstrebige Erziehung. Der Kuvasz ist kein Hund für Anfänger, der zukünftige Besitzer muß schon recht willensstark sein. Das bedeutet aber nicht, daß der Hund mit Überhärte aufgezogen werden soll. In einer harmonischen Umgebung mit Raum für Eigeninitiativen lernt der Hund am besten.

VERTRÄGLICHKEIT
Der Kuvasz kann sich gegenüber Artgenossen recht dominant verhalten, wenn man ihn aber in jungen Jahren schon an andere Haustiere gewöhnt hat, sollte es keine Schwierigkeiten mehr geben. Seine hohe „Schmerzgrenze" macht ihn zu einem toleranten Spielgefährten für Kinder, auch wenn man ihn aufgrund seiner großen Selbständigkeit und Unabhängigkeit nicht vollkommen in die Hände von Kindern übergeben sollte.
Der Kuvasz beschützt Kinder, die zu „seiner Familie" gehören, allerdings oft so gut, daß man in seiner Gegenwart nicht unbedingt damit beginnen sollte, die eigenen Sprößlinge wegen Ungehorsams zu maßregeln.

BEWEGUNG
Da der Kuvasz mehrmals täglich die Grenzen seines Territoriums inspiziert, hält er sich sozusagen selbst in Form. Wenn man allerdings in etwas beengteren Verhältnissen lebt, sollte man dem Hund genug Möglichkeiten geben, sich körperlich und geistig in freier Natur zu beschäftigen.

Mudi

HERKUNFTSLAND
Ungarn

VERANLAGUNG/TYP
Jagdhund (speziell auf größeres Wild), Hütehund, Wach- und Familienhund.

Kuvasz: Kopfstudie

GRÖSSE
Mudis erreichen eine Schulterhöhe zwischen 35 und 51 cm.

FELL
Die Haare des Fells sind etwa 5 bis 7 cm lang (kann sehr stark variieren), an Kopf und Vorderläufen kürzer. Es ist dicht, gewellt und rauh und bildet Wirbel. Mudis kommen in Schwarz, Weiß und einer Kombination beider Farben (gescheckt) vor.

PFLEGE
Der Mudi ist leicht zu versorgen. Regelmäßiges Kämmen tut ihm gut und hält das Fell in gutem Zustand.

Mudi: Kopfstudie

CHARAKTER
Aufgeweckt und lebendig, wachsam und mutig, bellt recht gern, lernwillig und intelligent, aber relativ eigenständig. Mudis besitzen einen ausgeprägten Hang dazu, den Besitz ihres Herrn zu schützen. Innerhalb der Familie zeigt er wenig Interesse dafür, sich an eine bestimmte Person zu binden.

AUFZUCHT UND ERZIEHUNG
Da es sich bei Mudis um sehr unabhängige Hunde handelt, bereitet ihre Erziehung im allgemeinen relativ große Schwierigkeiten.

VERTRÄGLICHKEIT
Mudis gehen in der Regel gut mit ihren Artgenossen, anderen Haustieren sowie Kindern um. Sie sind gute Wächter, die ihren Herrn beschützen wollen, gegenüber Fremden sind sie dementsprechend argwöhnisch. Wann immer „Not am Mann" ist, kann man sich auf den Mudi verlassen.

BEWEGUNG
Die Rasse eignet sich für jede Bewegungsart. Bei vielen Sportarten sind sie sehr geschickt.

Mudi

Bobtail oder Old English Sheepdog

HERKUNFTSLAND
England

VERANLAGUNG/TYP
Hütehund und Familienhund.

GRÖSSE
Hündinnen erreichen eine Schulterhöhe von mindestens 56 cm, für Rüden gilt ein Minimum von 60 cm. Das Gewicht der „Old English" kann 30 kg und mehr betragen.

FELL
Das Fell ist „wild zottig", rauh, hart und lang und besitzt eine wasserdichte Unterwolle. Zugestandene Farben sind Grau, Graumeliert, Blau und Bluemerle. Kopf, Nacken, Vorderläufe und Unterbauch sind weiß, mit oder ohne Abzeichen.

PFLEGE

Man kann sich schon denken, daß das Fell eines Bobtails besonders viel Pflege braucht. Mindestens einmal pro Woche gründliches Bürsten, vor allem an jenen Stellen, wo sich leicht Kletten bilden. Während des Fellwechsels kann es gut sein, daß man nach jedem Bürsten ein ganzes Bündel von Haaren in Händen hält. Auch die Gehörgänge brauchen entsprechende Behandlung. Die Krallen müssen kurz gehalten werden und daher regelmäßig abgeknipst werden.

Ebenso muß überflüssiges Haar an den Fußsohlen entfernt werden. Da die Haltung des Hundes ohnehin so ist, daß der Hinterkörper höher liegt als der Schulterteil, wird diese Attitüde für Ausstellungen noch stärker betont. Bisweilen werden auch geschorene Bobtails gezeigt, was sicherlich noch allemal besser ist als ein Hund mit ungepflegtem und verklettetem Fell. Man kann sich aber fragen, warum sich jemand unbedingt einen langhaarigen Hund zulegen muß, nur um ihn dann hinterher zu scheren. Der „Bobtail" (Stummelschwanz) ist nicht angeboren, muß also künstlich geschaffen (coupiert) werden.

Bobtail

CHARAKTER

Intelligent, großes Anpassungsvermögen, lieb, sozial, nicht sonderlich wachsam, ungestüm, unkomplizierter Charakter, will mit „seiner Familie" zusammen sein.

AUFZUCHT UND ERZIEHUNG

Diese Hunde müssen behutsam aber dennoch konsequent aufgezogen werden. Ihre große Anpassungsfähigkeit, die sie selten dominant werden läßt, machen sie zu einem geeigneten Hund für Menschen, die wenig Erfahrung in der Tierhaltung haben. Da die Fellpflege ein sehr wichtiger Bereich seiner Betreuung ist, sollte man schon den jungen Hund behutsam an das Bürsten gewöhnen. Ist der Hund nämlich erst einmal ausgewachsen, so könnte das in eine Art „Ringkampf" ausarten, der noch länger als die ohnehin langwierige Bürstenkur dauert.

VERTRÄGLICHKEIT

Bobtails gehen besonders gut mit anderen Hunden, Haustieren sowie Kindern um. Besucher werden meist sehr freundlich empfangen.

BEWEGUNG

Diese Hunde haben einiges an Leibesertüchtigung nötig. Wenn man genügend Zeit hat, so werden ihn auch lange Spaziergänge in freier Natur mit Sicherheit nicht überfordern.

Bobtails sind ganz wild auf Ballspiele, sie geben daher bei den verschiedensten Hundesportarten keine schlechte Figur ab.

Bobtail, für die Ausstellung „gestylt"

Picardischer Schäferhund

Picardischer Schäferhund oder Berger de Picard

HERKUNFTSLAND
Frankreich

VERANLAGUNG/TYP
Wach- und Hütehund, Familienhund.

GRÖSSE
Rüden weisen eine Schulterhöhe auf, die zwischen 60 und 65 cm liegt, bei Hündinnen liegt sie zwischen 55 und 60 cm.

FELL
Das Fell besteht aus kurzen, rauhen, harten, meist halblangen Haaren. Als Farben kommen Grau, Schwarzgrau, Blaugrau, Rotgrau und Falb vor. Ein kleiner weißer Brustfleck ist zwar nicht unbedingt erwünscht, darf aber sein.

PFLEGE
Man sollte die Picards regelmäßig bürsten und kämmen, das Fell darf aber unter keinen Umständen getrimmt werden.

CHARAKTER
Energiegeladen, intelligent, wachsam, treu, lieb zu Kindern, aber auch etwas eigensinnig. Normalerweise verhalten sich die Hunde Fremden gegenüber eher distanziert. Picards bellen gern und viel, was zu einem Nachteil werden kann, besonders wenn man in dichter besiedelten Wohngebieten lebt.

Picardischer Schäferhund

Picardischer Schäferhund: Kopfstudie

AUFZUCHT UND ERZIEHUNG
Der Picardische Schäferhund muß schon in früher Jugend gut erzogen werden, damit er ausgeglichen heranwachsen kann. Es scheint, daß die Ausbildung dieser charaktervollen Hunde nicht gerade einfach ist. Die Tiere können sehr eigensinnig und sogar „launisch" sein. Wenn man sich so einen Hund anschafft, sollte man sich also darüber im klaren sein, daß man vielleicht eine kleine „Diva" gekauft hat. Man sollte aber niemals versuchen, seinen Widerstand zu brechen, damit täte man der Gemütsart dieses Hundes Gewalt an. Fröhlich gegebene Kommandos und viel Abwechslung erzielen gewöhnlich die besten Resultate.

VERTRÄGLICHKEIT
Der Umgang mit Haustieren stellt üblicherweise kein Problem dar, gleiches gilt auch für das Verhältnis zu Kindern. Picards wollen viel Aufmerksamkeit von ihrem Besitzer, die sie dann nur ungern mit anderen Hunden teilen möchten.

BEWEGUNG
Die Hunde dieser Rasse brauchen viel Auslauf. Laufen neben dem Fahrrad, Schwimmen und Wanderungen sind gute Gelegenheiten, um die überschäumende Energie dieser Hunde in ruhigere Bahnen zu lenken. Wenn man dem Picard etwas Gutes tun möchte, kann man mit ihm zusammen in einem Kursus für Behendigkeit oder Fly-ball herumtollen. Die Hunde bieten aber keine kontinuierlichen Leistungen, sind also nicht so sehr für Wettkämpfe geeignet.

Polnischer Niederungshütehund

Polnischer Niederungshütehund

HERKUNFTSLAND
Polen

VERANLAGUNG/TYP
Hütehund und Familienhund.

GRÖSSE
Rüden wiegen über 20 kg, während Hündinnen ein Gewicht von rund 18 kg auf die Waage bringen. Die Schulterhöhe liegt für Rüden zwischen 45 und 50 cm, für Hündinnen gilt eine Höhe zwischen 42 und 47 cm.

FELL
Die Hunde besitzen eine dicke, lange und zottige Behaarung mit dichter Unterwolle. Alle Farben sind zugelassen, Weiß mit Grau und Schwarz sowie einfarbig Grau kommen am häufigsten vor.

PFLEGE
Das Fell muß einmal pro Woche gründlich gebürstet werden, damit es nicht verkletten kann.

CHARAKTER
Lebendig, fröhlich, wachsam, mit gutem Gedächtnis, gehorsam und intelligent, anhänglich, etwas mißtrauisch gegen Fremde.

Aufzucht und Erziehung

Erziehung scheint bei diesen Hunden fast unnötig zu sein, sie lernen schnell und tun so gut wie alles für ihren Besitzer.

Verträglichkeit

Die Niederungshütehunde kommen hervorragend mit Kindern, Hunden oder anderen Haustieren aus; Besucher werden lautstark angekündigt.

Bewegung

Die Hunde, die im Original Polski Owczarek Nizinny genannt werden, sind Arbeiter, die von Farmern und Schäfern seit dem 16. Jahrhundert gezüchtet wurden. Dementsprechend tut man ihnen also keinen Gefallen, wenn man sie in einem Wohngebiet hält und dreimal täglich Gassi geht. Ganz im Gegenteil: Die Hunde wollen nicht nur körperlich sondern auch geistig gefordert werden, darum brauchen sie öfter neue Eindrücke und Erlebnisse. In einem Verein Hundesport (Behendigkeit, Fly-ball) zu betreiben wird ihnen viel Spaß machen.

Polnischer Niederungshütehund

Ein 13 Jahre alter Puli

Puli

Puli

Herkunftsland

Ungarn

Veranlagung/Typ

Hütehund und Familienhund.

Grösse

Für Rüden wird eine Schulterhöhe zwischen 40 und 44 cm gewünscht, für Hündinnen zwischen 37 und 41 cm; das Gewicht soll zwischen 10 und 15 kg liegen.

Fell

Das Fell ist das „Markenzeichen" der Pulis. Der Hund ist reich mit langen Schnüren aus verfilztem Haar bedeckt. Die häufigste Farbe ist Schwarz, danach Weiß oder „Maszkos Fako" (Schwarz mit Apricot).

Pflege

Es braucht ungefähr drei Jahre, bis sich das charakteristische Fell des Puli ausgebildet hat. Die zarte Unterwolle fällt nicht aus, sondern verfilzt mit den langen, groben Deckhaaren. Um dieses Verfilzen zu fördern, kann man die Haare zu Kordeln „scheuern". Der Vorteil dieser Felltracht liegt darin, daß der Puli selten Haare verliert, als Nachteil sei erwähnt, daß sich natürlich unglaublich viele Dinge in diesen Schnüren verfangen können. Waschen sollte man seinen Puli vorwiegend im Sommer, denn das Trocknen nach dem Bad braucht verständlicherweise viel Zeit.

Charakter

Intelligent und lernwillig, charaktervoll, lebendig, guter Wachhund, seinem Besitzer treu ergeben. Die Hunde passen sich gut an, bleiben aber dennoch unabhängig. Einem Puli entgeht nur sehr wenig.

AUFZUCHT UND ERZIEHUNG
Die Rasse muß sehr konsequent erzogen werden, das gilt vor allem für das erste Lebensjahr. Pulis halten im allgemeinen nicht viel von Training, man sollte daher die Übungen abwechslungsreich gestalten und dem Hund zwischendurch immer die Möglichkeit zum Spielen bieten, dann lernt er recht flott.

VERTRÄGLICHKEIT
Pulis gehen normalerweise gut mit Artgenossen und anderen Haustieren um. Sie verstehen sich in der Regel auch hervorragend mit Kindern. Der Puli besitzt die Neigung, sich an eine Person aus der Familie ganz besonders zu „hängen".

BEWEGUNG
Der Puli ist in seinem Element, wenn er toben und spielen kann – und in seinem typischen Fell bietet er dabei einen tollen Anblick.
Man kann mit dem Hund auch in einen Behendigkeits- oder Fly-ball-Kursus gehen. In diesen Hundesportbereichen gibt die Rasse wirklich keine schlechte Figur ab.

Pumi

Pumi

Pumi

HERKUNFTSLAND
Ungarn

VERANLAGUNG/TYP
Hütehund und Gesellschaftshund.

GRÖSSE
Die Schulterhöhe eines Pumi liegt zwischen 33 und 48 cm.

FELL
Das Fell besteht aus mittellangen Haaren, die in Löckchen abstehen. An einigen Stellen sind die Haare etwas kürzer und fester, an anderen länger, weicher und lockiger. Das Fell verleiht dem Hund ein etwas struppiges Aussehen.
Als Farben kommen einfarbig Schwarz, alle Grau- und Rotbraunschattierungen vor, Weiß ist weniger erwünscht.

PFLEGE
Ein Pumi hat nur relativ wenig Fellpflege nötig. Einmal Bürsten in der Woche reicht aus, die Gehörgänge sollten bei der Gelegenheit auch freigehalten werden. Vor Ausstellungen wird der Pumi besonders schön „frisiert".

CHARAKTER
Lebhaft, wachsam, bellt gerne, tapfer, energisch und temperamentvoll, intelligent und lerneifrig, anspruchslos.

AUFZUCHT UND ERZIEHUNG
Pumis haben eigentlich gar keine Erziehung nötig. Die Hunde sind intelligent genug, um Befehle schnell zu begreifen. Wenn man in einem dicht besiedelten Wohngebiet lebt, sollte man dem Hund beibringen, weniger zu bellen.

VERTRÄGLICHKEIT
Gegenüber fremden Menschen gibt sich der Pumi meist mißtrauisch.
Es gibt auch sicherlich Rassen, die besser mit Kindern zurechtkommen, aber ein wohlerzogener Pumi wird keine Schwierigkeiten mit Kindern machen, solange er nicht allzusehr von ihnen geneckt und gehänselt wird.

BEWEGUNG
Ein Pumi ist wie geschaffen für die freie Natur. Am besten sind die Hunde auf einem Bauernhof aufgehoben, wo sie sich ihre Aufgaben selbst suchen können – sei es das Bewachen von Herden oder das Beisammenhalten von Vieh. Das soll aber nicht heißen, daß man einen Pumi nicht auch in einem Wohngebiet halten könnte, man muß nur auch hier einen geeigneten „Job" für ihn finden. In punkto Behendigkeit und Fly-ball sind Pumis mit großem Eifer und großen Fähigkeiten bei der Sache.

BESONDERHEITEN
Pumis sind in unseren Landen ein seltener Anblick, da die hohe Bevölkerungsdichte nur wenig Raum für einen unternehmungslustigen und selbständig arbeitenden Hund bietet.

Pyrenäenschäferhund

Pyrenäenschäferhund oder Labrit

HERKUNFTSLAND
Frankreich

VERANLAGUNG/TYP
Allround-Hütehund und Familienhund.

GRÖSSE
Die Schulterhöhe liegt für Rüden zwischen 40 und 50 cm, für Hündinnen gelten zwischen 38 und 48 cm als ideal.

Pyrenäenschäferhund

FELL
Das Fell besteht aus langen und halblangen Haaren, die zottig und leicht gelockt sind. Das Fell kann rötlich sein, mit oder ohne schwarze Haare, grau gestromt oder schwarz mit weißen Abzeichen.

PFLEGE
Das Fell der Pyrenäenschäferhunde braucht nur wenig Pflege. Man unterscheidet zwei Typen: Das mittellange Haarkleid wird auch als Ziegenhaar bezeichnet und bildet „Manschetten und Hosen". Das längere Haarkleid bildet Schnüre, wenn es nicht gekämmt wird. Ein Viertelstündchen Bürsten pro Woche gilt als ausreichend. Übermäßigen Haarwuchs in den Gehörgängen muß man abschneiden.

CHARAKTER
Intelligent, arbeitsam, lebhaft und schnell, wachsam, lebendig, guter Geruchssinn, sehr kinderlieb. Der Labrit liebt es, unter freiem Himmel zu sein.

AUFZUCHT UND ERZIEHUNG
Die Hunde dieser Rasse brauchen eine konsequente, strikte und geradlinige Erziehung, die aber nicht hart ausfallen muß. Sie arbeiten gerne und können und wollen alles lernen. Wenn man den Pyrenäenschäferhund allerdings dazu verurteilt, in einer Wohnung zu bleiben und nur dreimal täglich Gassi zu gehen, so wird er unzufrieden. Da die Hunde ungewöhnlich begabt sind, wurden sie sogar schon als Rettungshunde eingesetzt.

VERTRÄGLICHKEIT
Pyrenäenschäferhunde gehen mit „ihrer Familie" und den dazugehörenden Kindern sehr liebevoll um. Auch der Kontakt zu anderen Haustieren bereitet keine Schwierigkeiten, vor allem, wenn die Hunde schon in jungen Jahren daran gewöhnt worden sind. Fremden gegenüber benehmen sie sich eher abwartend.

Pyrenäenschäferhunde

BEWEGUNG
Ihre bewegungsfreudige Veranlagung verlangt geradezu nach ausgedehnten Spaziergängen mit Gelegenheit zum Spielen und Herumtollen.

Saarloos-Wolfshund

HERKUNFTSLAND
Niederlande

VERANLAGUNG/TYP
Familienhund

GRÖSSE
Die Schulterhöhe von Rüden liegt zwischen 65 und 75 cm, Weibchen sind mit einer Schulterhöhe zwischen 60 und 70 cm etwas kleiner.

FELL
Das Fell ist kurz und dicht und meist wolfsgrau, agutifarben oder waldbraun eingefärbt, kleine weiße Abzeichen sind zulässig.

PFLEGE
Das Fell der Wolfshunde ist einfach zu pflegen. Regelmäßiges Kämmen tut ihm natürlich gut, auch die Gehörgänge sollten turnusmäßig gepflegt werden.

Wolfsgrauer Saarloos-Wolfshund: Kopfstudie

CHARAKTER
Intelligent, vorsichtig, aufmerksam, guter Geruchssinn, lieb und anhänglich. Der Saarloos-Wolfshund ist geduldig mit Kindern, bellt nur wenig und wird nur einmal pro Jahr läufig.

AUFZUCHT UND ERZIEHUNG
Eine frühe Sozialisation (vor der zehnten Woche) ist notwendig, damit der Hund harmonisch aufwachsen

Saarloos-Wolfshund

Waldbrauner Saarloos-Wolfshund: Kopfstudie

kann. Man sollte ihn dann auf positive Weise mit den unterschiedlichsten Situationen, Menschen und Tieren konfrontieren. Der Saarloos lernt zwar seine Kommandos, aber unbedingten Gehorsam darf man nicht erwarten.

VERTRÄGLICHKEIT
Der Saarloos-Wolfshund ist ein äußerst sozialer Hund und macht unter normalen Umständen keine Probleme im Umgang mit anderen Hunden, Kindern oder Haustieren. Er muß allerdings – wie gesagt – schon so früh wie möglich an diese Umstände, Personen oder Tiere gewöhnt werden. Gegenüber Fremden und auch in unbekannten, neuen Situationen können die Hunde eine gewisse Scheu und Zurückhaltung an den Tag legen. Die Saarloos gelten aber auch als außerordentlich dickköpfig, sie sind daher für Unterordnungs- oder Schutzhundprüfungen weniger gut geeignet und brauchen einen starken Führer, der ihnen am besten so etwas wie „Rudelatmosphäre" vermitteln kann. Mit Geduld, Ruhe und einigem Zeitaufwand lassen sich die Hunde aber dennoch gut erziehen.

BEWEGUNG
Der Saarloos-Wolfshund besitzt einen durchschnittlichen Bewegungsdrang. Auch wenn man einmal keine Zeit für eine längere Wanderung hat, wird sich der Saarloos problemlos anpassen.

BESONDERHEITEN
Saarloos-Wolfshunde sind gesunde Hunde, die sehr alt werden können – dreizehn oder vierzehn Jahre Lebensdauer sind keine Besonderheit. In Deutschland bekommt man die Rasse nicht oft zu sehen, zumal sie auch noch nicht sonderlich alt ist. 1930 kreuzte der Genetik-Student Leendert Saarloos in Kooperation mit einem holländischen Zoo eine Wölfin mit einem Deutschen Schäferhund. Sein Ziel war es, reinrassige Hunde zu ihren natürlichen Veranlagungen und zu Gesundheit zurückzuzüchten. Erst 1975 wurde die Rasse anerkannt.

Schapendoes

HERKUNFTSLAND
Niederlande

VERANLAGUNG/TYP
Hütehund und Familienhund.

GRÖSSE
Die Schulterhöhe für Rüden liegt zwischen 43 und 50 cm, für Hündinnen zwischen 40 und 47 cm; das Gewicht beträgt ungefähr 15 kg.

FELL
Der Schapendoes besitzt ein doppeltes Fell: Das Deckfell ist lang, hart und gewellt, die Unterwolle ist dicht und weich. Alle Farben sind zulässig, Blaugrau bis Schwarz werden meist bevorzugt.

Schapendoes

Pflege
Für erwachsene Hunde wird alle zwei Wochen ein gründliches Durchbürsten empfohlen, Jungtiere benötigen etwas mehr Pflege. Der gebürstete Hund sollte sauber, das Fell ohne Kletten sein; er sollte aber nicht „gekämmt" aussehen, sondern immer zottig wirken. Da den Hunden die Haare gewöhnlich vor den Augen hängen sollen und nicht mit Zopfspangen o. ä. weggebunden werden, sollte man die Augen regelmäßig auf Staubkörner oder lose Haare untersuchen.

Charakter
Fröhlich, pfiffig, lernwillig, munter, mutig und wachsam, seinem Besitzer sehr treu ergeben und anhänglich, lebendig und verspielt.

Aufzucht und Erziehung
In einer sportbegeisterten Familie, in der der Schapendoes behutsam erzogen wird, fühlt er sich mit Sicherheit wohl. Wie viele moderne Hunde ziehen die Schapendoes – trotz des dichten Fells – ein Leben im Haus mit der Familie der Haltung im Freien vor.

Verträglichkeit
Schapendoes gehen von Natur aus gut mit Artgenossen, anderen Haustieren oder Kindern um. Gefahren erkennen sie schnell und reagieren lautstark.

Bewegung
So wie die meisten anderen Hunde braucht auch der Schapendoes viel Bewegung, um seine Energie loszuwerden. Es wird geraten, den Hund mindestens einmal am Tag so richtig herumtollen zu lassen, dann ist er im Haus ruhig und brav. Die meisten Schapendoes haben großen Spaß am Schwimmen, Apportieren und an den meisten anderen Spielen.

Schapendoes

Schipperke

Schipperke

HERKUNFTSLAND
Belgien

VERANLAGUNG/TYP
„Mäusefänger" und Familienhund.

GRÖSSE
Die Schulterhöhe beträgt 25 bis 30 cm. In Belgien und Frankreich werden die Schipperkes in zwei Gewichtsklassen aufgeteilt: in die Gruppe zwischen 5 und 8 kg und in eine Gruppe zwischen 3 und 5 kg. In anderen Ländern wird ein Gewicht zwischen 5 und 8 kg angestrebt.

FELL
Hartes Fell mit dichter Unterwolle, um den Hals („ruff", Mähne) und an den Hinterpfoten („culotte", Hosen) ist es länger. In der Regel ist es schwarz, in einigen Ländern sind auch andere Farben (z. B. Creme) erlaubt.

PFLEGE
Ein Schipperke braucht nur wenig Betreuung. Wie immer ist es aber gut für das Wohl des Fells, wenn es ab und zu gebürstet wird.

CHARAKTER
Aufmerksam, selbstbewußt, gewitzt, aufgeweckt und beweglich, mutig, unbestechlich, wachsam, seinem Besitzer treu ergeben.

AUFZUCHT UND ERZIEHUNG
Schipperkes sind wachsame Hunde, sie bellen bei jedem Unheil. Wenn man also in einem dichter besiedelten Wohngebiet lebt, ist es ratsam, dem Hund rechtzeitig beizubringen, daß er nach kurzem Kläffen still zu sein hat.

Im allgemeinen sind Schipperkes leicht zu erziehen, sie sind intelligent und lernwillig.

VERTRÄGLICHKEIT
Früher bewachten die Hunde flandrische Flußkähne (Schipperke = „kleiner Bootsmann"), davon lassen sie natürlich auch in einer Wohnung oder auf einem Grundstück nicht ab (sowohl gegen zwei- als auch vierbeinige Eindringlinge). Mit Kindern kommen Schipperkes aber im allgemeinen gut aus.

BEWEGUNG
Ein Schipperke ist ein Stück pures Dynamit. Um sich glücklich zu fühlen, muß er viel spielen und rennen. Neben den normalen Spaziergängen sollte man ihn also bei Gelegenheit so oft wie möglich unangeleint laufen lassen.

Kurzhaar-Collie in Blue merle

Kurzhaar-Collie

HERKUNFTSLAND
Nord-England und Schottland

VERANLAGUNG/TYP
Hüte- und Treibhund, Familienhund.

GRÖSSE
Die Schulterhöhe für Rüden liegt zwischen 56 und 61 cm, während sie für Hündinnen zwischen 51 und 56 cm liegt.

FELL
Das Fell ist sehr dicht, glatt und kurz. Die Kurzhaar-Collies kommen in den Farben Sable (Sandfarbe) mit Weiß, Blue merle mit Weiß und Tricolor (Schwarz mit weißen und braunen Abzeichen) vor.

PFLEGE
Die Hunde müssen regelmäßig gekämmt und gebürstet werden, da sie besonders während des Fellwechsels viele Haare verlieren.

CHARAKTER
Fröhlich, sehr intelligent und arbeitswillig, sozial, beschützend, dynamisch, aufmerksam, lieb, wachsam, gefühlvoll, sehr anhänglich an seinen Besitzer und seine Familie. Wie die meisten anderen Hunde dieser Rassengruppe zeigen die Collies wenig Neigung zum Streunen und bleiben lieber dicht bei der Familie.

AUFZUCHT UND ERZIEHUNG
Dieser Collie ist ein ausgesprochen lernfähiger Bursche, der arbeiten will und kann. Man kann bereits durch den Tonfall der Stimme viel bei ihm erreichen und sollte ihn daher nicht anschreien oder mit der Hand schlagen.

Kurzhaar-Collies in Tricolor und Sable

VERTRÄGLICHKEIT
Die Hunde gehen auffallend gut mit Artgenossen, anderen Haustieren sowie Kindern um. Bekannter Besuch wird fröhlich begrüßt.

BEWEGUNG
Ein ausgewachsenes Exemplar dieser Rasse hat einiges an Bewegung nötig, auch wenn er sich anpassen wird, falls man einmal an einem Tag keine Zeit für eine längere Wanderung haben sollte. Die meisten Collies mögen Apportieren oder Ballspiele und leisten etliches auf den Gebieten Gehorsamkeit, Behendigkeit oder Fly-ball. Junge Hunde sollten in der Wachstumsphase allerdings etwas geschont werden, damit ihre Energie in den Aufbau eines gesunden Körpers gesteckt wird.

Langhaar-Collie

Langhaar-Collie

HERKUNFTSLAND
Nord-England und Schottland

VERANLAGUNG/TYP
Hüte- und Treibhund, Familienhund.

GRÖSSE
Die Schulterhöhe für Rüden liegt zwischen 56 und 61 cm, während sie für Hündinnen zwischen 51 und 56 cm liegt.

FELL
Das langhaarige Fell ist auffallend dicht und bildet einen deutlichen „Kragen“ aus. Die Rasse kommt entsprechend zu den Fellfarben der Kurzhaar-Collies in Sable (Sandfarbe) mit Weiß, Blue merle mit Weiß und Tricolor (Schwarz mit weißen und braunen Abzeichen) vor.

Langhaar-Collie

PFLEGE

Das Fell der Langhaar-Collies sollte einmal pro Woche sehr gründlich gebürstet werden, wobei man besonders auf die dichter behaarten Regionen achten sollte, um Klettenbildung vorzubeugen. Während des Fellwechsels ist es sinnvoll, den Hund sogar täglich zu bürsten und zu kämmen, da er viele Haare verliert.

CHARAKTER

Fröhlich, sehr intelligent und arbeitswillig, sozial, gewitzt, behütend, tatkräftig, wachsam, lieb, gefühlvoll, sehr anhänglich an seinen Besitzer und seine Familie.

AUFZUCHT UND ERZIEHUNG

Collies lernen sehr schnell. Die besten Resultate erreicht man durch den Tonfall der eigenen Stimme.

VERTRÄGLICHKEIT

Die Hunde gehen auffallend gut mit Artgenossen, anderen Haustieren sowie Kindern um. Bekannter Besuch wird fröhlich begrüßt.

BEWEGUNG

Die Collies passen sich den meisten Gegebenheiten problemlos an, sind aber sicherlich nicht damit zufrieden, wenn sie nur ab und zu Gassi geführt werden. Am liebsten wollen sie unangeleint rennen und spielen, wozu man ihnen auch Gelegenheit bieten sollte. Die meisten mögen Apportieren und Ballspielen, in Hundesportarten wie Behendigkeit, Flyball und Gehorsamkeit sind sie ausgesprochen gut. Wie ihre Kurzhaar-Vettern sollten auch diese Collies während des Wachstums geschont werden.

Langhaar-Collies

Shetland Sheepdog oder Sheltie

HERKUNFTSLAND
Schottland

VERANLAGUNG/TYP
Schäferhund oder Familienhund.

GRÖSSE
Rüden erreichen eine Schulterhöhe bis 37 cm, Hündinnen bis 35,5 cm; Abweichungen von 2,5 cm nach oben und unten werden zugestanden.

FELL
Der Hund verfügt über ein doppeltes Fell: Das Oberfell besteht aus langem, hartem Haar, während die üppige Unterwolle weicher, kürzer und sehr dicht ist.
Shelties kommen in den Färbungen Sable-tint (von Sand bis Mahagoni, dann aber nicht mit schwarzen Haarspitzen), dreifarbig (Schwarz mit Loh und etwas Weiß), Blue merle (blauer Untergrund mit schwarzen Flecken) oder Schwarz-Weiß vor. Meist sind diese Färbungen mit Pfoten, Brust, Kragen, Blesse und Schwanzspitze in Weiß gepaart.

PFLEGE
Die Shelties brauchen keine spezielle Pflege, einzig regelmäßiges Kämmen und Bürsten des Felles ist empfehlenswert, besonders beim Fellwechsel. Fellkletten bilden sich vor allem hinter den Ohren, am Hinterkörper und in den Achseln, hier also besonders gründlich kämmen.

Sheltie in Blue merle

CHARAKTER
Äußerst intelligent, schlau, seinem Herrn und dessen Familie treu ergeben, anhänglich, gehorsam, fröhlich, sehr ausdauernd.

Shelties

Aufzucht und Erziehung
Dieser Hund braucht so gut wie keine Erziehung. Der Sheltie lernt gern und findet es herrlich, beschäftigt zu sein, daher ist es ratsam, den Hund für einen Gehorsamkeits- oder Behendigkeitskursus anzumelden. Man wird schnell merken, welch große Freude diese Tätigkeit dem Hund bereitet.

Verträglichkeit
Shelties sind äußerst soziale Hunde, die in der Regel gut mit anderen Hunden und Katzen, ja sogar mit Kleintieren umgehen. Wenn Kinder den Hund vernünftig behandeln und nicht necken, macht er keinerlei Probleme.
Gegenüber fremden Menschen verhalten sich die Hunde wachsam und abwartend.

Bewegung
Eigentlich paßt sich der Sheltie allen Umständen an, doch bei seinem intelligenten und arbeitslustigen Wesen „quält" es ihn, wenn er nichts zu tun hat. Shelties lernen und arbeiten gerne und sind mit Vergnügen im Freien. Die Hunde können in den verschiedensten Hundesportarten achtbare Leistungen bringen.

Besonderheiten
Es kommt bisweilen vor, daß Shelties zu groß werden, was aber nur von Belang ist, wenn man den Hund auf Ausstellungen präsentieren möchte.

Tatrahund oder Owczarek Podhalanski

Herkunftsland
Polen

Tatrahund

Veranlagung/Typ
Wach- und Hütehund, Familienhund.

Grösse
Bei Hündinnen liegt die Schulterhöhe zwischen 60 und 65 cm, bei Rüden zwischen 65 und 70 cm.

Fell
Am Kopf und auf dem Vorderrand der Pfoten sind die Haare kurz. Das Haar auf dem restlichen Körper ist länger, härter und dicker. Sowohl Locken wie glatte Haare sind erlaubt, die Farbe ist immer Weiß, ohne Abzeichen.

Pflege
Außerhalb des Fellwechsels braucht das Fell, das von Natur aus nicht verfilzt, nur ein Minimum an Pflege. Während des Fellwechsels sollte es allerdings täglich ausgiebig gebürstet werden, um tote und lose Haare gründlich zu entfernen.

Charakter
Ruhig, harmonisch, sozial, mutig, gehorsam, intelligent, treu, wachsam; anhänglich, ohne abhängig zu sein.

Aufzucht und Erziehung
Der Tatrahund verlangt nach einem Besitzer, der von Natur aus Überlegenheit ausstrahlt. Die Erziehung sollte konsequent und in aller Ruhe und Harmonie stattfinden. Den Hund mit Überhärte zu behandeln hätte nachteilige Folgen. Die Rasse zeichnet sich durch hohe Selbständigkeit aus, was bewirkt, daß die Hunde nur einen „einsichtigen" Befehl befolgen.

Verträglichkeit
Tatrahunde gehen meist gut mit anderen Hunden, anderen Haustieren und Kindern um. Man sollte den Kindern aber beibringen, daß sie nicht in Gegenwart des Hundes mit ihren Spielkameraden streiten sollten, da der Hund sonst für die Mitglieder seiner Familie Partei ergreifen könnte.

Bewegung
Der Tatrahund gehört ins Freie, dort fühlt er sich so richtig zu Hause – da kann eine Etagenwohnung natürlich nicht mithalten, und selbst ein Reihenhaus ist wohl nicht ausreichend.
Sein dichtes Fell schützt den Tatrahund vor allen Witterungseinflüssen. Regelmäßige und ausgedehnte Wanderungen findet er herrlich, nur Ballspiele u. ä. machen ihm noch mehr Spaß. Tatrahunde können also ausgezeichnet in einem Außenzwinger gehalten werden, man muß allerdings immer dafür sorgen, daß sie die nötige tägliche Bewegung und Anteilnahme bekommen.

Tatrahund, Kopfstudie

Welsh Corgi Cardigans

Welsh Corgi Cardigan

HERKUNFTSLAND
Wales

VERANLAGUNG/TYP
Hütehund und Familienhund.

GRÖSSE
Die ideale Schulterhöhe liegt bei 30 cm, Rüden sollten zwischen 13 und 15 kg wiegen, Hündinnen sind etwas leichter.

FELL
Das Fell besteht aus kurzen Haaren und ist hart und dicht. Alle Farben werden zugestanden, Weiß sollte aber nicht mehr als 30 Prozent ausmachen. Am häufigsten sind gestromte, schwarz-weiße, beige und Blue-merle-Farbvarietäten.

PFLEGE
Ein Cardigan ist mit einem Minimum an Fellpflege zufrieden. Hie und da kann man mit einer Bürste die toten Haare entfernen.

CHARAKTER
Intelligent und lerneifrig, wachsam und mutig, sehr treu seinem Besitzer und dessen Familie ergeben, ausgewogener Charakter. Cardigans wird ein besonderer Sinn für Humor zugeschrieben.

AUFZUCHT UND ERZIEHUNG
In der Regel sind diese Hunde problemlos zu halten. Cardigans lernen gern und sind schnell von Begriff, sie sind daher für spezielle Hundesportarten geeignet.
Während des Wachstums sollten die Hunde geschont werden; man sollte also keine überlangen Wanderungen unternehmen und darauf achten, daß die Tiere nicht allzuoft Treppen steigen müssen.

VERTRÄGLICHKEIT
Gegenüber anderen Hunden kann sich ein Cardigan leicht übermütig geben. Man tut auch gut daran, ihn frühzeitig an Katzen oder andere Haustiere zu gewöhnen, dann gibt es meist keine Schwierigkeiten. Die Cardigans gehen gewöhnlich gut mit Kindern um.

BEWEGUNG
Die Hunde sind gerne im Freien. Man sollte sie also regelmäßig mit auf lange und abwechslungsreiche Wanderungen nehmen. Als Hundesport kommen vor allem Fly-ball und Behendigkeitsübungen in Frage, Cardigans sind aber sogar schon als Lawinenhunde bekannt geworden.

Welsh Corgi Cardigan

Welsh Corgi, Pembroke

HERKUNFTSLAND
Wales

VERANLAGUNG/TYP
Hütehund und Familienhund.

GRÖSSE
Die Schulterhöhe liegt bei 25 bis 30 cm; Rüden sollten zwischen 9 und 12 kg wiegen, Hündinnen zwischen 8 und 10 kg.

FELL
Das mittelkurze, dichte Fell ist wasserabstoßend. Als Farben kommen in Frage: Rot, Beige (Sable), Schwarz-Loh, einfarbig oder mit weißen Abzeichen an Läufen, Brust und Hals.
Ein wenig Weiß auf Kopf und Fang werden auch zugestanden.

Welsh Corgi Pembroke mit uncoupiertem Schwanz

PFLEGE
Das Fell eines Pembroke braucht nur ein Minimum an Pflege. Hier und da kann man mit einer Bürste die abgestorbenen Haare aus dem Fell entfernen.

CHARAKTER
Voller Energie, sehr treu seinem Besitzer und dessen Familie ergeben, wachsam, abgehärtet, sehr selbstbewußt, intelligent und lerneifrig.

AUFZUCHT UND ERZIEHUNG
Erziehung ist bei einem Pembroke eigentlich fast unnötig, denn die Hunde lernen schnell und sind sehr intelligent.

VERTRÄGLICHKEIT
Pembrokes gehen gut mit Kindern um, wenn sie nicht geneckt werden, denn dann ist sogar der Humor dieser Hunde „überfordert". Die Rasse ist wachsam, allerdings nicht übertrieben mißtrauisch gegenüber Fremden. Pembrokes können sich anderen Hunden gegenüber bisweilen etwas dominant benehmen.

BEWEGUNG
Pembrokes brauchen Möglichkeiten, um ihre Energie loszuwerden. Dreimal täglich Gassi gehen ist für diese Hunde bei weitem nicht ausreichend. Pembrokes sind sehr ortsverbunden und bleiben in der Regel in ihrem Territorium. Man sollte für die Hunde artgerechte Aufgaben finden, Fly-ball, Behendigkeitsübungen und ähnliche Hundesportarten sind geeignete Anforderungen.

Welsh Corgi Pembroke: Kopfstudie

Südrussischer Owtcharka: Kopfstudie

Südrussischer Owtcharka

HERKUNFTSLAND
Ehemalige Sowjetunion (Ukraine)

VERANLAGUNG/TYP
Hütehund und Wachhund.

GRÖSSE
Rüden sollten eine Schulterhöhe von mindestens 65 cm haben, für Hündinnen liegt das Minimum bei 62 cm (normal 76 -86 cm).

FELL
Der Südrussische Owtcharka besitzt ein wetterfestes Fell. Es ist lang, dicht, seidig und besitzt eine dichte, weiche Unterwolle. Es gelten die Farben Reinweiß, Weiß oder Creme mit falbfarbenen oder grauen Kopfabzeichen.

PFLEGE
Der Südrussische Owtcharka braucht vergleichsweise wenig Pflege. Wöchentliches Bürsten hält das Fell in guter Kondition.

CHARAKTER
Diese charaktervolle, dominante Rasse ist genügsam, wachsam, unbestechlich, ehrlich, treu, hart gegen sich selbst, sehr mutig und intelligent. Ein Südrussischer Owtcharka kann rasend schnell reagieren, was bei seiner Größe oftmals recht verblüffend ist.

AUFZUCHT UND ERZIEHUNG
Es ist am besten, die Erziehung auf gegenseitigem Respekt basieren zu lassen, man sollte den Hund allzeit ehrlich und konsequent behandeln. Owtcharkas sind keine Hunde für Anfänger, da die Hunde sehr schnell Schwächen des Besitzers ausnutzen, um ihren eigenen Kopf durchzusetzen. Ohnehin befolgen die Owtcharkas Befehle meist nur dann, wenn sie sie auch „einsehen" können. Sie können sich vielleicht aus diesem Grund auch nicht sonderlich für Ballspiele und ähnliches erwärmen.

VERTRÄGLICHKEIT
Der Owtcharka „kann" prima mit Kindern, man sollte aber vorsichtig sein, wenn er zu viel geneckt wird – das kann auch sein Sinn für Humor dann doch nicht verzeihen. Wenn der Owtcharka mit anderen Hunden, Haustieren oder Vieh aufgezogen wird, dann wird er diese nicht nur akzeptieren sondern sogar gegen Menschen, die etwas Böses im Schilde führen, beschützen.
Im allgemeinen sind diese Hunde nicht leicht mit Katzen anzufreunden. Der Südrussische Owtcharka nimmt fremden Besuchern gegenüber eine skeptische Haltung ein, ungebetenen Gästen gibt er keine Chance, „sein" Territorium zu betreten. Regelmäßige Besucher kennt der Hund hingegen bald und „erlaubt" ihren Zutritt.

Südrussischer Owtcharka

BEWEGUNG
In einem gut umzäunten Gelände kann der Südrussische Owtcharka sich nach eigenem Gutdünken bewegen. Er hat das Bedürfnis, die Grenzen seines Territoriums zu inspizieren, und hält sich schon allein dadurch in guter Form. Man kann den Hund also nicht in einem dichtbevölkerten Stadtgebiet in

einer Wohnung halten. Wind und Wetter können diesen Hunden absolut nichts anhaben.

BESONDERHEITEN
Südrussische Owtcharkas sind vor allem für Menschen mit großen Häusern, die ein wenig abgelegen wohnen, geeignet. Sie sind gute Wachhunde, ohne dabei besonders auf sich aufmerksam zu machen. Die Rasse ist stark an ein Territorium gebunden und mag sich am liebsten gar nicht an eine neue Umgebung oder einen neuen Besitzer gewöhnen.

Treibhunde

Australian Cattle Dog oder Heeler

HERKUNFTSLAND
Australien

VERANLAGUNG/TYP
Treibhund und Familienhund.

GRÖSSE
Die Schulterhöhe für Rüden beträgt 46 bis 51 cm, für Hündinnen gilt eine entsprechende Höhe von 43 bis 48 cm.

FELL
Das Deckfell ist wetterfest, mittellang, gerade und dicht, die Unterwolle ist kurz und dick. Es werden zwei Farbschläge zugestanden: Der erste ist blau; darunter versteht man sowohl einfarbig als auch blaugefleckte Fellvarianten mit oder ohne schwarze, blaue oder lohfarbene Abzeichen. Der andere ist rotgefleckt; darunter versteht man rote Sprenkel mit oder ohne dunkelrote Kopfabzeichen.

PFLEGE
Das Fell des Australian Cattle Dog hat wenig Pflege nötig. Es ist wohltuend für den Hund, wenn man ihn ab und zu einmal bürstet, wobei man die alten Haare entfernt.

CHARAKTER
Der Australian Cattle Dog ist sehr intelligent und arbeitsfreudig, ausgeglichen, bellt wenig, ist sehr treu, mutig, gehorsam, wachsam, optimistisch und aktiv.

AUFZUCHT UND ERZIEHUNG
Der Heeler ist ein sehr intelligenter Hund, der schnell lernt und gerne arbeitet. Die Erziehung dieser Hunde fällt also leicht. Wenn man nicht ausreichend mit dem Hund arbeitet, so wird er unzufrieden. Behendigkeit gehört zu den passenden Sportarten, es können aber auch Fly-ball oder andere Spiele sein. Solange man sich intensiv mit dem Hund beschäftigt, wird er sehr ausgeglichen bleiben. Ein Australian Cattle Dog, der sich langweilt, wird schnell lästig. Er macht sich dann nämlich auf eigene Faust auf die Suche nach Arbeit, was nicht unbedingt gutgehen muß.

VERTRÄGLICHKEIT
Die Rasse verhält sich vorbildlich zu Artgenossen, anderen Haustieren oder Kindern. Voraussetzung für ein solches Verhalten ist natürlich, daß die Hunde gut sozialisiert und eingewöhnt werden.

BEWEGUNG
Die Tiere der Rassengruppe, zu der auch der Australian Cattle Dog gehört, haben viel Bewegung und Beschäftigung nötig, um ihren Körper in guter Form zu halten. Wenn man also einen Schoßhund sucht, mit dem man nicht viel tun muß, so ist dieser Hund die falsche Wahl.

BESONDERHEITEN
Die Welpen dieser Rasse werden weiß geboren, Flecken auf den Pfoten geben aber einen Hinweis auf die später zu erwartende Fellfärbung.

Australischer Cattle Dog

Flandrischer Treibhund oder Bouvier

HERKUNFTSLAND
Belgien

VERANLAGUNG/TYP
Ursprünglich Treibhund, inzwischen Wach-, Verteidigungs- und Familienhund.

GRÖSSE
Für Rüden gilt eine Schulterhöhe von 62 bis 68 cm, für Hündinnen soll sie zwischen 59 und 65 cm liegen. Als ideal werden 65 cm (Rüden), bzw. 62 cm (Weibchen) angesehen.

FELL
Das Haarkleid ist mittellang, rauh und etwas zottig, es wird oft auch als „Stahlwollhaar" bezeichnet. Zugestandene Farben sind Falb bis Schwarz, Salz-und-Pfeffer, Grautöne und gestromt. Helle („blonde") Bouviers sind nicht erwünscht.

PFLEGE
Ein Flandrischer Treibhund muß mindestens dreimal pro Jahr getrimmt werden. Zwischen diesen „Friseurbesuchen" sollte man aber immer wieder den Gehörgang kontrollieren und überzählige Haare zwischen den Fußballen abschneiden. Ohnehin sollte das Haar an den Pfoten nicht zu lang werden – man schneidet es einfach rundum ab, so daß der Hund schöne, runde „Füße" bekommt.

CHARAKTER
Sehr treu und anhänglich an seinen Besitzer und dessen Familie; wachsam, mutig, genügsam, ausgeglichen, arbeitet gerne, verständig.

AUFZUCHT UND ERZIEHUNG
Man muß einen Flandrischen Treibhund konsequent, aber auch ausgewogen erziehen, wobei der Hund meist ohne hartes Auftreten anerkennt, wer der Herr im Hause ist. Die Tiere sind intelligent und erlernen vergleichsweise schnell, Kommandos zu befolgen, allerdings lernen sie nicht ganz so schnell wie beispielsweise Deutsche Schäferhunde. Was sie sich dann aber einprägen, bleibt ein Leben lang erhalten.

VERTRÄGLICHKEIT
Bouviers sind im allgemeinen soziale Hunde; wenn sie als Junge gut sozialisiert werden (z. B. mit Katzen), so sollte der Umgang mit anderen Haustieren und Artgenossen keine Probleme bereiten. Kinder und Bouviers geben normalerweise gute Teams ab, gegenüber Fremden sind die Hunde allerdings ziemlich argwöhnisch. Der Flandrische Treibhund steht in erster Instanz immer für „seine Familie" ein, seine Treue ist beinahe schon legendär.

BEWEGUNG
Ein Bouvier besitzt nur einen mittleren Bewegungsdrang. Ihn regelmäßig auf Wanderungen mitzunehmen oder neben dem Fahrrad laufen zu lassen, ist eine gute Körperertüchtigung. Während des Wachsens sollten diese Aktivitäten allerdings dosiert werden, um das Skelett des Hundes nicht zu sehr zu belasten. Er braucht in dieser Zeit alle Energie für sein Wachstum.

Flandrischer Treibhund oder Bouvier

Bouvier-Welpen

2. Die Rassengruppen der Pinscher, Schnauzer, Molosser, Doggen und Schweizer Sennenhunde

Pinscher und Schnauzer

Affenpinscher

HERKUNFTSLAND
Deutschland

VERANLAGUNG/TYP
Ungezieferbekämpfer, Wach- und Familienhund.

GRÖSSE
Die Schulterhöhe liegt zwischen 25 und 30 cm.

FELL
Affenpinscher besitzen rauhes, drahtiges Haar. Schwarz wird bevorzugt, kleine braune oder graue Abzeichen werden zugestanden.

PFLEGE
Gegebenenfalls kann man das Fell in einem Hundesalon pflegen lassen (man kann es aber auch selbst lernen). Es sollte nicht geschoren werden, da die Haarqualität auf Jahre darunter leiden würde. Ansonsten sollte man sich um jene Haare kümmern, die die Augäpfel irritieren könnten.

CHARAKTER
Lebendig, fröhlich, freundlich, wachsam, unerschrocken, anhänglich und gescheit.

AUFZUCHT UND ERZIEHUNG
Affenpinscher lernen Kommandos schnell. Man sollte sie allzeit konsequent und deutlich aussprechen. Übungen abwechslungsreich halten.

VERTRÄGLICHKEIT
Affenpinscher gehen mit Kindern sowie mit Artgenossen und anderen Haustieren sehr gut um. Bekommt man einen (für den Hund) unerwarteten Besuch, so macht der Affenpinscher gewöhnlich einen etwas unsicheren Eindruck.

Affenpinscher

BEWEGUNG
Die Hunde dieser Rasse sind zufrieden, wenn sie dreimal am Tag Gassi geführt werden. Richtig glücklich werden sie, wenn man zusätzlich auch noch ab und zu mit ihnen spielt.

Dobermann

HERKUNFTSLAND
Deutschland

VERANLAGUNG/TYP
Wach- und Schutzhund, Familienhund.

GRÖSSE
Für Rüden liegt die Schulterhöhe zwischen 68 und 72 cm, Hündinnen sind etwas kleiner. Ihre Schulterhöhe variiert zwischen 63 und 68 cm. Die Hunde sollten ein Gewicht zwischen 32 und 45 kg haben.

Dobermann

FELL
Die Grundfarbe des glattanliegenden, kurzhaarigen Fells ist Schwarz, Dunkelbraun oder Blau, mit rostroten Abzeichen (isabellfarbene, weiße und blaue Varietäten werden nicht überall anerkannt).

PFLEGE
Das Fell braucht kaum Pflege. Während des Fellwechsels kann ein rauher Noppenhandschuh gute Dienste beim Entfernen der losen Haare leisten. Die Krallen sollten kurz gehalten und das Gebiß auf Zahnstein durchgesehen werden.

CHARAKTER
Aktiv, gescheit, sehr zäh, mutig, intelligent, guter Wachhund, treu und anhänglich, etwas geräuschvoll, große Ausdauer.
Dobermänner besitzen die Neigung, zu einem „Einpersonenhund" zu werden.

AUFZUCHT UND ERZIEHUNG
Die starken, eleganten Hunde müssen überlegt und konsequent in harmonischer Umgebung aufgezogen werden. Wenn man mit der Erziehung von Hunden noch unerfahren ist, ist von der Anschaffung eines Dobermanns abzuraten.
Viele Dobermänner werden neurotisch, weil sie in ihrer Jugend falsch angefaßt worden sind (und das kommt leider viel zu oft vor). Als Folge werden sie dann entweder ängstlich oder noch schlimmer bissig, obwohl sie von Natur aus einen „ehrlichen" Charakter besitzen. Das zeigt sich schon dadurch, daß viele Repräsentanten dieser Rasse als Rettungs-, Wach- und Polizeihunde ihren Dienst tun oder als Blindenführhunde eingesetzt werden. Dobermänner sind nämlich ausgezeichnet für die Abrichtung geeignet, aber das setzt frühzeitige Sozialisation und eine feste, autoritäre Erziehung voraus.

VERTRÄGLICHKEIT
Ein korrekt erzogener und sozialisierter Dobermann kommt prima mit Hunden, anderen Haustieren und auch Kindern aus. Unerwünschte Besucher werden gestellt.

BEWEGUNG
Mit dem täglichen „Um-den-Block-Gehen" läßt sich ein Dobermann nicht abspeisen. Er ist auf Schnelligkeit angelegt und besitzt ein großes Durchhaltevermögen. Man kann mit ihm schwimmen gehen, ihn neben dem Rad laufen, für Hundesport anmelden oder im Wald toben lassen.

Deutscher Pinscher

Deutscher Pinscher

HERKUNFTSLAND
Deutschland

VERANLAGUNG/TYP
Ungezieferbekämpfer, Wach- und Familienhund.

GRÖSSE
Die Schulterhöhe liegt zwischen 45 und 50 cm.

FELL
Das Fell des Deutschen Pinschers ist kurz und glatt in Schwarz-Loh-Zeichnung oder Rottönungen.

PFLEGE
Ein Deutsche Pinscher hat eigentlich nicht viel Pflege nötig. Um tote Haare zu entfernen, sollte man ihn ab und zu bürsten.

CHARAKTER
Fröhlich, sehr intelligent und begabt, aufmerksam, freundlich, verspielt, geduldig mit Kindern, treu und anhänglich, „humorvoll", mutig, nicht kleinlich, großes Durchhaltevermögen; er bellt nur, wenn es auch wirklich notwendig ist.

AUFZUCHT UND ERZIEHUNG
Der Deutsche Pinscher ist ein schneller und lerneifriger Schüler. Man sollte ihn mit Strenge, aber dennoch liebevoll aufziehen. Die Rasse besitzt alle Anlagen, um in den verschiedensten Hundesportarten zu glänzen.

VERTRÄGLICHKEIT
Im allgemeinen kommen Deutsche Pinscher sehr gut mit Kindern aus. Ungewohnter Besuch wird zunächst etwas mißtrauisch beäugt, danach freundet man sich aber sehr schnell an. Dennoch verteidigt ein Deutscher Pinscher sein Terrain und „seine Familie" bis zum Äußersten. Der Umgang mit anderen Haustieren bereitet normalerweise keine Probleme.

BEWEGUNG
Die Rasse zeichnet sich durch einen mittleren Bewegungsdrang aus. Die Hunde laufen gerne neben dem Fahrrad, es braucht allerdings nicht allzu weit zu sein. Ansonsten sind die Hunde sehr verspielt, man kann ihnen mit Spielen also leicht eine Freude machen.

BESONDERHEITEN
Den „Prototypen" des Pinschers gab es vermutlich schon vor Christi Geburt in ganz Europa - es handelt sich bei diesen Hunden also um eine wahrhaft alte Rasse. Bereits im Jahre 1879 wurde die Rasse dann in Deutschland offiziell anerkannt, seit 1894 wird sie vom Deutschen Pinscher-Schnauzer Club gezüchtet und gefördert. Noch um die Jahrhundertwende kam es vor, daß sich in den gleichen Würfen sowohl glatthaarige Pinscher als auch rauhhaarige Schnauzer befanden. Daher verlangte der Club für die Eintragung einen Nachweis über mindestens drei Generationen ausschließlich glatthaariger Vorfahren. Dadurch wurde der Typ relativ schnell gefestigt und die beiden Rassen Pinscher und Schnauzer getrennt.

Deutscher Pinscher

Zwergpinscher

HERKUNFTSLAND
Deutschland

VERANLAGUNG/TYP
Früher Rattenjäger, jetzt Familienhund.

GRÖSSE
Die Schulterhöhe liegt zwischen 25 und 30 cm.

FELL
Der Zwergpinscher besitzt ein ausgesprochen kurzes Fell. Die Farben gehen von einfarbig Braun (in verschiedenen Nuancen bis Hirschrot) bis zur zweifarbigen Schwarz-Loh-Tönung.

Schwarz-lohfarbener Zwergpinscher

PFLEGE
Einen Zwergpinscher zu versorgen, macht wenig Mühe. Während des Fellwechsels ist – wie bei allen Hunden – Bürsten gut, um tote und lose Haare zu entfernen. Wenn man das Fell danach noch mit einem feuchten Tuch abreibt, beginnt es prächtig zu glänzen.

CHARAKTER
Lebendig, munter, wachsam, bellt gern, intelligent, anspruchslos, lernt schnell, mutig bis übermütig, anhänglich und treu.

AUFZUCHT UND ERZIEHUNG
Viele Menschen halten so einen Kleinen für „keinen richtigen" Hund. Das ist schade, denn ein Zwergpinscher kann ausgezeichnet dressiert werden und lernt gern und schnell. Es ist sehr gut für die Sozialisierung des Zwergpinschers, wenn man ihn für einen Gehorsamkeitskursus oder ein Welpentraining anmeldet. Hier kann er sich nämlich an andere Menschen und andere Hunde gewöhnen. Man wird außerdem erstaunt sehen, wie schnell der Kleine die Befehle kapiert und befolgt. Auch Sauberkeitstraining ist beim Zwergpinscher sehr wichtig – die Pfütze eines so kleinen Hundes wird ja oftmals kaum bemerkt, wodurch beim Hund der Eindruck entstehen könnte, daß das im Hause erlaubt wäre.

VERTRÄGLICHKEIT
Zwergpinscher kommen gut mit anderen Haustieren sowie Kindern aus, letztere dürfen die Tiere nur nicht zu sehr hänseln. Die Hunde können sich etwas argwöhnisch gegenüber Fremden geben, was aber von der Erziehung und der Umgebung des Hundes abhängig ist.

BEWEGUNG
Ein Zwergpinscher kann schon in einer Etagenwohnung glücklich werden, man muß ihn dann natürlich mindestens dreimal am Tag nach draußen mitnehmen, damit er so richtig rennen und spielen kann. Der Zwergpinscher ist zwar klein, aber oho – ein ausgesprochenes Schoßhündchen wird er wohl trotz seiner Größe nie werden.

Weißer Zwergschnauzer

Schwarz-silberner Zwergschnauzer

Zwergschnauzer

HERKUNFTSLAND
Deutschland

VERANLAGUNG/TYP
Ungezieferbekämpfer, Wach- und Familienhund.

GRÖSSE
Die Schulterhöhe liegt zwischen 30 und 35 cm.

FELL
Das Fell ist rauhhaarig und hart, meist in Salz-und-Pfeffer (mit dunkler Maske) oder Schwarz (mit schwarz-weißen Abzeichen auf dem Kopf, den Pfoten und am Bauch); recht selten gibt es auch weiße Exemplare.

PFLEGE
Das rauhhaarige Fell sollte ab und zu „gepflückt" werden (Trimmsalon), unter keinen Umständen sollte man den Hund scheren lassen, denn die Fellqualität würde über Jahre leiden. Überzählige Haare zwischen den Fußballen müssen geschnitten werden, auch die „Frisur" sollte regelmäßig gepflegt werden (also Backen- und Schnurrbart sowie die sehr langen Augenbrauen), damit hier keine Kletten entstehen. Auch die Gehörgange sollten regelmäßig kontrolliert und eventuell überstehende Haare entfernt werden.

CHARAKTER
Lebendig, agil, intelligent, eigensinnig und dickköpfig, wachsam, unbestechlich, treu und anhänglich.

AUFZUCHT UND ERZIEHUNG
Trotz seines Miniaturformates braucht der Zwergschnauzer einen Besitzer, der den Hund ehrlich, geradlinig und konsequent aufzieht. Schnauzer sind schnelle und clevere Schüler, oft haben sie aber ganz eigene Vorstellungen über die Befolgung eines Kommandos. Abwechslungsreiche Übungen im Wechsel mit Spielen sind meist hilfreich.

VERTRÄGLICHKEIT
Im allgemeinen kommen Zwergschnauzer gut mit anderen Haustieren oder Kindern aus.
Gegenüber Fremden sind sie etwas zurückhaltender, jeder Besuch wird ausgesprochen lautstark angekündigt.

BEWEGUNG
Ein Zwergschnauzer besitzt unglaublich viel Energie. Ausflüge in die Natur finden sie genauso herrlich wie Toben im Garten. Man sollte sie so oft wie möglich nach draußen lassen.

Holländischer Smoushond

HERKUNFTSLAND
Niederlande

VERANLAGUNG/TYP
Stallhund und Rattenfänger, Familienhund.

GRÖSSE
Die Schulterhöhe liegt bei Rüden zwischen 37 und 42 cm, bei Hündinnen zwischen 35 und 40 cm. Das Gewicht der Hunde sollte ungefähr 9 bis 10 kg betragen.

FELL
Das Fell des Smoushond ist rauh, grob und drahtig; die Farbe ist Strohgelb.

PFLEGE
Abhängig von der Qualität des Fells muß der Smoushond etwa zweimal pro Jahr von Hand getrimmt werden, wobei die Kopfbehaarung so weit wie möglich intakt gelassen wird. Zwischendurch sollte man die Gehörgänge frei halten, auch überstehende Haare zwischen den Sohlen können dem Hund Probleme bereiten und sollten deshalb regelmäßig und rechtzeitig entfernt werden.

Holländische Smoushonde

CHARAKTER
Freundlich, einnehmend, gewitzt, intelligent, anhänglich, großes Anpassungsvermögen, genügsam, gesellig, wachsam, treu, „humorvoll".

AUFZUCHT UND ERZIEHUNG
Der Holländische Smoushond ist ein intelligenter Geselle, der Beschäftigung braucht. Erziehung ist bei ihm eigentlich unnötig, doch es ist von großer Wichtigkeit, daß man ihm gegenüber allzeit konse-

Holländischer Smoushond

quent bleibt, da er es sehr schnell mitbekommt, wenn sein Herrchen allzu nachgiebig ist.

VERTRÄGLICHKEIT
Mit Kindern kommt dieser Hund prima zurecht, auch die Katze des Hauses wird problemlos akzeptiert. Die meisten Holländischen Smoushonde kommen auch hervorragend mit Artgenossen aus.

BEWEGUNG
Holländische Smoushonde sind unermüdlich und finden lange Ausflüge genauso schön wie Schwimmen. Man sollte auch in Betracht ziehen, den Hund für Fly-ball oder Behendigkeitskurse anzumelden, er zeigt dabei nämlich außergewöhnliche Geschicklichkeit.
Wenn man einmal weniger Zeit für ausgedehnte Wanderungen hat, so wird sich der Smoushond im allgemeinen gut anpassen.

Mittelschnauzer mit Salz-und-Pfeffer-Färbung

Mittelschnauzer

HERKUNFTSLAND
Deutschland

VERANLAGUNG/TYP
Ungezieferbekämpfer, Wach- und Familienhund.

GRÖSSE
Die Schulterhöhe liegt zwischen 45 und 50 cm.

FELL
Das rauhhaarige, drahtige Fell gibt es im Salz-und-Pfeffer-Muster oder in Schwarz.

PFLEGE
Wie bei den meisten rauhhaarigen Hunden ist es auch beim Mittelschnauzer am besten, das Fell zweimal pro Jahr im Trimmsalon behandeln zu lassen, weil nur auf diese Weise Haut und Haare in gutem Zustand gehalten werden können. Falls nötig, sollte man überschüssige Haare aus den Gehörgängen genau wie auch zwischen den Fußsohlen entfernen. Die „Garnitur" (Bart, Schnurrbart und Augenbrauen) muß regelmäßig gekämmt werden, damit sich hier keine Kletten bilden können.

CHARAKTER
Temperamentvoll, intelligent und lernwillig, unkompliziert, ehrlich, sehr anhänglich (an die ganze Familie), charakterfest, wachsam, munter, gut bei Unterordnungsprüfungen.

AUFZUCHT UND ERZIEHUNG
Schnauzer sind zwar eifrige Schüler, sie verfügen aber auch über eine gehörige Portion Eigensinn. Sie reagieren am besten auf eine ehrliche, konsequente und abwechslungsreiche Erziehung, wobei der Einsatz der Stimmlage meist ausreichend ist.

VERTRÄGLICHKEIT
Diese Schnauzer gehen von Natur aus gut mit Kindern, anderen Haustieren oder Artgenossen um – sie sind äußerst verträgliche Gesellen. Gegenüber unbekannten Menschen zeigen sie allerdings ihre Wachsamkeit.

BEWEGUNG
Die Rasse zeigt einen mittleren Bewegungsdrang, allerdings sind die fröhlichen Tiere außerordentlich verspielt, so daß sie sich nicht als Schoßhund eignen. Man muß schon einige Zeit für sie aufwenden (laufen, Fly-ball, schwimmen, neben dem Fahrrad laufen und immer wieder spielen).

Der Mittelschnauzer ist ein geduldiger Spielkamerad

Österreichischer Kurzhaar-Pinscher

HERKUNFTSLAND
Österreich

VERANLAGUNG/TYP
Ungezieferbekämpfer und Familienhund.

GRÖSSE
Die Schulterhöhe liegt zwischen 35 und 50 cm.

FELL
Das Fell ist kurzhaarig, die am häufigsten vorkommenden Farbschläge sind Rehbraun, Gelb, Schwarz, Braun und gestromte Varianten.

Österreichischer Kurzhaar-Pinscher

Österreichischer Kurzhaar-Pinscher

PFLEGE
Die Kurzhaar-Pinscher stellen keine besonderen Ansprüche. Es tut ihnen gut, wenn die losen Haare ab und zu mit einer Bürste aus dem Fell entfernt werden, außerdem bleibt es so in gutem Zustand.

CHARAKTER
Aufgeweckt, lebendig und beweglich, bellt gern, anspruchslos, unermüdlich und mutig, guter Rattenfänger.
Der Kurzhaar-Pinscher hängt sich sehr an seine Familie, was ihn außerordentlich beliebt gemacht hat.

AUFZUCHT UND ERZIEHUNG
Man muß den Österreichischen Kurzhaar-Pinscher liebevoll und ehrlich, bisweilen aber auch mit starker Hand erziehen.
Die Hunde lernen schnell und stellen sich auf dem Behendigkeitskurs sehr geschickt an. Mit einem geeigneten Besitzer können sie sogar auf Gehorsamkeitskursen brillieren.

VERTRÄGLICHKEIT
Gegenüber anderen Hunden benehmen sich Österreichische Kurzhaar-Pinscher bisweilen dominant, mit Katzen und anderen Haustieren gibt es unter normalen Umständen keine Probleme. Wie immer ist aber auch hier Voraussetzung, daß der junge Hund frühzeitig an Hausgenossen gewöhnt wird. Gegenüber Fremden sind sie meist etwas argwöhnisch und wachsam.

BEWEGUNG
Der Österreichische Kurzhaar-Pinscher ist von Haus aus ein Hund für das Landleben, für Städte eignet er sich weniger gut, es sei denn, man gibt ihm sehr viel Auslauf. Generell gehen die Hunde gern auf ausgedehnte Spaziergänge oder sogar Wanderungen, die man regelmäßig mit ihnen unternehmen sollte.

Riesenschnauzer

HERKUNFTSLAND
Deutschland

VERANLAGUNG/TYP
Wach- und Schutzhund, Familienhund.

GRÖSSE
Die Schulterhöhe liegt zwischen 60 und 70 cm.

FELL
Das rauhhaarige Fell kommt am häufigsten in Salz- und-Pfeffer (dunkle Maske erwünscht) oder in Schwarz vor.

Pflege
Etwa zweimal im Jahr ist ein Trimmen des Fells erforderlich. Die Gehörgänge sollten regelmäßig kontrolliert werden, überstehende Haare müssen natürlich weggeschnitten werden. Genauso müssen überschüssige Haare zwischen den Fußsohlen entfernt werden. Die „Garnitur" muß regelmäßig gegen Verklettungen durchgekämmt werden.

Charakter
Munter, wachsam, tüchtig, genügsam, zäh, seinem Besitzer und dessen Familie sehr eng verbunden, intelligent und lernwillig, bedachtsam, gutartig, große Ausdauer, unbestechlich.
Riesenschnauzer waren früher als „Münchner Bierschnauzer" bekannt.

Aufzucht und Erziehung
Diesen charaktervollen Hund muß man sehr umsichtig erziehen. Eine konsequente und aufrichtige Erziehung mit viel Abwechslung sollte sicher anschlagen. Man sollte immer im Gedächtnis behalten, daß ein Schnauzer eigene Vorstellungen hat und nicht unbedingt jeden Befehl sklavisch befolgt. Man kann ihn aber dennoch recht gut für die verschiedensten Hundesportarten einsetzen, z. B. für Abrichtung.

Verträglichkeit
Der Riesenschnauzer sorgt im allgemeinen für wenig Probleme im Umgang mit Hunden und anderen Haustieren. Allerdings sollte der Hund von jung auf gut sozialisiert worden sein. Riesenschnauzer sind von Natur aus liebevoll zu Kindern. Mit Fremden haben sie weniger im Sinn – das geben sie auch deutlich zu erkennen – aber auch hier ist alles abhängig von der Sozialisation.

Bewegung
Die Rasse hat recht viel Bewegung nötig. Wenn man den Hunden im Freien genügend Auslauf verschafft, werden sie im Haus auch ruhig sein.

Schwarzer Riesenschnauzer: Kopfstudie

Schwarzer Riesenschnauzer

Schwarzer Russischer Terrier: Kopfstudie

Schwarzer Russischer Terrier

HERKUNFTSLAND
Ehemalige Sowjetunion

VERANLAGUNG/TYP
Wach- und Schutzhund, Familienhund.

GRÖSSE
Rüden weisen eine Schulterhöhe zwischen 66 und 72 cm auf, Hündinnen sind mit einer Höhe von 64 bis 70 cm etwas kleiner.

FELL
Der Hund ist mit dichter Unterwolle und grobem, borstigem Deckfell ausgestattet. Fellfarben sind Schwarz oder Schwarz mit grauen Haaren.

PFLEGE
Das Fell des Russischen Terriers muß drei- bis viermal im Jahr getrimmt werden. Das ist notwendig, damit die borstige Struktur des Haarkleides erhalten bleibt. Zwischendurch sollte man aber immer die überstehenden Haare zwischen den Fußsohlen und in den Gehörgängen entfernen.
Um der Entstehung von Kletten vorzubeugen, sollten Bart und Schnurrbart regelmäßig durchgekämmt werden.

CHARAKTER
Wachsam und beschützend, ohne besonders stark zu bellen; ruhig im Haus, intelligent, anspruchslos, sehr treu und anhänglich, zurückhaltend, mit Eigeninitiative.

AUFZUCHT UND ERZIEHUNG
Die charaktervollen Hunde begreifen schnell, was von ihnen verlangt wird. Sie sollten konsequent und deutlich erzogen werden, dann reagieren sie bereits auf das Erheben der Stimme ihres Herrn – Strafen sind meist vollkommen unnötig.

Schwarzer Russischer Terrier

VERTRÄGLICHKEIT
Der Schwarze Russische Terrier ist lieb zu Kindern und kann mit Katzen oder anderen Haustieren gut zusammenleben. Bekannte der Familie werden enthusiastisch begrüßt, Unbekannte werden aber gestellt. Die Rasse gibt sich von Natur aus zurückhaltend gegen die Absichten von Fremden: Wenn ihr Besitzer die Person akzeptiert, akzeptieren sie sie auch.

BEWEGUNG
Die meisten Schwarzen Russischen Terrier genießen es, eine Aufgabe zu haben; dann nehmen sie es auch nicht übel, wenn man einmal keine Zeit hat, um eine ausgedehnte Wanderung mit ihnen zu unternehmen. Die Hunde sind so geschickt, daß sie häufig für gewerbliche Wachaufgaben eingesetzt werden.

BESONDERHEITEN
Ein Schwarzer Russischer Terrier ist ein hervorragender Familienhund, aber kein Hund für Anfänger. Hunde, die aus ihrem Herkunftsland in angrenzende Staaten importiert werden, können einen schwierigeren Charakter als in Westeuropa gezüchtete Exemplare aufweisen.

Doggen/Molosser

Argentinische Dogge

HERKUNFTSLAND
Argentinien

VERANLAGUNG/TYP
Jagdhund auf großes Wild, Gesellschaftshund.

GRÖSSE
Die Schulterhöhe dieser Hunde liegt zwischen 60 und 65 cm. Das Gewicht der Argentinier sollte 40-45 kg nicht überschreiten.

FELL
Das Fell der Argentinischen Dogge ist kurz, dicht und glatt. Es ist immer weiß, eventuell treten schwarze Pigmentflecken auf der Haut auf. Auch ein kleiner schwarzer Fleck zwischen Auge und Ohr ist erlaubt.

PFLEGE
Das Fell der Argentinischen Dogge ist ohne Schwierigkeiten in gutem Zustand zu halten. Mit einer Gummibürste kann man während des Fellwechsels lose Haare entfernen. Die Krallen sollten kurz gehalten und – wie bei allen anderen Hunden auch – die Gehörgänge sollten regelmäßig kontrolliert werden.

Argentinische Dogge

CHARAKTER
Mutig, temperamentvoll, seinem Besitzer und dessen Familie treu ergeben, bellt wenig, großes Durchhaltevermögen, stark entwickelter Jagdinstinkt. Besonders Rüden können sich gegen Artgenossen dominant geben.

AUFZUCHT UND ERZIEHUNG
Diese Doggen sind mit Sicherheit nichts für Neulinge. Die Argentinische Dogge braucht eine liebevolle, ausgewogene, aber dennoch konsequente Erziehung. Man sollte sie belohnen, wenn sie etwas richtig gemacht hat, bei „Missetaten" sollte man sie durch Anheben der Stimme strafen. Die Kombination von „Verbannung" in einen Zwinger und harte Zucht würde aggressive Charakterzüge beim Hund wecken.

VERTRÄGLICHKEIT
Mit Kindern gehen Argentinische Doggen im allgemeinen gut um, auch wenn sie bisweilen etwas ungestüm wirken. Mit Katzen und anderen Haustieren ist der Kontakt nicht unmöglich, sie sind aber als Hausgenossen für die Dogge nicht gerade empfehlenswert. Man sollte nie vergessen, daß die Argentinier eigentlich Jagdhunde sind und eine Katze oder ein Schaf als potentielle Beute ansehen. Wer sich eine Argentinische Dogge als Wachhund zulegen möchte, kann leicht eine Überraschung erleben: Nicht alle Exemplare sind nämlich gute Wachhunde – in erster Linie sind sie eben doch Jagdhunde.

BEWEGUNG
Das tägliche „Um-den-Block-Gehen" ist viel zuwenig für eine Argentinische Dogge. Damit sie sich wohlfühlt, braucht sie regelmäßig lange Wanderungen. Auch in einem großen, eingefaßten Grundstück können die Hunde ihre Energie gut abbauen. In Anbetracht ihres Jagdinstinktes und des etwas dominanteren Wesens gegenüber anderen Hunden müssen die Argentinier sehr gut erzogen sein, um ohne Leine laufen zu können.

BESONDERHEITEN
Bei dieser Rasse kommt Taubheit vor, man sollte Welpen also nur bei einem guten Züchter kaufen.

Bordeauxdogge

Bordeauxdogge

HERKUNFTSLAND
Frankreich

VERANLAGUNG/TYP
Wach- und Familienhund.

GRÖSSE
Rüden besitzen eine Schulterhöhe, die bei einem Minimalgewicht von 50 kg zwischen 60 und 70 cm variiert.
Hündinnen sollten bei einer Höhe zwischen 58 und 66 cm mindestens 45 kg wiegen.

FELL
Das Fell besteht aus kurzem, glattem Haar, ist einfarbig rötlichbraun bis falb, mit einer roten oder schwarzen Maske. Weiße Brustflecken sind bei Ausstellungen unzulässig.

PFLEGE
Während des Fellwechsels sollte das Fell turnusmäßig mit einer Gumminoppenbürste gepflegt werden, wenn nötig, sollte man dabei auch die Gesichtspartie „verschönern". Wie die meisten großen Rassen wachsen auch Bordeauxdoggen erstaunlich schnell – es ist klar, daß sie in dieser Phase besonders hochwertige Nahrung brauchen. Man sollte

auch dafür sorgen, daß sich die jungen Hunde nicht zu sehr verausgaben.

CHARAKTER
Harmonisch, ruhig, kein „Kläffer", freundlich, aufmerksam, neugierig, sehr mutig, hart gegen sich selbst, sehr anhänglich an Herrn und Familie – sie beschützt und bewacht Haus und Besitzer mit Inbrunst.

AUFZUCHT UND ERZIEHUNG
Man sollte die Hunde konsequent, aber ruhig aufund erziehen. Die Hunde hängen sehr an ihrem Besitzer und wollen gerne Gutes tun, man sollte ihnen daher auch deutlich zeigen, wenn sie etwas gut gemacht haben. Ab und zu ein liebes Wort und sie fühlen sich wohl. Die Bordeauxdogge braucht dennoch einen Besitzer, der klar anzeigt, wer der Herr ist.

VERTRÄGLICHKEIT
Wenn eine Bordeauxdogge mit vielen positiven Eindrücken aufgewachsen ist – wodurch sich ihr ausgewogener Charakter erst richtig entfalten kann – so macht sie im Kontakt mit anderen Haustieren meist keine Schwierigkeiten. Zu Kindern sind diese Hunde im allgemeinen sehr lieb und beschützend. Besuchern wird zunächst deutlich mißtraut, erst wenn der Besitzer zeigt, daß alles in Ordnung ist, wird auch der Hund den Besuch akzeptieren. Gegen andere Hunde können sich die Doggen dominant geben.

Bordeauxdoggen sind grundsätzlich soziale Tiere.

BEWEGUNG
Die Rasse besitzt nur ein mittleres Bewegungsbedürfnis. Ein paar Spaziergänge am Tag an der Leine reichen aus, wenn man sie einige Male in der Woche auch einmal unangeleint herumtollen, rennen und – ganz wichtig – spielen läßt.

BESONDERHEITEN
Die Hunde hängen sich im wahrsten Sinne des Wortes so stark an ihren Besitzer, daß zuwenig Zuwendung schon einer schweren Strafe gleichkommt. Ist man selten daheim, sollte man sich also lieber nach einem anderen Hund umsehen.

Boxer

HERKUNFTSLAND
Deutschland

VERANLAGUNG/TYP
Gebrauchshund und Familienhund.

GRÖSSE
Die Schulterhöhe eines Rüden mißt zwischen 57 und 63 cm, Hündinnen erreichen eine Schulterhöhe zwischen 53 und 59 cm.

FELL
Der Boxer besitzt ein kurzhaariges, glatt anliegendes Fell. Als Farben kommen Gelb oder gestromtes Fell in Frage, mit oder ohne weiße Abzeichen (weniger als ein Drittel des Hundes sollte weiß sein) und mit dunkler Maske.

PFLEGE
Um das Fell in gutem Zustand zu halten, muß es nur ab und zu mit einer Gummibürste gebürstet werden – vor allem während des Fellwechsels.

CHARAKTER
Fröhlich, freundlich, spontan, intelligent, lernwillig, neugierig, gute Auffassungsgabe, wachsam, etwas ungestüm, ehrlich, unkompliziert, sehr anhänglich.

Boxer

Boxer

AUFZUCHT UND ERZIEHUNG
Zunächst sollte man das oftmals ungezügelte Temperament des Boxers – er springt gerne etwas ungestüm an Personen hinauf – ein wenig mäßigen, was aber bei den intelligenten, aufrichtigen und schnell lernenden Hunden kein Problem sein dürfte.

VERTRÄGLICHKEIT
Boxer sind richtiggehend berühmt für ihren guten Umgang mit Kindern. Ein gut sozialisierter Welpe sollte daher auch keinerlei Probleme im Kontakt mit anderen Haustieren oder Artgenossen verursachen. Das Naturell des Boxers ist grundsätzlich liebevoll, hängt aber stark vom „Vorbild" seines Besitzers ab.

BEWEGUNG
Man sollte dem Hund möglichst viele Möglichkeiten der „Körperertüchtigung" bieten, dann fühlt er sich in seinem Element. Ausgewachsene Exemplare können neben dem Fahrrad laufen, sie lieben aber auch das Toben und Balgen mit Artgenossen und – noch mehr – ein Ballspiel mit dem Besitzer.

Bullmastiff

Bullmastiff

HERKUNFTSLAND
England

VERANLAGUNG/TYP
Wach- und Familienhund.

GRÖSSE
Die Schulterhöhe eines Rüden mißt zwischen 63,5 und 68,5 cm, Hündinnen erreichen eine Schulterhöhe zwischen 61 und 66 cm.

FELL
Das Fell ist kurz und hart; es kann gestromt, gelbbraun oder rot sein, immer mit schwarzer Maske (dunkler Fang und Ohren). Kleine weiße Flecken auf der Brust sind erlaubt.

PFLEGE
Die Fellversorgung eines Bullmastiff bereitet wenig Mühen. Ab und zu sollten lose Haare mit einer Gummibürste oder einem Massagehandschuh entfernt werden.

CHARAKTER
Ausgewogen und ruhig, mutig und wachsam, gehorsam, anhänglich, bellt wenig, hart gegen sich selbst. Der Hund bewacht sein Terrain und seine(n) Besitzer.

AUFZUCHT UND ERZIEHUNG
Die Rasse reagiert am besten auf ehrliche, stabile und konsequente Erziehung in harmonischer Umgebung. Der Bullmastiff reagiert schon auf den Klang der Stimme, braucht aber dennoch einen Besitzer, der die Oberhand behält. Diese Hunde können nicht in einem Zwinger gehalten werden.

Bullmastiff: Kopfstudie

VERTRÄGLICHKEIT
Kindern gegenüber sind Bullmastiffs außerordentlich tolerant, gegen Artgenossen können sie sich allerdings etwas dominant verhalten. Wenn sie in jungen Jahren richtig sozialisiert worden sind, können sie auch gut mit anderen Haustieren zusammenleben. Bekannte der Familie werden akzeptiert, wenn Herrchen zeigt, daß alles in Ordnung ist.

BEWEGUNG
Bullmastiffs verfügen über einen mittleren Bewegungsdrang. Ein paar Gänge pro Tag und einige Male in der Woche auch ein wenig Toben (ohne Leine), Rennen und Spielen geben dem Hund die nötige Bewegungsfreiheit.

Cão da Serra de Estrêla

Cão da Serra de Estrêla

HERKUNFTSLAND
Portugal

VERANLAGUNG/TYP
Herdenschutzhund, Wachhund, Familienhund.

GRÖSSE
Rüden haben eine Schulterhöhe zwischen 65 und 72 cm, bei Hündinnen liegt sie zwischen 62 und 68 cm. Die Hunde wiegen 30 bis 50 kg.

FELL
Die Hunde kommen in zwei Felltypen vor: mittel- und langhaarig. Beide Fellarten sind sehr dicht und üppig, die Unterwolle ist nur fein und kurz. Rehbraun, Wolfsgrau und Gelbschattierungen (mit oder ohne weiße Abzeichen) werden zugestanden. Meist weist das Fell schwarze Schattierungen auf, auch die schwarze Gesichtsmaske ist sehr häufig.

Pflege

Außerhalb des Fellwechsels hat die Rasse nur wenig Fellpflege nötig. Diese Phase des Fellwechsels verläuft allerdings sehr heftig, dauert aber glücklicherweise nicht lange. Man hat dann den Eindruck, das Haus wird „überschwemmt" mit Haaren.

Charakter

Wachsam (mit ausgesprochen lautem und drohendem Gebell), genügsam, ausgewogen, intelligent und lernwillig, auch ein wenig eigensinnig, selbständig, aber dennoch ausgesprochen anhänglich an seinen Besitzer und die Menschen, die er kennt. Die Hunde können im Laufe ihres Lebens gut einen neuen Besitzer akzeptieren.

Aufzucht und Erziehung

Der Cão da Serra de Estrêla oder Portugiesische Schäferhund ist ein guter Schüler. Die Estrêlas sind daher auf dem Gebiet der Gehorsamkeitsprüfungen sehr erfolgreich. Die Hunde sind aber nicht nur intelligent, sondern auch wendig genug, um auf Behendigkeitskursen eine gute Figur abzugeben. Allerdings sollte es sowohl Besitzer als auch Hund Spaß machen, denn auf Wettkampfniveau werden die Portugiesen meist durch schnellere Hunderassen besiegt. Auch Dickköpfigkeit und Eigensinn stecken in diesen Hunden, besonders wenn sie die Prüfungen und Aufgaben als langweilig empfinden. Die Hunde müssen also nicht nur mit fester Hand erzogen werden, sie müssen auch davon „überzeugt" werden, daß der Mensch den besseren Weg kennt. Die Estrêlas wachsen – wie andere große Rassen – erstaunlich schnell heran. Wie üblich sollte man die jungen Tiere in der Wachstumsphase nicht zu sehr strapazieren und mit vollwertiger Nahrung versorgen.

Verträglichkeit

Gegenüber ihrem Besitzer und allen Menschen, die zu dessen Familie gehören, sind Estrêlas ausgesprochen liebevoll und freundlich, Fremden gegenüber sind sie aber sehr mißtrauisch.

Bewegung

Portugiesische Schäferhunde fühlen sich am wohlsten, wenn sie viel Raum haben, das gilt sowohl im wie auch außer Haus. Wanderungen finden sie herrlich, wenn man aber einmal an einem Tag keine Zeit hat, passen sie sich an.

Deutsche Dogge

Schwarze Deutsche Dogge

Deutsche Dogge

Herkunftsland

Deutschland

Veranlagung/Typ

Ehemals Jagdhund für großes Wild, jetzt Wach- und Familienhund.

Gefleckte Deutsche Dogge

GRÖSSE

Die Mindestschulterhöhe für Rüden beträgt 80 cm, für Hündinnen mindestens 72 cm. Es wird kein Maximum angegeben, das Überschreiten dieser Schulterhöhe ist also erwünscht.

Das Gewicht dieser Hunde sollte 46 bis 54 kg oder mehr betragen, abhängig von Größe und Geschlecht der Tiere.

FELL

Die Deutsche Dogge besitzt ein kurzes, glatt anliegendes Fell. Drei Farbschläge werden akzeptiert: Der gelbe oder gelbgestromte mit einer schwarzen Maske; als zweites der schwarze (eventuell mit wenig Weiß) und der weiße mit schwarzen Flecken (diese Varietät wird auch als „Harlekin“ bezeichnet, wobei blaue Augen und ein (anteilig) fleischfarbener Fang zugestanden werden; der dritte Farbschlag schließlich ist der blaue.

Bei der Manteldogge liegt Schwarz wie ein Mantel über dem Hund, wobei Brust, Hals, Blesse, Bauch, Pfoten und Schwanzspitze weiß bleiben. Bei der Plattendogge wird auch der Mantel durch weiß unterbrochen. Diese letzten beiden Farbvarietäten werden allerdings nicht in allen Ländern anerkannt, bzw. gezüchtet.

PFLEGE

Die Fellpflege fällt wie bei allen Hunden dieser Art einfach aus, dafür sind die Futterkosten für solche „Riesen“ natürlich maximal. Man sollte den Hund immer auf einer weichen Decke liegen lassen, damit erst gar keine unschönen Liegeflecken entstehen können.

Schnellwachsende Hunde wie die Deutsche Dogge müssen mit Umsicht aufgezogen werden. Dazu gehört zunächst natürlich vollwertige Nahrung, man sollte aber auch auf wohldosierte Bewegung der jungen Hunde achten. Man darf den Hund nicht zu sehr unter Druck setzen, nichts erzwingen und sollte Ermüdungserscheinungen vermeiden, denn all das kann sich negativ auf die Entwicklung von Knochen, Sehnen und Muskulatur auswirken.

CHARAKTER

Anhänglich, ruhig, intelligent und verständig, gefühlvoll, sehr loyal gegenüber seinem Besitzer und dessen Familie, unbestechlich und neugierig. Trotz der Tatsache, daß die Hunde wenig bellen, sind vor allem Rüden hervorragende Wachhunde. Es hat sich schon oft gezeigt, daß ein Einbrecher vielleicht das Haus betreten, es aber garantiert nicht mehr verlassen kann, wenn eine Deutsche Dogge Wache hält. Wie viele andere Doggen sind die Hunde nicht besonders wehleidig, so daß man Krankheiten oder Gebrechen leider oft erst in späten Stadien bemerkt.

AUFZUCHT UND ERZIEHUNG

Die Deutsche Dogge wächst in einem extrem kurzen Zeitraum zu einem außergewöhnlich großen Hund heran. Man sollte den Hund daher schon von klein auf daran gewöhnen, nicht an der Leine zu zerren. Er muß mit viel Gefühl in einer harmonischen Umgebung aufwachsen, denn der Hund ist sehr empfänglich für den Tonfall der Stimme seines Besitzers – ein freundliches Wort zur rechten Zeit wirkt oftmals Wunder.

VERTRÄGLICHKEIT
In der Regel kommen diese Hunde gut mit Artgenossen, anderen Haustieren und Kindern zurecht. Gegen Fremde sind sie sehr zurückhaltend, Bekannte der Familie werden aber ausgelassen begrüßt.

BEWEGUNG
Die Doggen können sogar in einem Appartement leben, aber man muß es ihnen natürlich immer ermöglichen, ihre langen Läufe genügend und reichlich zu nutzen.
Wenn der Hund gut erzogen ist, kann man ihn ohne Sorge unangeleint neben dem Fahrrad laufen lassen. Solange die Deutsche Dogge genügend Bewegung in freier Natur bekommt, ist sie innerhalb des Hauses ruhig und ausgeglichen.

Englische Bulldogge

Englische Bulldogge

HERKUNFTSLAND
England

VERANLAGUNG/TYP
Familienhund

GRÖSSE
Die Englische Bulldogge wiegt 22 bis 25 kg.

FELL
Das Fell ist kurz und kommt in den Farben Beige, Rotbraun und Weiß (mit viel dunklem Pigment um Fang und Augen) als gescheckte oder gestromte (mit oder ohne schwarze Maske) Fellvariante vor. Schwarz ist nicht erwünscht.

PFLEGE
Wenn sich die Englische Bulldogge im Fellwechsel befindet, lassen sich die losen Haare leicht mit einer Gumminoppenbürste entfernen, wichtiger ist aber die „Gesichtspflege". Bei heißem Wetter ist besondere Vorsicht vonnöten, da die spezielle Form von Nase und Rachen den Tieren die Atmung erschwert.

CHARAKTER
Aufgeweckt, spontan, unkompliziert und ausgeglichen, „Sinn für Humor", zartbesaitet und gefühlvoll, aber dennoch hart gegen sich selbst, mutig und unerschrocken, intelligent und auf eine bedächtige Art ruhig im Haus. Die Englische Bulldogge ist sehr anhänglich und immer gern in der Nähe „ihrer Familie".

Junge und ausgewachsene Englische Bulldogge

AUFZUCHT UND ERZIEHUNG
Im allgemeinen ist die Erziehung von Bulldoggen wegen ihres sanften Wesens beinahe unnötig. Sie sind sehr empfindsam für Stimmen und Stimmungen und brauchen daher freundliche Zuwendung. Unter keinen Umständen sollten sie zu hart angepackt werden: Eine bestimmte, konsequente und deutliche Anleitung ist mit Sicherheit die erfolgreichste Erziehungsmethode.

VERTRÄGLICHKEIT
Der Umgang mit Artgenossen und anderen Haustieren verläuft in der Regel sehr gut. Darüberhinaus sind die Hunde hervorragende Spielkameraden für Kinder, da sie sehr tolerant sind und über einen guten „Sinn für Humor" verfügen. Einige Exemplare sind sehr wachsam, andere entwickeln sich eher zu „Jedermanns Freund".

BEWEGUNG
Die Bulldogge ist kein geeigneter Kamerad, um mit ihm lange Wanderungen zu unternehmen. Sie ist vollkommen zufrieden, wenn man sie dreimal am Tag kurz um den Block führt. Den Rest der Zeit verbringen sie am liebsten im Haus in der Nähe „ihrer

Familie". Diese Eigenschaft macht den Hund zu einem perfekten Partner für weniger sportbegeisterte Menschen. Junge Bulldoggen haben oft den Drang zu rennen und zu spielen, obwohl sie eigentlich schon nicht mehr können. Man sollte daher in dieser Zeit für genügend Ruhe und wohldosierte Bewegung sorgen, damit sich ihre Energie eher in den Aufbau von Knochen, Muskeln und Sehnen umwandelt. Englische Bulldoggen vertragen – wie bereits erwähnt – Wärme nicht besonders gut, man sollte ihnen daher ein kühles Plätzchen bereitstellen. Gern schlafen sie auch für lange Zeit auf den Füßen ihres Besitzers.

Fila Brasileiro

Fila Brasileiro oder Brasilianischer Mastiff

HERKUNFTSLAND
Brasilien

VERANLAGUNG/TYP
Wach- und Spürhund.

GRÖSSE
Hündinnen besitzen eine Schulterhöhe, die zwischen 60 und 70 cm variiert, Rüden sind zwischen 65 und 75 cm hoch.

FELL
Das kurze, glatte Fell des Fila kommt in vielerlei Färbungen vor, lediglich reinweiße, mausgraue und gefleckte oder gesprenkelte Farbvarietäten sind nicht erlaubt.

PFLEGE
Der Fila kommt mit relativ wenig Pflege aus; ein weiches Ruheplätzchen hilft, um Schwielen an den „Ellenbogen" vorzubeugen.

CHARAKTER
Filas sind sehr anhänglich und unterwerfen sich gehorsam ihrem Besitzer. Gegenüber Fremden verhalten sie sich eher mißtrauisch, bisweilen sogar aggressiv, die Reaktionen sind aber immer abhängig von der betreffenden Person. Regelmäßige Besucher werden dann im allgemeinen gut angenommen. Ein altes brasilianisches Sprichwort lautet: „Treu wie ein Fila". Es gilt wohl zu Recht. Filas besitzen einen außerordentlich guten Geruchssinn und handeln recht selbständig.

AUFZUCHT UND ERZIEHUNG
Für die Aufzucht eines Brasilianischen Mastiffs braucht es einen Hundebesitzer mit Verantwortungsbewußtsein. Die Rasse braucht ein Zuhause, wo man sie versteht und ihren grundsätzlich gutmütigen Charakter fördert. Die Hunde möchten immer so eng wie möglich mit „ihrer Menschenfamilie" zusammenleben und reagieren bereits auf kleinste Änderungen in der Stimme ihres Besitzers. Filas sind nicht nur gute Springer, sie können auch rasend schnell reagieren; man sollte also immer die entsprechende Vorsicht walten lassen, wenn Besucher kommen. Für den richtigen Besitzer ist der Fila aber ein gehorsamer und sanfter Begleiter.

Fila Brasileiro: Kopfstudie

VERTRÄGLICHKEIT
Für die Kinder „ihrer Menschenfamilie" stellen Filas sicherlich kein Problem dar – eher schon für deren Spielkameraden. Der Umgang mit anderen Haustieren sollte grundsätzlich funktionieren, wenn der Hund schon in jungen Jahren vernünftig sozialisiert und eingewöhnt worden ist. Neue Haustiere werden allerdings meist nicht mehr akzeptiert.

BEWEGUNG
Am besten hält man den Fila in einem gut umzäunten Terrain, so daß er sich nach eigenem Gutdünken bewegen kann. Hin und wieder sollte man ihn aber zur Abwechslung auch einmal in unbekanntes Gelände mitnehmen.

BESONDERHEITEN
Der Fila ist absolut kein Hund für Anfänger. Auch eine kleine Wohnung ist kein geeigneter Lebensraum für diesen stattlichen Hund.

Schwarz-lohfarbenener Hovawart

Hovawart

HERKUNFTSLAND
Deutschland

VERANLAGUNG/TYP
Wachhund (Hofhund) und Familienhund.

GRÖSSE
Rüden erreichen eine Schulterhöhe zwischen 63 und 70 cm, bei Hündinnen variiert diese Höhe zwischen 58 und 65 cm. Das Gewicht der Hunde kann – ebenfalls geschlechtsabhängig – zwischen 25 und 40 kg schwanken.

FELL
Hovawarts besitzen ein langes, anliegendes, leicht gewelltes Fell in den Farben Schwarz, Schwarz-Loh und Blond.

PFLEGE
Das Fell dieser Hunde braucht nur wenig Pflege. Ab und zu durchkämmen (vor allem in den Partien, wo Kletten entstehen können) reicht vollkommen aus.

CHARAKTER
Gutartig, ausgeglichen, recht ruhig, intelligent, etwas eigensinnig, treu und anhänglich mit der Neigung, sich an eine einzige Person besonders stark zu „hängen", wachsam und beschützend, aufmerksam; er gilt als guter Wachhund. Der Hovawart besitzt einen vorzüglichen Geruchssinn.

AUFZUCHT UND ERZIEHUNG
Der Hovawart lernt ausgesprochen schnell, was von ihm verlangt wird. Mit einer sehr konsequenten und liebevollen Erziehung erreicht man bei ihm am meisten. Hovawarts sind sehr begabt als Spür-, Lawinen-, Wach- und Schutzhunde.

VERTRÄGLICHKEIT
Der Umgang mit anderen Haustieren ist gut, vor allem wenn es sich dabei um Katzen und Kleintiere handelt. Voraussetzung ist wie immer, daß der Hund von Jugend an eingewöhnt wurde. Mit Kindern sind Hovawarts im allgemeinen sehr geduldig, gegenüber Fremden geben sie sich skeptisch und reserviert, aber der Hund soll ja auch von seiner Anlage her Haus und Hof bewachen. Wenn der Besitzer anzeigt, daß die Besucher erwünscht sind, so wird der Hund dies schnell akzeptieren.

BEWEGUNG
Ein Hovawart paßt sich in der Regel den Umständen an. Man sollte ihm regelmäßig lange Spaziergänge bieten, bei denen er ohne Leine rennen und spielen kann. Ein großer Pluspunkt dieser Rasse ist nämlich, daß die Neigung zum Streunen nur schwach entwickelt ist und sie viel Gefühl für „ihr" Territorium entwickelt.

Blonder Hovawart

Anatolischer Hirtenhund oder Karabash

HERKUNFTSLAND
Türkei

VERANLAGUNG/TYP
Hütehund und Herdenschutzhund.

GRÖSSE
Rüden weisen eine Schulterhöhe zwischen 74 und 81 cm auf, für Hündinnen gilt eine Schulterhöhe von 71 bis 79 cm. Die Hunde haben ein Gewicht von 41 bis 64 kg.

FELL
Das Fell besteht aus kurzem, glänzendem, anliegendem Deckhaar, das um den Kragen und am Schwanz etwas länger ist. Alle Farben werden zugestanden, am meisten gewünscht ist Falb mit schwarzer Maske und schwarzen Ohren.

PFLEGE
Ein Anatolischer Hirtenhund kommt mit relativ wenig Pflege aus. Während des Fellwechsels hilft ein Kamm mit doppelten Metallzinken, um lose Haare aus der Unterwolle zu entfernen.

CHARAKTER
Ausgeglichen, mutig, hart gegen sich selbst, zurückhaltend gegenüber Fremden, etwas eigensinnig und dominant, recht selbständig, sehr wachsam.

AUFZUCHT UND ERZIEHUNG
Ein Anatolischer Hirtenhund ist kein Tier für einen Anfänger. Er benötigt einen Besitzer, der Sicherheit und Respekt ausstrahlt. Die besten Resultate erzielt man mit einer festen und konsequenten Erziehung. Bei dieser Rasse ist es unbedingt nötig, mit der Ausbildung schon sehr früh zu beginnen, denn ausgewachsene Exemplare sind mit Sicherheit zu groß, um in ihrem Verhalten noch korrigiert zu werden.

VERTRÄGLICHKEIT
Die Hirtenhunde gehen allgemein gut mit anderen Tieren um, vor allem, wenn sie von klein auf an sie gewöhnt sind. Von Fremden läßt sich der Anatolier nicht necken, den Kindern der „eigenen Menschenfamilie" ist er aber ein spielfreudiger, sanfter Kumpan.
Bisweilen ist er ein wenig dominant gegen andere Hunde, alles ist aber natürlich abhängig von seiner Sozialisation. Es ist daher ratsam, den Welpen schon frühzeitig so oft wie möglich mit auf Spaziergänge nach draußen zu nehmen, damit er dort Artgenossen, andere Tiere und Menschen kennenlernen kann.

BEWEGUNG
Anatolische Hirtenhunde haben viel Bewegung nötig. Am besten ist es, wenn sie sich nach eigenem Gutdünken in einem sicher umzäunten Gelände beschäftigen können, Etagenwohnungen wären ihnen unerträglich.

Anatolischer Hirtenhund: Kopfstudie

Kaukasischer Schäferhund oder Kawkasky Owtscharka

HERKUNFTSLAND
Ehemalige Sowjetunion

VERANLAGUNG/TYP
Wachhund

GRÖSSE
Rüden sollten eine minimale Schulterhöhe von 65 cm aufweisen, für Hündinnen gilt ein Minimum von 62 cm.

FELL
Der Kaukasische Schäferhund kommt in drei Fellschlägen vor: langhaarig mit Kragen und „Hose", kurzhaarig und halblang ohne Kragen und „Hose". Als Farben kommen gewöhnlich Graunuancen, Loh, Falb, Weiß, gestromte und gescheckte Fellvarianten vor – lediglich Braun gilt als unzulässig.

PFLEGE
Das langhaarige Fell sollte hin und wieder gebürstet und gekämmt werden, vor allem dort, wo sich Kletten bilden könnten. Bei der kurzhaarigen Varietät ist weniger Pflege notwendig.

CHARAKTER
Der Kaukasische Schäferhund beschützt von Natur aus die zwei- und vierbeinigen Mitglieder „seiner Herde".
Er ist sehr mutig, wachsam, stark, zurückhaltend und mißtrauisch gegen Menschen, die er nicht kennt, und verfügt über einen starken Verteidigungsdrang.

AUFZUCHT UND ERZIEHUNG
Ein Kaukasischer Schäferhund braucht einen Besitzer, der sowohl körperlich wie auch geistig stark und selbstbewußt genug ist, um den Hund führen zu können. Die Rasse hat ein beachtliches Gefühl für den Unterschied zwischen gut und schlecht entwickelt, man braucht sie also weder mit harter Hand noch mit bösen Worten zu strafen. Die Hunde können außerdem instinktiv zwischen Gefahr und weniger wichtigen Störungen unterscheiden und schützen ihren Herrn bei echter Gefahr mit dem Leben.

Kaukasischer Hirtenhund: Kopfstudie

VERTRÄGLICHKEIT
Alles was in „seine Familie" gehört – seien es Kinder, Katzen, Hühner oder was auch immer – wird als „eigen" eingestuft und dementsprechend respektiert und beschützt. Daher sollte man den Hund nicht allein mit Kindern lassen, wenn diese mit Spielkameraden herumtoben. Irgendwann könnte es ja zu kleinen Raufereien kommen – und der Hund könnte sofort den Antrieb verspüren, „seine" Kinder zu verteidigen.
Fremde sollten sich dem Hund vorsichtig nähern, Freunde der Familie werden hingegen freundlich begrüßt. Gegenüber anderen Hunden kann sich der Kaukasische Schäferhund ausgesprochen dominant geben.

BEWEGUNG
Die Rasse fühlt sich bei Besitzern am wohlsten, die ein Grundstück mit genügend Auslauf rund ums Haus bieten können. Da das dichte Fell den Hund gut vor Witterungseinflüssen schützt, kann man ihn problemlos draußen halten.

Landseer E.C.T.

Landseer E.C.T. (Europäisch-Continentaler Typ)

HERKUNFTSLAND
Deutschland/Schweiz (sonst Kanada)

VERANLAGUNG/TYP
Familienhund

GRÖSSE
Die Schulterhöhe der Rüden variiert zwischen 72 und 80 cm, die der Hündinnen von 67 bis 72 cm. Kleine Abweichungen nach oben und unten werden zugestanden.

FELL
Die Unterwolle ist weich, das Deckfell lang, dicht, zart bei Berührung und ohne Locken oder Wellen. Die Farbe ist Reinweiß mit schwarzen Körperflecken, der Kopf sollte schwarz mit einer symmetrischen, weißen Blesse sein.

PFLEGE
Regelmäßiges Bürsten und Kämmen tut Hund und Fell gut, vor allem an Stellen, an denen sich Kletten bilden können – beispielsweise zwischen den Hinter- und zwischen den Vorderläufen. Auch die Gehörgänge sollten freigehalten und überstehende Haare zwischen den Fußballen beseitigt werden. Der Landseer wächst wie alle stattlichen Hunde schnell und heftig – man sollte ihn also in der Wachstumsphase mit besonders hochwertigem Futter versorgen und ihn in dieser Zeit nicht übermäßig belasten.

CHARAKTER
Freundlich, sanftmütig, unkompliziert. anhänglich, folgsam, sozial, selbstbewußt und ausgeglichen. Gutgelaunt gegenüber Mensch und Tier, phantastischer Schwimmer. Er beschützt nicht allein „seine Familie", sondern – falls nötig – auch Haus und Hof. Landseer bellen nur wenig.

AUFZUCHT UND ERZIEHUNG
Erziehung ist bei diesen Hunden fast unnötig. Man sollte ihnen schon von klein an beibringen, nicht an der Leine zu zerren – später sind sie nämlich außerordentlich kräftig und dann nur schwer zu lenken. Landseer reagieren hervorragend auf Änderungen der Stimme, man kann sie also sehr „ruhig" aufziehen.

VERTRÄGLICHKEIT
Der Landseer ist ein guter Familienhund, der mit anderen Hunden, anderen Haustieren sowie Kindern harmonisch zusammenlebt. Kinder bekommen dabei (im positiven Sinn) besondere Aufmerksamkeit. Besucher, die nichts Böses im Schilde führen, werden freundlich empfangen.

BEWEGUNG
Bevor der Hund nicht vollkommen ausgewachsen ist, sollte man keine allzu ausgedehnten Wanderungen unternehmen. Landseer schwimmen gut und gerne – eine perfekte Körperertüchtigung für die Hunde.

BESONDERHEITEN
Der Landseer ist hervorragend gegen Witterungseinflüsse geschützt, er muß also nicht den ganzen Tag hinter dem Kachelofen liegen.

Drei Landseer E.C.T.

Leonberger: Kopfstudie

Leonberger

Herkunftsland
Deutschland

VERANLAGUNG/TYP
Familienhund

GRÖSSE
Rüden besitzen eine Schulterhöhe zwischen 72 und 80 cm, bei Hündinnen variiert sie zwischen 65 und 75 cm; Idealmaß für einen Rüden sind 76, für eine Hündin 70 cm.

FELL
Der Leonberger besitzt weiches und dennoch festes, mittellanges Haar mit dichter Unterwolle. Die am häufigsten vorkommenden Färbungen rangieren zwischen Goldgelb und Rotgelb, zumeist mit schwarzer Maske.
Das Fehlen einer Maske wird generell zugestanden, ist aber nicht erwünscht.

PFLEGE
Das Fell sollte regelmäßig gebürstet werden, um tote Haare zu entfernen. Dabei sollte man auch gleich die Gehörgänge kontrollieren. Da der Leonberger ausgesprochen schnell wächst, sollte immer eine gute und ausbalancierte Nahrung bereitgestellt werden. Desweiteren sollte man darauf achten, daß Knochen, Sehnen und Muskulatur des jungen Hundes nicht durch lange Wanderungen und Treppensteigen überlastet werden.

CHARAKTER
Ruhig, selbstsicher und ausgeglichen, unkompliziert, treu, intelligent, lernt schnell, guter Wachhund.

AUFZUCHT UND ERZIEHUNG
Auf eine gut abgestimmte Erziehung in harmonischer Umgebung reagiert dieser Hund am besten. Er begreift ohnehin ausgesprochen schnell, was von ihm verlangt wird.

VERTRÄGLICHKEIT
Leonberger gehen gut mit Hunden und anderen Haustieren um, auch mit Kindern gibt es keine Probleme. Die Hunde spüren instinktiv, ob ein Besucher etwas Gutes im Schilde führt oder nicht.

BEWEGUNG
Leonberger brauchen ziemlich viel Auslauf. Man sollte sie oft auf längere Spaziergänge mitnehmen und ihnen auch Gelegenheit zum Rennen und Spielen ohne Leine geben.

Leonberger

Mastiffs

Mastiff

Herkunftsland
England

Veranlagung/Typ
Früher Wachhund und Jagdhund für großes Wild, heute Wach- und Familienhund.

Grösse
Für die Rüden dieser Rasse gilt eine minimale Schulterhöhe von 76 cm, für Hündinnen mindestens 70 cm.

Fell
Das Fell ist kurz, enganliegend, kann apricotfarben, silberfalb, gelb oder gestromt sein – aber immer mit dunkler Maske.

Pflege
Während des Fellwechsels entfernt man lose Haare am besten mit einer Gummibürste. Der Mastiff braucht einen weichen Liegeplatz, damit sich keine Schwielen ausbilden. An der Ernährung des jungen Hundes sollte nicht gespart werden. Der Mastiff wächst vergleichsweise schnell und benötigt hochwertige Nährstoffe, um optimal heranwachsen zu können. Wie viele andere Vertreter dieser Rassengruppe verfügt der Mastiff über eine hohe Schmerzgrenze, was zur Folge hat, daß man ihm ein eventuelles Leiden oder Krankheiten nur sehr schwer ansehen kann.

Charakter
Der Mastiff ist ruhig, selbstsicher, wachsam, geduldig, sanftmütig zu „seiner Familie“, intelligent und würdevoll.
Er bellt wenig und beschirmt als wertvoller Wachhund instinktiv sein Terrain und „seine“ Menschen gegen alles und jeden.

Mastiff

Aufzucht und Erziehung
Der Mastiff ist ein echtes Gewohnheitstier, er läßt sich nicht leicht „verpflanzen“ – wer einen solchen Hund erwerben will, sollte ihn also für die Dauer seines Hundelebens behalten.

Verträglichkeit
Gut sozialisierte Mastiffs haben keine Probleme im Kontakt mit anderen Hunden oder anderen Haustieren. Zu Kindern sind diese Hunde in der Regel ausgesprochen freundlich und gutmütig. Bei fremdem Besuch ist er so lange mißtrauisch, bis ihm gezeigt wird, daß alles in Ordnung ist – dann wird er sich auch Gästen zu Füßen legen.

Bewegung
Ein junger Mastiff sollte nicht bis zur Erschöpfung rennen. In der Wachstumsphase sollte das Toben nur dosiert erlaubt werden – die Hunde wachsen schnell und brauchen dafür fast alle Kraft. Wird der Hund überbeansprucht, so kann sich das nachteilig auf die Entwicklung seines Knochenbaus und seiner Muskulatur auswirken.
Ein ausgewachsener Mastiff entwickelt ein mittleres Bewegungsbedürfnis. Im allgemeinen können sich diese Hunde nicht besonders für Ballspiele o. ä. erwärmen.

Junges Mastín Español-Weibchen

Mastín Español oder Spanischer Mastiff

Herkunftsland
Spanien

Veranlagung/Typ
Herdenschutzhund

Grösse
Für Rüden gilt eine minimale Schulterhöhe von 78 cm, angestrebt werden allerdings Größen über 80

cm; bei Hündinnen liegt die minimale Schulterhöhe zwischen 72 und 74 cm, erwünscht sind mehr als 76 cm.

FELL
Das Fell des Mastín ist dicht, grob und mit üppiger Unterwolle ausgestattet. Die Bahn über Rücken und Schwanz trägt längeres Haar. Als Farben kommen einfarbig Gelb, Rot, Schwarz, Wolfsgrau, Hirschrot und eine gestromte Fellart in Frage; Weiß sollte nicht überwiegen.

PFLEGE
Der Mastín Español sollte besonders während des Fellwechsels regelmäßig gebürstet werden; Gehörgänge sollte man turnusmäßig kontrollieren.

CHARAKTER
Zu den Mitgliedern „seiner Familie" ist dieser Hund ausgesprochen sanftmütig, gegen Fremde gibt er sich aber mißtrauisch.
Er ist sehr selbstsicher und selbständig, intelligent und äußerst wachsam. Haus und Hof werden gut gegen Eindringlinge geschützt.

AUFZUCHT UND ERZIEHUNG
Ein Mastín Español sollte in ausgewogener, konsequenter, aber liebevoller Manier aufgezogen werden. Eine überharte Erziehung würde unerwünschte Charakterzüge dieser Rasse herausbringen. Der in seinem Instinktverhalten noch sehr natürliche Hund benötigt einen Besitzer, der Stärke, Ruhe und Souveränität ausstrahlt.

Mastín Español: Kopfstudie

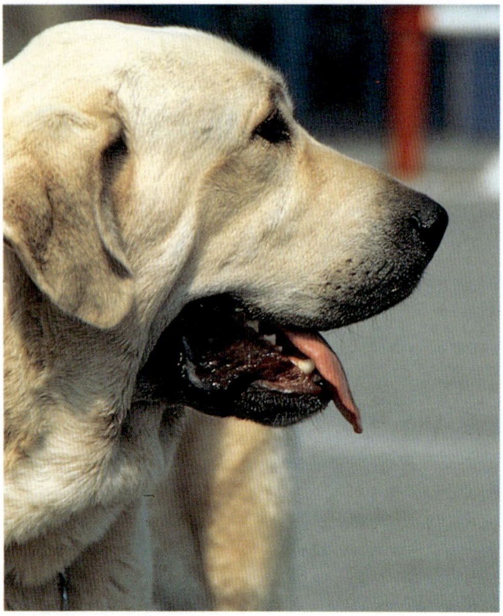

VERTRÄGLICHKEIT
„Seine Menschenfamilie" steht für den Mastín Español allzeit an erster Stelle. Er nimmt seine Aufgabe als Wachhund sehr ernst und läßt weder Mensch noch Tier auf das Terrain, auf dem er lebt. Dieses Wachen nimmt der Hund eigentlich ganz selbstverständlich auf sich, er hat also gar keine besonderen Weisungen oder Kommandos nötig. Wenn Besucher allerdings vom Besitzer als „erwünscht" klassifiziert werden, wird der Hund das ohne Murren akzeptieren. Mastíns sind freundlich zu allen Tieren, sogar zu Katzen. Mit Kindern gibt sich der Spanische Mastiff in der Regel sehr lieb und ausgesprochen geduldig ab.

BEWEGUNG
Auf einem großen, eingefaßten Gelände fühlen sich die Hunde ganz in ihrem Element. Natürlich sollten sie aber auch ab und zu mitgenommen werden, damit sie neue Eindrücke einfangen können. Das dichte Fell schützt den Mastín Español vorzüglich, er kann also auch ohne Probleme im Freien gehalten werden.

Mastino

Mastino Napoletano (Neapolitanischer Mastiff)

HERKUNFTSLAND
Italien

VERANLAGUNG/TYP
Wach- und Familienhund.

GRÖSSE
Die Schulterhöhe der Rüden liegt zwischen 65 und 75 cm, für Hündinnen zwischen 60 und 68 cm.

FELL
Das Fell ist kurzhaarig, die häufigste Farbe ist Blau-

grau, daneben werden auch Grau, Schwarz, Braun, Rotgelb und Fuchsrot als Färbungen zugestanden und können auch gestromt auftreten.

PFLEGE
Während des Fellwechsels lassen sich lose Haare am besten mit einer Gummibürste entfernen. Mastinos schätzen einen trockenen, zugfreien Schlafplatz, der auch weich genug sein sollte, um Schwielen vorzubeugen.

CHARAKTER
Dominant, wachsam, ausgewogen und ruhig, mutig, intelligent, nicht aggressiv, anhänglich, selbstlos; Mastinos sind keine Kläffer.

AUFZUCHT UND ERZIEHUNG
Dieser große Hund sollte einfühlsam erzogen werden. Man muß aber auch konsequent bleiben und darf sich nicht eher zufrieden geben, bis der Hund einen Befehl auch wirklich befolgt hat. Man kann hieraus erkennen: Mastinos sind keine Hunde für Anfänger. Ein ruhiger Besitzer mit einer natürlichen Überlegenheit bringt die besten Seiten des Hundes zum Vorschein. Es liegt im Naturell des Mastinos, „seine Familie" beschützen zu wollen, er braucht dafür keine besonderen Kommandos.

VERTRÄGLICHKEIT
Rüden können sich gegenüber anderen Rüden auf der Straße etwas dominant benehmen, zu Kindern sind sie aber im allgemeinen lieb – jedenfalls solange sie nicht geneckt werden. Wenn der Hund in seiner Jugend positive Erfahrungen mit Katzen und anderen Haustieren machen kann, hat man später keine Probleme in dieser Hinsicht zu erwarten.

BEWEGUNG
Der junge Mastino sollte nicht zu viel rennen und spielen. Sein Bewegungsdrang muß gezügelt werden, er sollte sich unter keinen Umständen vollkommen verausgaben. Wie üblich sollte in seiner Jugendzeit also darauf geachtet werden, daß die Kraft des Hundes in sein Wachstum investiert wird. Ausgewachsene Mastinos besitzen einen mittleren Bewegungsdrang.

Neufundländer

Neufundländer: Kopfstudie

Neufundländer

HERKUNFTSLAND
Kanada

VERANLAGUNG/TYP
Ursprünglich Gehilfe der Fischer, jetzt Familienhund.

GRÖSSE
Die Schulterhöhe der Rüden liegt bei ca. 71 cm, bei Hündinnen ungefähr bei 66 cm. Das Gewicht beträgt 50 bis 69 kg.

FELL
Der Neufundländer besitzt ein wasserabstoßendes, doppeltes, halblanges, sehr dichtes Fell. Als Farben werden zugestanden: einfarbig Schwarz oder Braun (mit kleinen weißen Stellen auf Brust und Schwanzspitze); schwarz-weiße Exemplare sind sehr selten.

PFLEGE
Der Hund sollte regelmäßig gebürstet werden, um Verfilzungen des Fells vorzubeugen. Überstehende Haare zwischen den Fußballen müssen abgeschnitten werden.

CHARAKTER
Humorvoll, sozial, sanftmütig, unkompliziert, anhänglich und folgsam. Neufundländer sind freundlich zu Mensch und Tier, schwimmen gerne und gut, sind nicht besonders wachsam, beschützen „ihre Familie" aber dennoch sofort, wenn Not am Mann sein sollte. Sie bellen wenig und sind von Natur aus ausgeglichen.

AUFZUCHT UND ERZIEHUNG
Die Erziehung sollte ruhig und besonnen vorgenommen werden. Die Hunde besitzen ein gutes Gespür für Änderungen des Tonfalles.

VERTRÄGLICHKEIT
Hunde dieser Rasse sind besonders gute Hausgenossen. Andere Hunde, Haustiere, Kinder, Besucher, die nichts Böses im Schilde führen – alle werden freundlich empfangen.

BEWEGUNG
Solange der Hund nicht ausgewachsen ist, sollte man nicht unbedingt Tagestouren mit ihm unternehmen. Da Neufundländer sehr gerne schwimmen, liegt die beste Form der Körperertüchtigung nahe. Das dichte Fell schützt gegen Regen und Wind – die Hunde können also problemlos im Freien gehalten werden.

Pyrenäenberghund

Pyrenäenberghund

HERKUNFTSLAND
Frankreich

VERANLAGUNG/TYP
Herdenschutzhund und Familienhund.

GRÖSSE
Die Schulterhöhe variiert bei Rüden zwischen 70 und 80 cm, bei Hündinnen liegt sie zwischen 65 und 72 cm. Das Gewicht der Hunde beträgt 45 bis 60 kg.

FELL
Der Hund trägt üppiges, dichtes und ziemlich langes Haar, das um den Hals und am Schwanz noch länger ist.
Pyrenäenberghunde kommen in Reinweiß oder in Weiß mit Abzeichen auf Kopf, Ohren und an der Schwanzwurzel vor. Diese Abzeichen können grau, hellgelb oder wolfsgrau sein, auch am Körper werden einige Abzeichen zugestanden.

PFLEGE
Diese Hunde benötigen relativ viel Fellpflege. Es ist notwendig, daß der Hund am besten ein- oder zweimal pro Tag gründlich gekämmt und gebürstet wird, um die losen Haare aus dem Fell zu entfernen – vor allem während des Fellwechsels sollte das besonders gewissenhaft gemacht werden.

CHARAKTER
Ausgeglichen, aufmerksam, wachsam, mutig, intelligent, relativ selbständig und abgehärtet, etwas eigensinnig, bellt wenig.

AUFZUCHT UND ERZIEHUNG
Die Hunde sollten ihr „Lernpensum" so früh wie möglich erhalten, später sind sie nämlich zu groß und zu selbständig, um sich noch viel sagen zu lassen.
Die Erziehung sollte konsequent, ausgeglichen, aber auch sehr liebevoll durchgeführt werden.

VERTRÄGLICHKEIT
Gegenüber streitbareren Artgenossen kann sich der Pyrenäenberghund recht dominant verhalten, kleinere Hunde läßt er aber in der Regel links liegen. Im allgemeinen gehen die Mitglieder dieser Rasse gut mit Kindern um, Fremden begegnen sie eher mißtrauisch.
Der Hund beschützt Familie und Haus gegen ungebetene Besucher, der Umgang mit Katzen und anderen Haustieren bereitet hingegen normalerweise keine Probleme.

BEWEGUNG
Pyrenäenberghunde brauchen relativ viel Bewegung. Sie möchten regelmäßig auf lange Wanderungen mitgenommen werden und dann bisweilen natürlich auch ohne Leine rennen und spielen dürfen.
Diese Rasse gehört eigentlich zu Menschen, die sowohl im Haus wie auch im Garten genügend Raum bieten können, paßt sich aber auch an eine kleinere Wohnung an, wenn ansonsten genügend Auslauf garantiert wird.
Wie bei allen schnellwachsenden Rassen muß vor übermäßigen Belastungen während der Wachstumsphase gewarnt werden.

Rottweiler

Rottweiler

HERKUNFTSLAND
Deutschland
VERANLAGUNG/TYP
Wach- und Schutzhund, Familienhund.

GRÖSSE
Die Schulterhöhe der Rüden liegt zwischen 61 und 68 cm, bei Hündinnen zwischen 56 und 63 cm.

FELL
Der Hund ist mit mittellangem, dickem und grobem Deckhaar und einer dichten Unterwolle ausgestattet. Das Fell ist immer schwarz, mit satten, braunen Abzeichen. Bisweilen treten auch langhaarige Exemplare auf, die aber (genau wie weiße Brustflecken) unerwünscht sind.

PFLEGE
Ein Rottweiler ist recht leicht zu pflegen. Um während des Fellwechsels die losen Haare zu entfernen, ist ein Gumminoppenhandschuh empfehlenswert – damit läßt sich vorsichtiger als mit einer normalen Bürste arbeiten. Wenn man das Fell zum Glänzen bringen möchte, bieten sich Lotionen oder Glanzsprays an. Ansonsten: Nägel kürzen und Gehörgänge frei halten.

CHARAKTER
Intelligent, gehorsam, von unglaublicher Treue gegenüber Herrn und Familie, dominant, wachsam und beschützend, mutig, stark, beeindruckend; er ist eifersüchtig, wenn er nicht genügend Aufmerksamkeit bekommt.
Ein Rottweiler verteidigt seinen Besitzer und das Terrain bis zum Äußersten und wird leicht zum „Einpersonenhund".

AUFZUCHT UND ERZIEHUNG
Rottweiler entwickeln leicht einen etwas dominanten Charakter; sie brauchen daher einen Besitzer, der mit ruhiger Erziehung und fester Disziplin die Rangordnung aufrecht erhält. Schon als Welpe sollte das Tier „gut und schlecht“ unterscheiden lernen – dabei muß man natürlich über das gesamte Leben des Hundes konsequent bleiben. Rottweiler haben ein gutes Gespür für Änderungen der Stimmlage, die man bei der Erziehung hervorragend einsetzen kann. In der Regel muß man zu Rüden etwas strenger als zu Hündinnen sein, die einen sanfteren Charakter aufweisen. Rottweiler sind gute Schutzhunde und nehmen erfolgreich an Leistungswettbewerben teil.

VERTRÄGLICHKEIT
Wenn ein Rottweiler ausgewogen und konsequent erzogen worden ist, ist er „seiner Familie“ ein treuer und ergebener Begleiter und ein guter Spielkamerad für die Kinder. Katzen und andere Haustiere sollten ohne Probleme akzeptiert werden, wenn der Hund von Jugend an mit ihnen zusammen aufgewachsen ist.
Gegenüber anderen Hunden verhalten Rottweiler sich oft recht dominant und sind etwas schwer zurückzuhalten. Bekannte der Familie werden meistens enthusiastisch begrüßt, Fremde kommen hingegen nicht weiter als bis zur Gartenpforte – der Rottweiler ist nämlich ein guter (und sehr ehrfurchtgebietender) Wachhund.

BEWEGUNG
Man sollte für ausreichenden Auslauf sorgen, denn der Rottweiler braucht viel Bewegung. Rennen im Wald und auf der Heide findet er herrlich und zeigt keinerlei Neigung dazu, wegzulaufen. Auch Schwimmen oder Laufen neben dem Fahrrad sind gute Möglichkeiten der Körperertüchtigung, selbst für Ballspiele (Apportieren) läßt sich dieser Hund begeistern.

Rottweiler

Junge Shar Peis

Shar Pei oder Chinesischer Kampfhund

HERKUNFTSLAND
China

VERANLAGUNG/TYP
Früher Kampfhund, heute Familienhund

GRÖSSE
Die Schulterhöhe variiert zwischen 48 und 58 cm, das Gewicht beträgt ungefähr 18 bis 25 kg.

FELL
Das Fell besitzt eine sehr harte Struktur und soll kurz, steif abstehend und borstig sein („Pferdehaar“). Es gibt auch eine zweite Varietät mit etwas längerem Haar, dem sogenannten „Bürstenhaar“, das aber weniger Anklang findet. Zugestandene Farben sind Schwarz, Braun, Rot und Falb. Eine cremefarbene Variante kommt ebenfalls vor, wird aber bei Prüfungen nicht bewertet. Shar Peis besitzen blaue Pigmente und eine blaue Zunge.

PFLEGE
Shar Peis besitzen – besonders in der Jugend – viele ihrer berühmten Hautfalten, die Hautkrankheiten begünstigen und daher natürlich regelmäßig kontrolliert werden müssen. Auch Augentropfen könnten nötig sein, ansonsten läßt sich das Fell mit Bürsten pflegen.
Bei einigen Exemplaren kann der Schwanz dicht auf der Haut liegen – auch hier können sich Infektionen ausbreiten.

CHARAKTER
Anhänglich und treu, verspielt, aktiv, dominant, intelligent, nicht „sklavisch“ ergeben, mutig und recht wachsam.

Shar Peis im Profil

Aufzucht und Erziehung
Die Erziehung sollte sehr konsequent erfolgen. Wenn man sich dem Hund gegenüber zu zögerlich, unsicher oder weich verhält, wird er die Rollenverteilung im Haus binnen kürzester Zeit umkehren. Der Shar Pei verlangt also nach einem Besitzer, der die Rolle des „Rudelführers" beherrscht.

Verträglichkeit
Shar Peis sind an „ihre Menschenfamilie" sehr anhänglich, doch auch Fremden gegenüber sind sie sicherlich nicht unfreundlich. Mit Kindern kommen sie im allgemeinen gut aus, auch mit Katzen gibt es keine Probleme, wenn der Hund von jung auf an diese Tiere gewöhnt worden ist. Einige sorgen allerdings im Kontakt zu anderen Hunden für Schwierigkeiten – Shar Peis können sich da nämlich ausgesprochen streitlustig geben.

Bewegung
Die Rasse hat relativ viel Auslauf nötig. Wenn die überschüssige Energie außerhalb des Hauses „abreagiert" werden kann, sind die Hunde daheim brav.

Shar Pei

Bernhardiner

Herkunftsland
Schweiz

Veranlagung/Typ
Ursprünglich Zug- und Rettungshund, heute vor allem Familienhund.

Grösse
Hündinnen müssen eine Schulterhöhe von mindestens 65 cm erreichen, für Rüden gilt ein Minimum von 70 cm. Das Gewicht ist abhängig von Körperbau und Größe und sollte mindestens 60 kg, kann aber bis bis 90 kg und mehr betragen.

Fell
Es gibt zwei Arten: Kurzhaar (Stockhaar) und Langhaar (mittlere Länge), die Farbe ist Weiß mit Rot oder auch Rot mit Weiß. Bernhardiner müssen weiße Pfoten, eine weiße Brust, eine weiße Schwanzspitze und einen weißen Nackenfleck oder Kragen aufweisen.

Kurzhaariger Bernhardiner: Kopfstudie

Kurzhaariger Bernhardiner

Langhaariger Bernhardiner

PFLEGE
Das Fell muß man täglich bürsten, um lose Haare zu entfernen. Die Ohren sollten saubergehalten und bei Exemplaren mit hängenden Augenlidern turnusmäßig die Augen kontrolliert werden.

CHARAKTER
Fröhlich, freundlich, ausgeglichen, lieb zu Kindern, seinem Besitzer treu ergeben, vorsichtig, kein Kläffer.
Ein Bernhardiner wird Sie und Ihren Besitz verteidigen, auch wenn das nicht seine eigentliche Aufgabe ist.

AUFZUCHT UND ERZIEHUNG
Junge Bernhardiner sollten frühzeitig lernen, nicht an der Leine zu zerren, später sind sie so groß und kräftig, daß man sonst sicher Schwierigkeiten bekommen würde. Für Bernhardiner gilt allgemein, daß sie mit viel Verständnis aufgezogen werden sollten und in ihrer Wachstumsphase nicht überbelastet werden dürfen.

VERTRÄGLICHKEIT
Bernhardiner kommen hervorragend mit Kindern aus, auch Hunde und andere Haustiere machen ihnen im allgemeinen keine Probleme.

BEWEGUNG
Bernhardiner brauchen wohldosierte, durchschnittliche Körperbelastung. Dreimal täglich Gassi gehen ist in Ordnung, wenn zusätzlich regelmäßig lange Wanderungen unternommen werden, bei denen sich der Hund auch einmal ohne Leine bewegen darf.

Langhaariger Bernhardiner in traditioneller Ausrüstung

Tibetanischer Mastiff

Tibetanischer Mastiff

HERKUNFTSLAND
Tibet

VERANLAGUNG/TYP
Wach- und Familienhund.

GRÖSSE
Rüden müssen eine Schulterhöhe von mindestens 66 cm erreichen, bei Hündinnen liegt das Minimum bei 61 cm.

FELL
Der Hund besitzt ein langes, dichtes Fell mit schwerer Unterwolle. Tibetanische Mastiffs kommen in den Farben Tiefschwarz, Schwarz-Loh, Grau und in anderen Fellfarben vor – immer ohne braune Abzeichen.

PFLEGE
Das Fell muß regelmäßig gut gebürstet werden. Im Winter schützt den Tibetanischen Mastiff sein üppiges, sehr dichtes Fell, zu Beginn des Sommers geht ein Großteil dieser Haare aus. In dieser Zeit muß man schon mit einer halben Stunde täglich rechnen, um die losen Haare aus dem Fell entfernen zu können. Die Tibetanischen Mastiffs sind erst relativ spät vollkommen ausgewachsen.

CHARAKTER
Ausgewogen, ruhig, bedachtsam, edel, seinem Herrn sehr treu, gegenüber Fremden zurückhaltend, etwas dickköpfig und eigensinnig, dominant und selbstsicher. Es liegt im Naturell dieser Hunde, zu aller Zeit „Haus und Herd“ bewachen zu wollen.

AUFZUCHT UND ERZIEHUNG
Diese besonderen Hunde müssen sehr ausgewogen aufgezogen werden. Harte Worte oder gar „lose Hände“ führen dazu, daß sich ungute Wesenszüge – auch gegenüber dem Besitzer – entwickeln können. Man muß es daher schaffen, ein Band des gegenseitigen Respekts zu weben.

VERTRÄGLICHKEIT
Tibetanische Mastiffs sind im allgemeinen sehr lieb zu Kindern, Fremde sollten sich allerdings vorsehen.
Wenn die Hunde von jung auf mit anderen Tieren vertraut gemacht worden sind, so werden diese ohne Zögern akzeptiert. Auch der Kontakt zu anderen Hunden ist in der Regel problemlos.

BEWEGUNG
Die Hunde dieser Rasse verfügen über einen mittleren Bewegungsdrang. Sie gehen gerne in den Wald oder auf freies Feld, um sich auch ohne Leine auszutoben, sind aber für Ballspiele und ähnliches nicht so leicht zu begeistern. Wie üblich sollten Muskeln, Gelenke, Knochen und Sehnen nicht zu früh und zu stark belastet werden.

Tibetanischer Mastiff: Kopfstudie

Tosa Inu

HERKUNFTSLAND
Japan

VERANLAGUNG/TYP
Wach- und Familienhund.

GRÖSSE
Für die Rüden dieser Rasse wird eine Schulterhöhe von mindestens 60 cm verlangt, für Hündinnen gilt ein Minimum von 54 cm. Das sind aber keine Maximalwerte – die Maße sollten also überschritten werden.

FELL
Das kurzhaarige Fell des Tosa Inu kommt unter anderem in Rot (bevorzugt), Schwarz, Gelb, als gestromte Variante und in Schwarz-Loh vor. Weiße Abzeichen sind gestattet.

PFLEGE
Ein Tosa Inu ist leicht versorgt. Wenn man das Fell ab und zu bürstet, um tote Haare zu entfernen, hält man es schon in optimalem Zustand. Die Hunde dieser Rasse geifern gewöhnlich nicht.

CHARAKTER
Ruhig und selbstbewußt, geduldig, mutig, sehr guter Wachhund; bellt nur, wenn es unbedingt nötig ist; großer Beschützerinstinkt, äußerst intelligent. Der Tosa Inu ist ein sehr anhänglicher Hund, der „seine Familie" über alles liebt, gegenüber Fremden ist er aber deutlich zurückhaltender.

AUFZUCHT UND ERZIEHUNG
Der Tosa Inu braucht einen Besitzer, der ihn zwar liebevoll, aber auch sehr diszipliniert erzieht. Der Hund besitzt ein gutes Gefühl für Änderungen der Stimme, es ist daher nicht notwendig, ihn mit Härte aufzuziehen. Sein Besitzer sollte in der Lage sein, ihn sowohl körperlich wie geistig zu beherrschen.

VERTRÄGLICHKEIT
Für einen Tosa Inu kommt „seine Menschenfamilie" an allererster Stelle. Im allgemeinen kommen die Hunde sehr gut mit Kindern zurecht, Fremden wird eher zurückhaltend begegnet. Bekannte der Familie bekommen sozusagen eine „joviale" Begrüßung. Man sollte den Tosa Inu außerhalb der Reichweite von kampflustigen Hunden halten – der Tosa Inu würde sicher keinem Gefecht aus dem Wege gehen.

BEWEGUNG
Auf einem gut umzäunten Terrain kann sich der Hund wunderbar nach eigenem Geschmack bewegen. Ab und zu sollte man ihn aber auch mit an den Strand, in den Wald oder auf eine Wiese mitnehmen, damit er neue Eindrücke sammeln kann. Tosa Inus haben ein mittleres Bewegungsbedürfnis.

BESONDERHEITEN
Die Hunde dieser Rasse sind für Anfänger absolut ungeeignet. Die beweglichen und ausgesprochen athletischen Tosa Inus brauchen einen Besitzer, der genügend Zeit und Energie mitbringt, um sie diszipliniert zu erziehen. Sie mögen auch nicht im Außenzwinger gehalten werden, da sie am liebsten in der Nähe „ihrer Familie" sein möchten.

Tosa Inu

Schweizer Sennenhunde

Appenzeller Sennenhund

Appenzeller Sennenhund

HERKUNFTSLAND
Schweiz

VERANLAGUNG/TYP
Früher Hüte- und Treibhunde der Bergbauern, Zug-, Hof- und Wachhunde; heute meist Wach- und Familienhund.

GRÖSSE
Die ideale Schulterhöhe von Rüden sollte zwischen 52 und 56 cm liegen, bei Hündinnen variiert sie zwischen 50 und 54 cm. Für beide Geschlechter werden Abweichungen von 2 cm nach oben und unten zugestanden.

FELL
Das Fell ist stockhaarig mit dichter Unterwolle. Grundfarbe ist Schwarz, mit symmetrischen rostbraunen und weißen Abzeichen. Der Appenzeller trägt als einziger Sennenhund eine „Posthornrute".

PFLEGE
Das Fell eines Appenzellers braucht vergleichsweise nur wenig Pflege. Ab und zu sollte man die losen Haare mit einer Gummibürste ausbürsten.

CHARAKTER
Ausgewogen und genügsam, mutig, intelligent, lebendig, guter Wachhund mit natürlichem Schutzinstinkt. Appenzeller lassen ihre Stimme gern und oft hören.

AUFZUCHT UND ERZIEHUNG
Ein Appenzeller Sennenhund reagiert am besten auf eine ausgewogene und sehr konsequente Erziehung. Der Hund sollte so oft wie möglich positive Erfahrungen mit allerlei Situationen, Menschen und Tieren machen. Da die Hunde ausgesprochen intelligent sind, lernen sie sehr schnell, was sie zu tun und zu lassen haben. Die Hunde gehören nicht in einen Außenzwinger, obwohl sie sehr gern im Freien sind – aber eben zusammen mit ihrem Besitzer. Behendigkeitsprüfungen und Fly-ball sind geeigneter Sport.

VERTRÄGLICHKEIT
Mit anderen Hunden geht der Appenzeller Sennenhund im allgemeinen sehr gut um. Auch die Gesellschaft von anderen Haustieren sollte normalerweise keinerlei Sorgen bereiten, wenn die Appenzeller Sennenhunde von klein auf gut eingewöhnt worden sind. Fremden gegenüber verhalten sie sich sehr zurückhaltend, Freunde der Familie werden aber ausgiebig begrüßt. Ein gesunder und wohlerzogener Appenzeller Sennenhund geht gut mit Kindern um. Der Hund ist ausgesprochen treu und zeigt die deutliche Neigung, sich an eine Person besonders eng zu binden.

BEWEGUNG
In beengten Wohnvierteln kann sich solch ein lebhafter Hund nicht wohlfühlen – dafür ist er viel zu gerne draußen. Appenzeller sind besonders grundstückstreu, sie nehmen also sicher nicht gleich Reißaus. Wenn der Appenzeller innerhalb des Grundstückes „seine Aufgaben" erledigen kann, wird er das nach eigenem Gutdünken gut erledigen. Man sollte den Appenzeller aber trotzdem öfter außer Haus mitnehmen, auch für Unterordnungs- und Schutzhundprüfungen ist er gut geeignet.

Appenzeller Sennenhund: Kopfstudie

Berner Sennenhund

HERKUNFTSLAND
Schweiz

VERANLAGUNG/TYP
Früher unter anderem Treibhund, Zug- und Wachhund, heute Wach- und Familienhund.

GRÖSSE
Die Schulterhöhe von Rüden liegt zwischen 64 und 70 cm, bei Hündinnen variiert die Höhe zwischen 58 und 66 cm.

FELL
Das Fell ist halblang, gerade oder gewellt (nie gelockt) mit dichter Unterwolle. Die klassischen Schweizer Farben sind Schwarz-Loh mit weißen Abzeichen.

PFLEGE
Besonders an Stellen, an denen das Fell leicht verfilzt („Hose", Kragen, Achseln, hinter den Ohren) sollte wöchentlich gründlich gebürstet und gekämmt werden. Wenn nötig, überstehendes Haar zwischen den Fußballen entfernen.

CHARAKTER
Ausgewogen, wachsam, freundlich, unbestechlich, seinem Besitzer und „seiner Familie" sehr treu ergeben, aufmerksam, ruhig, intelligent, bellt wenig.

AUFZUCHT UND ERZIEHUNG
Berner Sennenhunde müssen harmonisch, konsequent und vor allem sehr liebevoll aufgezogen werden. Sie sind flotte und lernwillige Schüler, die sehr viel Gefühl für die Stimmlage ihres Herrn entwickeln. Heranwachsende Hunde sollten nicht durch Treppensteigen oder auf andere Weise überlastet werden, die Hunde brauchen ihre ganze Energie für ihr Wachstum.

VERTRÄGLICHKEIT
Berner Sennenhunde sind im allgemeinen sehr lieb zu Kindern, die sie dann auch unter ihren Schutz stellen. Wenn die Hunde in jungen Jahren mit Katzen oder anderen Haustieren vertraut gemacht worden sind, so sollten sie sich in ihrer Gegenwart allzeit gut betragen. Ein Berner Sennenhund ist ein guter Wachhund, er sollte allerdings nicht wild kläffend hinter der Hecke oder dem Zaun umherspringen. Wenn Unbekannte das Terrain betreten, wird dies zunächst lauthals angekündigt, wenn nötig, steht der Berner Sennenhund parat. Einige Berner Sennenhunde können sich gegenüber Artgenossen dominant benehmen.

BEWEGUNG
Mit diesem Hund muß man sich häufig auf den Weg machen, denn er ist ganz wild auf Bewegung. So oft wie möglich sollte man ihn unangeleint rennen und spielen lassen. Man muß aber auch – speziell bei jungen Hunden – dafür sorgen, daß sie genügend

Ruhe und Schlaf bekommen, man sollte sie also (noch) nicht auf allzulange Wanderungen mitnehmen. Berner Sennenhunde sind gebietstreu – sie laufen nicht weg.

BESONDERHEITEN
Bei der Popularität dieser Rasse ist es empfehlenswert, einen Welpen nur über die entsprechende Rassenvereinigung zu kaufen.

Berner Sennenhund

Entlebucher Sennenhund

HERKUNFTSLAND
Schweiz

VERANLAGUNG/TYP
Früher unter anderem Treib- und Hofhund, heute Wach- und Familienhund.

GRÖSSE
Rüden weisen eine Schulterhöhe auf, die zwischen 44 und 50 cm liegt, Hündinnen zwischen 42 und 48 cm. Abweichungen von 2 cm nach oben und unten werden zugestanden.

FELL
Das Fell ist stockhaarig mit dichter Unterwolle, meist schwarz-lohfarben mit weißen oder rostroten Abzeichen. Kennzeichnend ist die Stummelrute.

PFLEGE
Während des Fellwechsels sollte man die losen Unterhaare mit einem Kamm mit zweireihigen Metallzinken auskämmen. Außerhalb dieser Zeit braucht der Hund nur wenig Fellpflege.

CHARAKTER
Lebendig, temperamentvoll, ausgeglichen, mutig, unbestechlich, guter Wachhund, aufgeweckt, intelligent und lernfreudig.

AUFZUCHT UND ERZIEHUNG
Der Entlebucher Sennenhund reagiert am besten auf eine besonnene und liebevolle Erziehung, wobei man aber trotzdem eine feste Hand haben und allzeit konsequent bleiben sollte. Man sollte schon die Prägungsphase nutzen, um dem Hund, der sehr schnell lernt, viele positive Erfahrungen mit anderen Tieren, Menschen und Situationen zu bieten. Auch wenn diese Hunde gerne draußen sind, so gehören sie nicht in einen Außenzwinger – sie brauchen Gesellschaft.

VERTRÄGLICHKEIT
Sein Besitzer kommt für den Entlebucher an allererster Stelle – eine Eigenschaft, die übrigens alle Schweizer Sennenhunde gemeinsam haben. Bei Fremden nehmen sie eine abwartende Haltung ein, Besucher werden in jedem Falle angekündigt. Entlebucher Sennenhunde sind anderen Hunden gegenüber freundlich, kommen sehr gut mit Kindern aus und verursachen mit Katzen und anderen Haustieren meist keine Probleme.

BEWEGUNG
Diese kleinsten aller Sennenhunde brauchen viel Bewegung, da sie bei allzu guter Fütterung zum Dickwerden neigen. Entlebucher sind sehr territorialbewußt und kennen die Grenzen ihres Bereiches, sie werden also nicht weglaufen. Dreimal täglich Gassi gehen ist aber in jedem Fall zu wenig für die agilen Hunde. Die Mitglieder dieser Rasse eignen sich gut für Sportarten wie Fly-ball und Behendigkeitsprüfungen.

Entlebucher Sennenhund

Großer Schweizer Sennenhund

Großer Schweizer Sennenhund

HERKUNFTSLAND
Schweiz

VERANLAGUNG/TYP
Früher unter anderem Treibhund, heute Wach- und Familienhund.

GRÖSSE
Rüden weisen eine Schulterhöhe von 63 bis 72 cm auf, bei Hündinnen liegt die Schulterhöhe zwischen 60 und 68 cm.

FELL
Das Fell ist stockhaarig mit dichter Unterwolle. Es ist immer schwarz, mit lohfarbenen und weißen Abzeichen.

PFLEGE
Der Große Schweizer Sennenhund ist relativ „pflegeleicht". Hin und wieder sollte man die losen, toten Haare mit einer Gummibürste entfernen.

CHARAKTER
Intelligent, freundlich, arbeitswillig, wachsam, vertrauenswürdig, unbestechlich, beschützend, harmonisch, sozial, gehorsam. Der Große Schweizer Sennenhund bellt nur, wenn es nötig ist.

AUFZUCHT UND ERZIEHUNG
Obwohl diese Hunde sehr anhänglich an ihren Herrn sind, eignen sie sich nicht als Hund für Jedermann. Die Großen Schweizer Sennenhunde verfügen über einen starken Charakter und brauchen daher einen Besitzer, der ihnen in diesen Belangen Paroli bieten kann.
Der Sennenhund braucht die Möglichkeit, harmonisch aufzuwachsen, zu lernen, was gut und was schlecht ist, um ein Band zu seinem Besitzer herzustellen. Mit einer überharten Erziehung würde man den friedliebenden Charakter dieser Hunde zerstören. Der junge Hund braucht alle Energie zum Aufbau von starken Knochen und Gelenken, man sollte ihn daher nicht zu sehr belasten und ihn – vor allem in dieser Phase – mit hochwertiger Nahrung versorgen.

VERTRÄGLICHKEIT
Große Schweizer Sennenhunde gehen gut mit anderen Hunden und anderen Haustieren um. Sie sind sehr große Kinderfreunde, man sollte allerdings im Gedächtnis behalten, daß sie „ihre" Kinder beschützen und eventuell gegen stichelnde Spielkameraden verteidigen wollen. Die Sennenhunde sind ausgezeichnete Wachhunde, die nicht nur ihren Besitzer, sondern auch das Haus mit Enthusiasmus verteidigen werden. Für den Zwinger sind die Hunde ungeeignet.

BEWEGUNG
Der Hund ist ein echtes „Arbeitstier": Er liebt es noch immer, Karren oder Schlitten zu ziehen – und seine Lieblingspassagiere sind Kinder. Der Große Schweizer Sennenhund ist ein attraktiver Ausstellungshund und verfügt über genügend Intelligenz (sie werden auch zu Schutzhunden ausgebildet), um bei Unterordnungs-Leistungsprüfungen und anderen Hundesportarten zu brillieren. Wenn man nur einmal pro Woche Zeit hat, mit dem Hund richtig etwas zu unternehmen, so paßt er sich allmählich an und ist dann auch zufrieden.

BESONDERHEITEN
Dieser stattliche, imposante Hund benötigt viel Raum. In einer Etagenwohnung oder einem zu kleinen Haus kann er sich nicht frei entfalten und wohlfühlen.

Großer Schweizer Sennenhund: Kopfstudie

3. Terrier

Hochbeinige Terrier

Airedale Terrier

Herkunftsland
England

Veranlagung/Typ
Ursprünglich Jagdhund (zur Jagd unter anderem auf Fischotter), heute Familienhund.

Grösse
Rüden sollten eine Schulterhöhe zwischen 58 und 62 cm erreichen, bei Hündinnen variiert die Höhe zwischen 56 und 58 cm.

Fell
Das Fell ist hart, drahtig, leicht gewellt und dicht, meist lohfarben mit einem schwarzen oder dunkelgrauen Sattel.

Pflege
Airedale Terrier müssen eigentlich nicht viel gebürstet oder gekämmt werden. Etwa zweimal pro Jahr muß das Fell allerdings getrimmt werden – „Showhunde“ haben eine intensivere Pflege nötig. Falls nötig sollte man auch überstehende Haare zwischen den Fußballen wegschneiden.

Charakter
Widerstandsfähig, mutig, treu, etwas eigensinnig, verspielt, wachsam, aktiv, intelligent und herzlich. Airedale Terrier bellen nur relativ wenig.

Aufzucht und Erziehung
Ein Airedale Terrier ist intelligent genug, um schnell mitzubekommen, was von ihm verlangt wird. Man sollte das Training so abwechslungsreich wie möglich gestalten – wenn der Hund immer nur das selbe Kommando bekommt, wird er schnell dickköpfig. Mit dem richtigen Training (oder auch Trainer) können Airedale Terrier an den verschiedensten Hundesportarten teilnehmen.

Verträglichkeit
Im allgemeinen gehen Airedale Terrier gut mit Katzen und anderen Haustieren um, Kindern sind sie außergewöhnlich geduldige Spielgefährten. Die Reaktionen auf andere Hunde hängen meist von deren Verhalten ab, normalerweise ist der Airedale relativ gleichgültig.

Staffordshire Bull Terrier

Airedale Terrier

Bewegung
Ein Airedale Terrier verfügt über ein mittleres Bewegungsbedürfnis. Dreimal täglich um den Block gehen und danach noch ein wenig spielen sind ausreichende Körperertüchtigungen. Die Hunde sind richtiggehend „wild“ auf Ballspiele, Schwimmen und Apportieren.
Sind sie ausgewachsen, können sie auch neben dem Fahrrad herlaufen.

Bedlington Terrier

Herkunftsland
England

Veranlagung/Typ
Ursprünglich Ungezieferbekämpfer und Jagdhund (u. a. für Hasen und Füchse), heute Familienhund.

Grösse
Die Schulterhöhe beträgt ungefähr 41 cm, Abweichungen von 2,5 cm nach oben und unten werden zugestanden.

Fell
Der Bedlington wird oft auch als „Wolf im Schafspelz“ bezeichnet. Sein Fell ist kräuselig, kurz, dicht und ein wenig abstehend. Bedlingtons können blau, blau mit braun, leberbraun oder sandfarben gefärbt sein. Am häufigsten kommt braunes Fell vor, Welpen werden mit schwarzem oder braunem Pelz geboren.

PFLEGE
Mit diesem Hund muß man mehrere Besuche pro Jahr im Hundesalon einplanen, damit das Fell mit der Schere in Form gebracht werden kann (es wird also nicht – wie bei anderen Terriern – getrimmt). Die Innenseite der Ohren muß von Haaren freigehalten werden, was man selbst machen, aber auch bei den Besuchen im Trimmsalon vornehmen lassen kann. Bedlingtons sollten nicht zu oft gewaschen werden, da ihr Fell davon glatt wird – was bei dieser Rasse nicht erwünscht ist. Ausstellungsexemplare brauchen logischerweise eine noch intensivere Fellpflege.

CHARAKTER
Mutig und zäh, intelligent, ruhig im Haus, ausgeglichen, lieb zu Kindern, verspielt, bellt wenig, treu, fröhlich und eigensinnig. Sie besitzen den Hang, sich an eine einzelne Person besonders stark zu binden.

AUFZUCHT UND ERZIEHUNG
Bedlingtons sind intelligent und schnell von Begriff, aber auch ein wenig eigensinnig. Sie reagieren gut auf die Stimme, ab und zu muß man sie aber vielleicht auch ausschimpfen.

Blauer Bedlington Terrier

Leberfarbener Bedlington Terrier: Kopfstudie

VERTRÄGLICHKEIT
Die Hunde gehen in der Regel gut mit Kindern um, an Katzen und andere Haustiere müssen sie von Jugend an gewöhnt werden.
Bedlingtons machen normalerweise keine Probleme mit anderen Hunden, aber man sollte sie nicht in die Nähe von dominanten Hunden kommen lassen, denn wenn erst einmal ein Streit begonnen hat, sind Bedlingtons furchtlose Kämpfer. Dieser typische „Terriermut" macht die Hunde auch zu guten Wächtern.

BEWEGUNG
Bedlington Terrier können unglaublich schnell laufen und sehr hoch springen – beides machen sie sehr gerne. Laufen neben dem Fahrrad ist also ein gutes Mittel, Energien abzubauen.

BESONDERHEITEN
Schon eine Etagenwohnung kann ein guter Lebensraum für diesen Hund sein, wenn er außer Haus genügend Bewegung bekommt.

Border Terrier

HERKUNFTSLAND
England

VERANLAGUNG/TYP
Jagdhund und Familienhund.

GRÖSSE
Die Schulterhöhe beträgt ungefähr 25 cm. Bei Rüden liegt das Gewicht zwischen 5,9 und 7,1 kg, bei Hündinnen sollte es zwischen 5,1 und 6,4 kg liegen.

FELL
Das Fell ist rauh und drahtig mit dichter Unterwolle. Rot bis Weizenfarben, Graumelange und Blaumelange sind als Farben zulässig.

PFLEGE
Mindestens einmal pro Woche sollte das Fell gut ausgekämmt und gebürstet werden. Abhängig von der Qualität sollte es ab und zu auch getrimmt – aber niemals geschnitten werden! Meist reicht Säubern im Bereich von Kopf, Hals und Pfoten vollkommen aus.

CHARAKTER
Zäh, mutig, ausgeglichen, dickköpfig, lebendig, sportlich und unbestechlich. Die Hunde können ei-

Border Terrier

niges vertragen und sind nicht wehleidig. Border Terrier sind sehr treu, geduldig mit Kindern und können sich gut anpassen.

AUFZUCHT UND ERZIEHUNG
Ein Border Terrier lernt relativ schnell, weshalb die Erziehung dieses Hundes keine allzu schwierige Aufgabe ist.

VERTRÄGLICHKEIT
Der Umgang des Border Terriers mit Kindern ist außerordentlich gut.
Damit der Hund später auch mit Artgenossen und anderen Haustieren zurechtkommt, sollte er frühzeitig sozialisiert werden.

BEWEGUNG
Der Border Terrier wurde einst gezüchtet, um dem Pferd folgen zu können. Ob er das über längere Strecken wirklich schafft, sei dahingestellt. Tatsache ist aber, daß die Hunde wirklich gerne im Freien rennen und spielen. Ein Border, der dreimal täglich um den Block gehen „darf" und ansonsten zu Hause sitzen muß, paßt sich dieser Situation zwar an, aber rechte Lebensfreude kommt sicher nicht bei ihm auf. Mehr Spaß macht ihm die Jagd in Fuchs- und Marderbauten.

Fox Terrier

HERKUNFTSLAND
England

VERANLAGUNG/TYP
Ursprünglich Ungezieferbekämpfer und Jagdhund (für Dachse und Füchse), heute Familienhund.

GRÖSSE
Ein Fox Terrier wiegt 7 bis 8 kg. Die Schulterhöhe von Rüden sollte nicht höher als 39 cm sein, Hündinnen sind etwas kleiner.

Drahthaar Fox Terrier

Kurzhaar Fox Terrier

FELL
Es gibt zwei Sorten Fox Terrier: Kurzhaar und Drahthaar Fox Terrier. Die kurzhaarigen Fox Terrier besitzen ein glattes, aber hartes und dichtes Fell, das keinesfalls dünn sein darf. Das Fell des Drahthaar Fox Terrier ist fest, hart und dicht, darf leicht gewellt, aber nicht gelockt oder weich sein. Letztere besitzen die typische „Garnitur" und sollten lange Pfotenbehaarung tragen. Beide Fellschläge sollen überwiegend weiß sein, lohfarbene oder schwarze Abzeichen sind erwünscht.

PFLEGE
Drahthaar Fox Terrier müssen mehrmals (meist viermal) pro Jahr von Hand getrimmt werden, daneben sollte das Fell mehrmals wöchentlich gebürstet werden. Wenn man diese Terrier auf Ausstellungen präsentieren möchte, ist natürlich eine noch weitaus intensivere Fellpflege notwendig. Die Ansprüche des Kurzhaar Fox an Haarpflege sind hingegen minimal. Speziell während des Fellwechsels ist eine Gummibürste empfehlenswert, um die toten Haare aus dem Fell entfernen zu können.

CHARAKTER
Sehr intelligent und schlau, abgehärtet, lebendig, fröhlich, wachsam, munter, gutherzig und selbstsicher.

AUFZUCHT UND ERZIEHUNG
Fox Terrier sind sehr intelligent und lernen schnell. Einige sind etwas eigensinnig, was aber zum Charakter eines Terriers gehört. Am erfolgreichsten ist konsequente Erziehung.

VERTRÄGLICHKEIT
Die Hunde dieser Rasse gehen hervorragend mit Kindern um. Einige Exemplare können sich etwas dominant gegenüber Artgenossen aufführen. Man sollte schon den jungen Fox Terrier an Katzen und andere Haustiere gewöhnen, damit er ihnen später nicht nachjagt. Fox Terrier sind wachsam und sollen bei Eindringlingen anschlagen, sie sind aber nicht unfreundlich gegenüber Fremden.

BEWEGUNG
Diese Hunde bersten vor Energie, sie sind also gerne in Bewegung. Für Schwimmen, Ballspiele oder Sportarten wie Behendigkeitsprüfungen und Fly-ball sind sie also leicht zu gewinnen. Wenn man selbst sportlich veranlagt ist, ist der Fox der ideale Partner.

Junger Kurzhaar Fox Terrier

Glen of Imaal Terrier

HERKUNFTSLAND
Irland

VERANLAGUNG/TYP
Diese Hunde wurden für verschiedenste Aufgaben genutzt, u.a. zur Fuchsjagd und als Ungezieferbekämpfer, heute dient er hauptsächlich als Familienhund.

GRÖSSE
Die Schulterhöhe sollte maximal 35,5 cm betragen, die Hunde sind trotz der geringen Größe sehr „forsch".

FELL
Der Glen of Imaal Terrier besitzt hartes, rauhes, drahtiges Deckhaar und eine weiche und dichte Unterwolle. Die Farben gehen von Dunkelgrau (Blau), bis Loh (Weizenfarbe). Das Fell kann auch gestromt oder rötlich sein.

Glen of Imaal Terrier

PFLEGE

Wenn man den Glen of Imaal als Haushund hält, sollte das Fell unter normalen Bedingungen zweimal im Jahr von Hand getrimmt werden. Das Fell von „Showhunden“ benötigt etwas mehr Aufwand. Überstehende Haare zwischen den Fußballen sollten genauso wie jene in den Gehörgängen abgeschnitten werden.

CHARAKTER

Ausgewogen und anhänglich, mutig und selbstlos, treu, intelligent, spät ausgewachsen, eigensinnig, verspielt, lebendig und ungestüm. Die Glen of Imaal sind in der Regel ruhige Hausbewohner und bellen wenig.

AUFZUCHT UND ERZIEHUNG

Bei der Erziehung dieser Hunde hat man es nicht mit unüberwindlichen Problemen zu tun. Sie sind intelligent und lernen gern, können aber auch dominant und eigensinnig sein. Am besten allzeit konsequent bleiben und die Übungen abwechslungsreich und spielerisch gestalten.

VERTRÄGLICHKEIT

Glen of Imaal Terrier gehen gut mit Kindern um. Rüden können sich bisweilen dominant gegenüber anderen Rüden zeigen. Mit Katzen und anderen Haustieren kommen sie gut zurecht, wenn sie schon von jung auf an sie gewöhnt worden sind. „Erwünschte“ Besucher werden gutgelaunt begrüßt, unerwünschte Fremde werden weniger freundlich empfangen. Die Hunde lassen ihre Stimme vernehmen, sobald sie eine Gefahr wahrnehmen.

BEWEGUNG

Der Hund paßt sich dem Bewegungsbedürfnis seines Besitzers an.

Irish Terrier

HERKUNFTSLAND

Irland

VERANLAGUNG/TYP

Jagdhund, Wach- und Familienhund.

GRÖSSE

Die Schulterhöhe variiert zwischen 46 und 50 cm, das Gewicht beträgt ungefähr 12 bis 14 kg.

FELL

Das Deckfell ist sehr hart, die Unterwolle weist eine etwas weichere und feinere Struktur auf. Gewünschte Farben: Gelb-Rot, leuchtend Rot oder rote Weizenfarbe; kleine weiße Abzeichen auf der Brust werden zugestanden.

PFLEGE

Je nach Beschaffenheit des Fells und abhängig von dem Vorhaben, den Hund auf Ausstellungen zu präsentieren, sollte das Fell mindestens zweimal im Jahr getrimmt werden. Überstehende Haare zwischen den Fußballen werden geschnitten, die Gehörgänge muß man freihalten.

CHARAKTER

Charaktervoll, loyal, beschützend, wachsam, verspielt, „Sinn für Humor“, intelligent, mutig bis übermütig, gefühlvoll, aktiv, sehr anhänglich. Die Hunde bekamen in ihrem Herkunftsland den vielsagenden Spitznamen „Daredevil“ (Teufelskerl).

AUFZUCHT UND ERZIEHUNG

Die Hunde brauchen eine sehr konsequente und feinfühlige Erziehung, da sie zwar wohlerzogen,

Irish Terrier

Irish Terrier: Kopfstudie

aber auch – ihrem Naturell entsprechend – unbekümmert und lebhaft sein sollten. Abwechslungsreiches Training wirkt meist gut, da es den Hund „bei Laune" hält.

VERTRÄGLICHKEIT
Diese charaktervollen Hunde erweisen sich in der Regel gegenüber anderen Hunden als recht angriffslustig. Schon früh müssen sie auch lernen, nicht hinter Katzen herzujagen. Die Terrier sind von Natur aus „Menschenfreunde", am liebsten haben sie Kinder – von ihnen können sie gar nicht genug bekommen. Hündinnen sind üblicherweise etwas ruhiger als Rüden. Der Irish Terrier hängt sehr an seinem Besitzer und empfindet es als Strafe, wenn er längere Zeit allein gelassen wird. Er verteidigt sein Terrain und „seine Menschen" und ist Fremden gegenüber dementsprechend mißtrauisch.

BEWEGUNG
Der Irish Terrier verfügt über einen großen Bewegungsdrang, er muß daher regelmäßig mit nach draußen genommen werden. Für Ballspiele ist er genauso leicht zu begeistern wie für Umhertoben in freier Natur, wo der Irish Terrier seinem Urinstinkt als „Abenteurer" nachkommen kann.

Soft-Coated Wheaten Terrier

Soft-Coated Wheaten Terrier

HERKUNFTSLAND
Irland

VERANLAGUNG/TYP
Jagd- und Familienhund.

GRÖSSE
Die Schulterhöhe liegt zwischen 46 und 48 cm, das Gewicht beträgt ungefähr 15 kg.

Soft-Coated Wheaten Terrier mit Welpen

FELL
Das Fell ist weich und seidig, leicht gewellt bis gelockt, als Farben kommen alle Schattierungen von heller Weizenfarbe bis Rotgold in Frage. Es dauert rund zweieinhalb Jahre, bis der Hund seine endgültige Fellstruktur und -farbe ausgebildet hat. Das Fell darf sich nicht „wollig" anfühlen.

PFLEGE
Moderne Austellungsexemplare werden gewöhnlich in Form getrimmt, wobei die „Garnitur" – also das Haar an den Pfoten, Hals, Brust und Bauch – länger gelassen wird.
Der ursprüngliche irische Standard rät allerdings von einem allzusehr „zurechtgemachten" Aussehen ab. Ein gepflegtes Exemplar verliert jedenfalls nur wenig Haare.

CHARAKTER
Fröhlich und extrovertiert, aktiv und verspielt, intelligent und lernwillig, besonders anhänglich an seinen Besitzer, ehrlich und ausgeglichen, ein wenig unabhängig, selbstsicher. Die Hunde bellen wenig.

AUFZUCHT UND ERZIEHUNG
Wie alle anderen Hunde, so muß auch ein Wheaten Terrier lernen, was er darf und was er nicht tun soll. Da die Hunde sehr intelligent sind, begreifen sie im allgemeinen äußerst schnell, was von ihnen verlangt wird. Die Terrier besitzen einen ehrlichen Charakter und sollten dementsprechend aufrichtig behandelt werden.

VERTRÄGLICHKEIT
Soft-Coated Wheaten Terrier sind normalerweise lieb zu Kindern und kommen auch mit anderen Hunden recht gut zurecht. Wenn sie in jungen Jah-

ren richtig sozialisiert werden, gibt es auch mit Katzen normalerweise keine Probleme.

BEWEGUNG
Wheaten Terrier sind aktive Hunde, die im Haus ruhig sind, wenn sie genügend Auslauf im Freien bekommen, wo sie sich nach Herzenslust austoben können. Die Hunde sind außerordentlich gut für verschiedenste Hundesportarten geeignet, z. B. Behendigkeitsprüfungen oder Fly-ball. Wenn die Übungen allerdings nicht abwechslungsreich genug gestaltet werden, verlieren die Terrier schnell ihren Enthusiasmus.

Kerry Blue Terrier

Kerry Blue Terrier

HERKUNFTSLAND
Irland

VERANLAGUNG/TYP
Wach- und Familienhund.

GRÖSSE
Die Schulterhöhe variiert zwischen 45 und 48 cm, das Gewicht zwischen 14 und 18 kg.

FELL
Die Kerry Blue Terrier besitzen ein weiches, üppiges und gekräuseltes Fell ohne Unterwolle. Die Färbung ist hell- oder dunkelblau. Welpen werden schwarz geboren, die blaue Farbe erscheint nach etwa eineinhalb Jahren.

PFLEGE
Des Fell des Kerry Blue Terriers wird gewöhnlich mit Schere und Schneidemaschine zurechtgemacht. Darüberhinaus braucht es hin und wieder Bürsten oder Kammpflege. Für Ausstellungsexemplare ist eine intensivere Fellpflege notwendig. Ein großer Vorteil der Kerry Blue Terriers liegt darin, daß die Hunde nicht haaren.

CHARAKTER
Der Hund ist intelligent, hat ein sehr gutes Gedächtnis, ist lebendig, selbstsicher und stürmisch, wachsam und mutig und sehr anhänglich an seinen Besitzer. Darüberhinaus können diese Terrier aber auch dickköpfig und eigensinnig sein und sich gegen andere Hunde recht rauflustig aufführen. Die Kerry Blue bellen relativ viel.

AUFZUCHT UND ERZIEHUNG
Da der Hund aktiv, selbstsicher und dickköpfig ist, hat er einen ebenso selbstbewußten Besitzer nötig. Der Kerry Blue ist also kein Hund für Anfänger. Auf der Straße gerät er schnell in Scharmützel mit anderen Hunden, was man nicht tolerieren sollte, auch wenn es zu den Wesenszügen dieser Hunde gehören mag. Der Kerry Blue besitzt gute Anlagen für Hundesportarten wie Fly-ball oder Behendigkeit. Der Hund muß diese Spiele jedoch als Herausforderung akzeptieren, und es muß für genügend Abwechslung gesorgt werden, denn sonst kommt wieder die Dickköpfigkeit zum Vorschein.

Kerry Blue Terrier

VERTRÄGLICHKEIT
Diese Terrier sind lieb zu Kindern und hängen sehr an ihrem Besitzer. Man sollte den Hund gegebenenfalls schon in seiner Jugend mit Katzen oder anderen Haustieren vertraut machen, damit er später nicht seinen Jagdinstinkt an ihnen auslebt. Einige Exemplare finden sich ungern mit anderen Hunden zurecht, andere schätzen diese Gesellschaft richtiggehend. Beide Verhaltensweisen hängen natürlich mit dem Grad der Sozialisation des Hundes zusammen.

BEWEGUNG
Der Kerry Blue begleitet seinen Besitzer gern auf ausgedehnte Wanderungen. Der Hund gilt auch als der einzige Terrier, der es im tiefen Wasser selbst mit einem Otter aufnehmen würde – Schwimmen macht ihm also offenbar auch Spaß.

BESONDERHEITEN
Das weiche, wellige Haarkleid unterscheidet die Rasse der Kerry Blue von allen anderen Terriern. In seinem Ursprungsland Irland verlangt man, daß der Kerry ungetrimmt, also im natürlichen Fellzustand, präsentiert wird, in anderen Ländern wird die bereits beschriebene Trimmung bevorzugt.

Lakeland Terrier

Lakeland Terrier

HERKUNFTSLAND
England

VERANLAGUNG/TYP
Jagdhund (unter anderem zur Jagd auf Füchse) und Familienhund.

GRÖSSE
Die Schulterhöhe sollte 37 cm nicht übersteigen, das Gewicht liegt bei rund 7 kg.

FELL
Das Fell ist dicht, hart und wasserabstoßend, die typischen Farben sind Schwarz-Loh, Blau-Loh, Rotgrau, Rot, Rotmelange, Leberbraun, Blau oder Schwarz.

PFLEGE
Ein Lakeland Terrier muß zwei- bis dreimal im Jahr von Hand getrimmt werden. Darüberhinaus müssen regelmäßig Haare aus den Gehörgängen entfernt werden, auch überflüssige Haare zwischen den Fußballen sollten abgeschnitten werden. Das Fell von „Showhunden“ benötigt eine intensivere Pflege.

CHARAKTER
Sportlich, intelligent, anhänglich, guter Wachhund, selbstsicher, lieb zu Kindern, lebendig und fröhlich.

AUFZUCHT UND ERZIEHUNG
Dieser sportbegeisterte Hund lernt relativ gemächlich. Man sollte die Übungen abwechslungsreich halten, denn was dem Hund Spaß macht, wird er auch schneller begreifen.

VERTRÄGLICHKEIT
Lakeland Terrier gehen gut mit Kindern um, das Gleiche gilt eigentlich auch für den Kontakt zu anderen Hunden – eine Eigenschaft, die innerhalb der Terrier-Gruppe genaugenommen ungewöhnlich ist. Gegenüber Fremden geben sie sich reserviert, es nimmt aber im allgemeinen keine extremen Formen an. Man sollte sie schon in der Jugend mit Katzen vertraut machen, damit sie ihnen später nicht nachjagen.

Lakeland Terrier

BEWEGUNG
Ein Lakeland Terrier kann auch in einer Etagenwohnung gehalten werden, er muß dann natürlich genügend Bewegungsmöglichkeiten im Freien geboten bekommen. Oft sollte man diese Terrier auch ohne Leine rennen und spielen lassen, damit sie sich so richtig austoben können

Manchester Terrier: Kopfstudie

Manchester Terrier

HERKUNFTSLAND
England

VERANLAGUNG/TYP
„Rattenfänger" und Familienhund.

GRÖSSE
Für Rüden gilt eine Höhe von 40 cm, für Hündinnen 38 cm als ideal.

FELL
Das Fell ist kurz, glatt anliegend und glänzend. Die häufigste Farbe ist Schwarz mit Mahagonibraun (Schwarz-Loh, „Black and Tan").

PFLEGE
Ein Manchester Terrier braucht nur relativ wenig Pflege. Mit einer Gummibürste kann man das Fell, das auch für seinen zweiten Namen, Black and Tan Terrier, verantwortlich ist, schön zum Glänzen bringen.
Die Gehörgänge müssen gepflegt und die Krallen kurz gehalten werden.

CHARAKTER
Aufgeweckt, sehr intelligent und verständig, lernwillig, beweglich und sportlich, aufmerksam und wachsam, ausgeglichen, bellt nur bei Gefahren, sehr anhänglich.

AUFZUCHT UND ERZIEHUNG
Diese Hunde machen ihrem Besitzer viel Freude und lernen erstaunlich schnell. Die Rasse gibt daher nicht nur bei Behendigkeitssportarten, sondern auch bei Gehorsamkeitsprüfungen eine gute Figur ab.

VERTRÄGLICHKEIT
Einige Hunde können sich gegenüber Artgenossen recht dominant aufführen, mit Kindern kommen sie aber eigentlich immer hervorragend aus. Es ist ratsam, die Hunde frühzeitig an Katzen oder andere Haustiere zu gewöhnen. Manchester Terrier sind hervorragende Wachhunde, sie greifen beherzt ein, sobald „Not am Mann" ist. Darüberhinaus sind sie gute Ratten- und Maulwurffänger.

BEWEGUNG
Der Manchester Terrier braucht recht viel Auslauf. Man sollte also möglichst täglich mit ihm ausgedehnte Spaziergänge unternehmen und ihn auch unangeleint rennen und spielen lassen. Ein Manchester kann enorm schnell laufen, und er hält das Tempo auch eine ganze Weile durch, kann also auch neben dem Rad laufen.

Manchester Terrier

Parson Jack Russell Terrier

HERKUNFTSLAND
England

VERANLAGUNG/TYP
Jagdhund und Familienhund.

GRÖSSE
Zwei Größengruppen: die eine von 23 bis 30,5 cm und die zweite von 30,5 bis 38 cm.

Glatthaariger Jack Russell Terrier

FELL
Es gibt glatthaarige und rauhhaarige Jack Russell Terrier. Beide Felltypen sollten steif, geschlossen und dicht wirken. Im allgemeinen sind die Hunde weiß oder überwiegend weiß, mit dreifarbigen, schwarzen oder braunen Abzeichen, die meist auf Kopf und Schwanzwurzel zu finden sind. Gestromt ist nicht zulässig.

PFLEGE
Es macht wenig Mühe, den Jack Russell Terrier zu versorgen. Während des Fellwechsels sollten die losen Haare mit einer Gummibürste aus dem Fell entfernt werden. Die rauhhaarige, mit recht kurzem Drahthaar versehene Varietät muß hin und wieder getrimmt werden.

CHARAKTER
Sehr aktiv, intelligent und aufgeweckt, wachsam, keck und unternehmungslustig, selbstlos, mutig bis übermütig, viel Selbstvertrauen, selbständig.

Rauhhaariger Jack Russell Terrier

AUFZUCHT UND ERZIEHUNG
Diese Hunde können sehr schnell lernen, zeigen aber auch einen großen Eigensinn. Man läßt sich allzuleicht durch ihre „Unschuldsmiene" davon überzeugen, daß sie nichts Böses getan hätten – muß aber dennoch konsequent bleiben.

VERTRÄGLICHKEIT
Im allgemeinen sind die Hunde dieser Rasse unkomplizierte und soziale Tiere. Sie gehen gut mit anderen Haustieren um und spielen unglaublich gern mit Kindern. Ein gut sozialisierter Hund sollte auch mit der Katze des Hauses auskommen. Oft verstehen sie allerdings die natürlichen Fluchtreflexe der Katze falsch und können dann der Verfolgung nicht widerstehen – sie sind und bleiben eben Jagdhunde. Rüden können in Gegenwart größerer Hunde leicht ein wenig übermütig werden. Besucher werden allzeit freundlich begrüßt.

BEWEGUNG
Die Hunde verfügen über eine enorme Energie, man muß also dafür sorgen, daß sie diese Energie auf „ungefährliche" Weise abbauen können. Dreimal am Tag um den Block zu gehen reicht da verständlicherweise nicht aus. Ein Jack Russell Terrier möchte am liebsten den ganzen Tag rennen und toben, und selbst dann scheint er noch nicht richtig müde zu sein. Auf einem Bauernhof fühlen sie sich am wohlsten, dort können sie sich dann auch als Rattenjäger nützlich machen. Die Hunde sind sehr geschickt bei Behendigkeitsprüfungen.

Welsh Terrier

HERKUNFTSLAND
Wales

VERANLAGUNG/TYP
Jagdhund und Familienhund.

GRÖSSE
Ein Welsh Terrier wiegt ungefähr 9 bis 9,5 kg und darf eine Schulterhöhe von maximal 39 cm erreichen.

FELL
Das Fell ist drahtig, hart und sehr dicht. Die typische Farbkombination dieser Hunde ist schwarzlohfarben.

PFLEGE
Ein Welsh Terrier muß – abhängig von der Qualität seines Fells – etwa zweimal pro Jahr getrimmt werden. Zusätzlich sollte das Fell mehrere Male in der Woche gekämmt und gebürstet werden. Das Fell von Hunden, die an Ausstellungswettkämpfen teil-

Welsh Terrier

nehmen sollen, braucht natürlich deutlich mehr Pflege. Die längeren Haare an den Pfoten und unter dem Bauch geben dem Welsh Terrier zusammen mit der „Garnitur“ das typische Aussehen.

CHARAKTER
Aufmerksam, aktiv, fröhlich, unkompliziert, anhänglich, intelligent, gegenüber anderen Hunden oftmals etwas dominant, mutig und gehorsam. Die Welsh Terrier hängen sich sehr stark an ihren Besitzer und dessen Familie, gegenüber Fremden wahren sie allerdings eher Zurückhaltung.

AUFZUCHT UND ERZIEHUNG
Der Welsh Terrier ist klug genug, um schnell verstehen zu können, was von ihm verlangt wird. Dieselbe Klugheit kann er aber auch benutzen, um den Garten zu „bearbeiten“. Der Hund braucht abwechslungsreiches Training und Konsequenz.

Welsh Terrier

VERTRÄGLICHKEIT
Bei Menschen, die er nicht kennt, gibt sich der Welsh Terrier sehr zurückhaltend. Mit Kindern ist er im allgemeinen sehr geduldig, er kann auch einiges vertragen. Er sollte schon in seiner Jugend mit anderen Haustieren vertraut gemacht werden, dann verzichtet er in späteren Jahren darauf, seine Hausgenossen durch die Wohnung zu jagen.

BEWEGUNG
Ein Welsh Terrier ist unglaublich neugierig und vor allem absolut unermüdlich. Für Ballspiele im Garten ist er jederzeit genauso zu haben wie für Rennen und Herumtoben ohne Leine in freier Natur. Dennoch paßt er sich auch beengteren Gegebenheiten ohne große Probleme an.

Kurzbeinige Terrier

Australischer Terrier

HERKUNFTSLAND
Australien

VERANLAGUNG/TYP
Jagdhund und Familienhund.

GRÖSSE
Die Schulterhöhe beträgt ungefähr 25 cm, das Gewicht rangiert zwischen 5,5 und 6,5 kg.

FELL
Die Behaarung ist gerade, hart und nicht sonderlich lang (ca. 6 cm). Der Hund besitzt einen blauen Rumpf und dunkellohfarbene Schnauze und Pfoten. Der Schopf kann blau oder silbern, sandfarben oder rötlich sein.

Australischer Terrier: Kopfstudie

Pflege
Ein Australischer Terrier muß durchschnittlich einmal in drei Monaten getrimmt werden. Dazwischen sollte das Fell einmal wöchentlich gründlich durchgebürstet werden, dabei sollte man auch die Haare aus den Gehörgängen entfernen. Festes, drahtiges Haar wird bevorzugt, es ist daher nicht gut, den Hund allzuoft zu waschen, da das Fell dadurch ausgelaugt werden würde.
Ein gut gepflegter Australischer Terrier haart kaum.

Charakter
Wachsam und mutig, aufmerksam, lebendig und selbstsicher, große Anpassungsfähigkeit, intelligent, verspielt, unabhängig und ein wenig eigensinnig. Die Hunde sind gute Ungezieferbekämpfer und bellen gern.

Aufzucht und Erziehung
Der Australische Terrier muß strikt erzogen werden, da die kleinen, selbstsicheren Burschen sonst zu „Freibeutern" werden und ihre eigenen Ideen verfolgen. Sie lernen aber schnell.

Australischer Terrier

Verträglichkeit
Wenn er von Kindern nicht zu sehr geneckt wird, ist er ein prima Spielkamerad. Fremde akzeptieren die Australischen Terrier dagegen nicht so schnell – sie bleiben argwöhnisch. Besucher werden dann auch dementsprechend lautstark angekündigt. Schon in der Jugend sollte ein Australischer Terrier an Katzen gewöhnt werden, damit die Tiere später ohne Konflikte zusammenleben können.

Bewegung
Der Australische Terrier verfügt über ein enormes Anpassungsvermögen, dennoch findet er es natürlich toll herumzutoben.

Cairn Terrier

Herkunftsland
Schottland

Cairn Terrier

Veranlagung/Typ
Ungezieferbekämpfer, Jagd- und Familienhund.

Grösse
Cairn Terrier erreichen eine Höhe von 28 bis 31 cm. Die Schulterhöhe muß aber immer in Verhältnis zum Gewicht stehen, das zwischen 6 und 7,5 kg variiert.

Fell
Cairn Terrier verfügen über ein doppeltes Fell, wobei das Deckfell hart und drahtig, die Unterwolle weich, dicht und kurz ist. Die Haare sollen nicht gekräuselt sein. Zugestandene Farbschläge sind Grau, Weizenfarbe, Cremerot oder fast Schwarz, mit dunklen Abzeichen an Ohren und Fang – eigentlich ist aber jede Farbe außer Weiß gerne gesehen.

Pflege
Das zottige Haarkleid macht zwar einen etwas zerzausten Eindruck, dennoch muß es regelmäßig gebürstet und gekämmt werden. Je nach Qualität des Fells muß es außerdem rund zweimal pro Jahr von Hand getrimmt werden, was man im Trimmsalon vornehmen lassen, aber auch selbst lernen kann. Überflüssige Haare müssen aus den Gehörgängen entfernt werden. Trotz aller Pflege sollen die Cairn Terrier aber ihr ursprüngliches Äußeres behalten (das Rassenspezialisten einmal als „wie ein Straßenbesen" umschrieben haben); sie werden also auch für Ausstellungen nicht allzusehr „gestylt". Meist wird für die Ausstellungspräsentation das sogenannte „tidying up" empfohlen, also ein gründliches Säubern des Fells. Dadurch sind die Hunde zwar gepflegt, behalten aber ansonsten ihr gewohnt zerzaustes Äußeres.

CHARAKTER
Intelligent, mutig, fröhlich, lebendig, verspielt und gesellig, selbstlos, unkompliziert, anhänglich und lernwillig, aufmerksam und wachsam.

AUFZUCHT UND ERZIEHUNG
Der Hund muß schon früh erlernen, mit Katzen und anderen Haustieren umzugehen, damit er sie später nicht ständig umherjagt. Welpen spielen sehr gerne „Tauziehen", wobei sie die Dinge schon recht fest anpacken können. Man sollte sie daher – wenn das Spiel beendet werden soll – an das Kommando „aus" gewöhnen. Man sollte nämlich daran denken, daß die Schäden, die sie bei einem solchen Spiel an Einrichtungsgegenständen anrichten können, später bei ausgewachsenen Hunden doch ganz beachtlich ausfallen können.

VERTRÄGLICHKEIT
Cairn Terrier sind gute Spielgefährten für Kinder, da sie sehr robust sind und auch einen gewissen „Sinn für Humor" besitzen.
Im allgemeinen kommen sie auch gut mit anderen Hunden aus, einige Exemplare sind aber doch etwas rauflustig. Da die Hunde ursprünglich dafür gezüchtet worden sind, um in den Steinwällen („cairns") Schottlands nach Ungeziefer zu stöbern, ist die dafür notwendige Tapferkeit bis heute erhalten geblieben. Cairn Terrier schlagen an, sobald sie eine Gefahr vermuten.

BEWEGUNG
Die Hunde bersten vor Energie, sie brauchen dementsprechend viel Raum und Zeit zum Rennen und Spielen. Bei einer sportbegeisterten Familie sind sie also genau an der richtigen Adresse. Ihre Terriernatur „zwingt" sie geradezu zum Graben, sie machen dabei aber leider keinen Unterschied zwischen einem Fuchsbau und einem Blumenbeet.

Cairn Terrier

Český oder Böhmischer Terrier

Český Terrier oder Böhmischer Terrier

HERKUNFTSLAND
Tschechien/Slowenien

VERANLAGUNG/TYP
Jagd- und Familienhund.

GRÖSSE
Die Schulterhöhe liegt zwischen 27 und 35 cm, das Gewicht beträgt 6 bis 9 kg.

FELL
Das Fell besteht aus dichtem und glänzendem Haar. Die häufigste Farbe ist Blau-Grau (in verschiedenen Nuancen, schwarz geboren); helles Kaffeebraun (braun geboren) ist sehr selten.
Beiden Farbschlägen werden weiße Abzeichen zugestanden.

PFLEGE
Ein Český Terrier muß regelmäßig geschoren werden, wobei das Fell unter dem Bauch und an den Pfoten sowie die „Garnitur" (Schnauzbart, Backenbart und Augenbrauen) lang gelassen werden. Hält man den Český als reinen Haushund, muß er etwa viermal pro Jahr in den Salon, „Showhunde" brauchen noch intensivere Fellpflege. Besonders die längeren Haare müssen – abhängig von der Fellqualität – zweimal pro Woche gebürstet und gekämmt werden, damit sich keine Kletten ausbilden können. Überstehende Haare zwischen den Fußballen sowie Haare in den Gehörgängen müssen abgeschnitten werden.

CHARAKTER
„Humorvoll", anhänglich, großes Anpassungsvermögen, kräftig und gutherzig, drahtig, dennoch ruhig, intelligent und sozial.

AUFZUCHT UND ERZIEHUNG
Die Erziehung dieser problemlosen, gehorsamen

Český Terrier oder Böhmischer Terrier

Hunde stellt keine allzu hohen Ansprüche an den Besitzer. Man sollte den Welpen schon früh mit anderen Menschen, Tieren und Situationen bekanntmachen, damit er ausgeglichen aufwachsen kann.

VERTRÄGLICHKEIT
Seine sozialen Anlagen sind gut entwickelt, er kommt ausnehmend gut mit Artgenossen und anderen Haustieren aus. Darüberhinaus ist er sehr lieb zu Kindern, lediglich Fremden gegenüber nimmt der Český eine abwartende Haltung ein.

BEWEGUNG
Český Terrier verfügen über ein mittleres Bewegungsbedürfnis. Sie toben und spielen gern und finden Wandertouren in Wäldern oder Wiesen mit ihrem Herrn großartig.

BESONDERHEITEN
Český Terrier werden normalerweise schwarz (bzw. seltener braun) geboren, das Fell hellt sich aber mit der Zeit auf. Üblicherweise zeigt sich die endgültige Farbe im Alter von zwei Jahren.

Dandie Dinmont Terrier

HERKUNFTSLAND
England

VERANLAGUNG/TYP
Jagdhund und Familienhund.

Dandie Dinmont Terrier

Grösse
Die Terrier erreichen ein Gewicht von 8 bis 11 kg, die Schulterhöhe beträgt 20 bis 28 cm. Der Standard verlangt Körperproportionen, bei denen die Länge 2,5 cm kürzer als die zweifache Schulterhöhe ausfällt.

Fell
Die Hunde besitzen ein doppeltes Fell: Die Unterwolle ist weich, das Deckfell hart. Dandie Dinmonts kommen in Pfefferfarbe (Schattierungen von Blauschwarz bis Silbergrau) und Senffarbe (Schattierungen von Rotbraun bis Blaßfalb) vor.

Pflege
Dandie Dinmonts müssen regelmäßig gebürstet werden. Darüberhinaus ist zweimal jährlich ein Besuch im Trimmsalon notwendig. Ausstellungsexemplare haben wie immer eine deutlich zeitaufwendigere Fellpflege nötig.

Charakter
Aufgeweckt, ruhig, seinem Besitzer und dessen Familie zugetan, ausgewogen und abgeklärt, intelligent und beharrlich, oft auch sehr „gefühlvoll".

Aufzucht und Erziehung
Die Erziehung der Dandie Dinmont Terrier ist nicht besonders aufwendig; man sollte aber immer im Auge behalten, daß die Hunde bisweilen etwas dickköpfig sein können.

Verträglichkeit
Die Hunde dieser Rasse sind äußerst soziale Tiere. Artgenossen lassen sie in der Regel „links liegen", auch in der Gegenwart von Katzen und anderen Haustieren benehmen sie sich vorbildlich, wenn sie bereits in der Jugend an diese Tiere gewöhnt worden sind. Kindern gegenüber sind Dandie Dinmonts im allgemeinen liebevoll, Besuchern gegenüber zeigen sie sich recht gleichgültig.

Bewegung
Dandie Dinmonts verfügen über einen mittleren Bewegungsdrang, sie passen sich aber auch gut an ihren Besitzer an.

Norwich Terrier

Dandie Dinmont Terrier

Norfolk Terrier und Norwich Terrier

HERKUNFTSLAND
England

VERANLAGUNG/TYP
Anfänglich Erdhund (trieb Wild aus Erdbauten), heute Familienhund.

GRÖSSE
Die Schulterhöhe liegt bei 25 cm, sowohl Norfolk Terrier als auch Norwich Terrier wiegen ungefähr 4 kg.

Norwich Terrier

FELL
Das Fell beider Rassen ist hart und drahtig. Auf Kopf und Ohren ist es etwas kürzer, an Hals, Bauch und Schultern länger. Es kommt in allen Rotschattierungen, sowie in Weizenfarbe, Schwarz mit Rostbraun und Grau vor. Kleine weiße Flächen werden zugestanden, sind aber nicht unbedingt gern gesehen.

PFLEGE
Das Fell muß regelmäßig gekämmt und gebürstet sowie überstehende und alte Haare entfernt werden. Das kann man selbst machen oder einem Trimmsalon überlassen. Normalerweise sollten zweimal pro Jahr – je nach Fellqualität – ausreichend sein. Überstehende Haare zwischen den Fußballen müssen abgeschnitten werden.

CHARAKTER
Fröhlich und lebendig, intelligent, freundlich, mutig und keck, schlau, unternehmungslustig, unkompliziert, verspielt, eigensinnig.

AUFZUCHT UND ERZIEHUNG
Sowohl Norfolk Terrier als auch Norwich Terrier sind schnelle Lerner, meist gehorsam, aber dennoch manchmal „kleine Nichtsnutze".

Norfolk Terrier

VERTRÄGLICHKEIT
Für einen Terrier sind diese Hunde relativ „gemächlich" im Umgang mit anderen Hunden, auch mit Kindern gibt es eigentlich nie Probleme. Besucher werden zunächst lautstark angekündigt, danach sollte das Eis aber schnell brechen.

BEWEGUNG
Die Hunde passen sich den Umständen an. Meist können sie den „Verlockungen", im Garten zu graben, nicht widerstehen.

BESONDERHEITEN
Der wichtigste Unterschied zwischen beiden Rassen: Der Norwich hat gespitzte Ohren, wodurch der Kopf fuchsähnlich wirkt; der Norfolk besitzt hängende Ohren.

Scottish Terrier

HERKUNFTSLAND
Schottland

VERANLAGUNG/TYP
Jagdhund (u. a. zur Jagd auf Füchse und Kaninchen), Familienhund.

GRÖSSE
Die Schulterhöhe variiert zwischen 25 und 28 cm, das Gewicht zwischen 8,5 und 10,5 kg.

FELL
Das Fell ist hart und drahtig, die „Scotties" werden in Schwarz, gestromt in Weizenfarbe und Grau gezüchtet.

Zwei Scottish Terrier

PFLEGE
Das Fell muß rund zweimal pro Jahr von fachkundiger Hand getrimmt werden, die Fellbereiche an Brust, Pfoten und Kopf werden in der Regel mit der Schere zurechtgemacht. Darüberhinaus muß das Fell natürlich regelmäßig gekämmt und gebürstet werden.
„Showhunde“ brauchen meist ein wenig mehr und intensivere Pflege ihrer Haarpracht.

CHARAKTER
„Scotties“ sind ehrlich und anspruchslos, sehr anhänglich an „ihre Familie“, wachsam, drahtig und etwas eigensinnig. Die Hunde graben gern.

AUFZUCHT UND ERZIEHUNG
Selbst für einen geradlinigen und konsequenten Menschen ist es kaum möglich, diese „Aristokraten“ zu erziehen. Trotz ihrer Treue sind sie freie und selbständige Hunde – alle Erziehung sollte auf gegenseitigem Respekt basieren.

VERTRÄGLICHKEIT
Grundsätzlich gehen Scottish Terrier gut mit anderen Haustieren und Artgenossen um.
Wenn Kinder den Hund nicht als „Spielzeug“ sehen, ihm also seine Würde lassen, werden beide Seiten in Harmonie miteinander leben. Alles ist wie üblich abhängig davon, wie gut der Welpe sozialisiert worden ist.

BEWEGUNG
„Scotties“ passen sich den Umständen gut an.

Sealyham Terrier

Sealyham Terrier

HERKUNFTSLAND
Wales

VERANLAGUNG/TYP
Jagdhund und Gesellschaftshund.

GRÖSSE
Die maximale Schulterhöhe liegt bei 31 cm; Rüden wiegen etwa 9 kg, Hündinnen etwas weniger.

FELL
Das lange, harte und drahtige Deckhaar bekleidet eine wetterfeste Unterwolle. Als Farben kommen Reinweiß sowie Weiß mit gelben, braunen, blauen oder dachsfarbenen Abzeichen an Kopf und/oder Ohren vor.

PFLEGE
Das Fell sollte regelmäßig gut durchgekämmt und der Hund ungefähr zweimal pro Jahr in den Hundesalon zum Trimmen gebracht werden. Bei selteneren Rassen wie dem Sealyham kann dabei die Suche nach einem Salon, der in fachkundiger Weise trimmen kann, schwierig werden.

Sealyham Terrier

CHARAKTER
Ausgeglichen, mutig, selbstlos, außen aktiv, im Haus ruhig; bellen nur, wenn sie Gefahr verspüren; sind bis ins hohe Alter sehr verspielt, aber etwas eigensinnig. Sealyham Terrier sind ausgesprochen treu.

AUFZUCHT UND ERZIEHUNG
Der Sealyham Terrier ist ein intelligenter und lernwilliger Hund, allerdings wird er hie und da versuchen, seine Erziehung zu „unterminieren“. Feste, faire Unterweisung ist der beste Weg, um Schwierigkeiten zu vermeiden.

VERTRÄGLICHKEIT
Der Sealyham kommt relativ gut mit anderen Hunden zurecht. Für ein gutes Harmonieren mit Katzen und anderen Haustieren sollte er die zukünftigen Hausgenossen schon in frühester Jugend kennenlernen.
Wenn er als Welpe bereits gute Erfahrungen mit Kindern gemacht hat, wird es auch bei ausgewachsenen Hunden keine Probleme geben.
Auf Besucher reagiert er freundlich bis abwartend, wie üblich sind die Reaktionen abhängig von der Sozialisierung.

BEWEGUNG
Die Hunde verfügen über einen mittleren Bewegungsdrang und passen sich in der Regel den Gegebenheiten an. Das bedeutet aber nicht, daß ein Sealyham nicht gerne draußen ist, am meisten mag er den Wald. Die Hunde lieben es, im Boden zu wühlen – das sollte man immer in Erinnerung behalten, wenn man sie in die Nähe der sorgsam angelegten Blumenbeete läßt. Die meisten Sealyhams schätzen auch Autofahrten.

Skye Terrier

HERKUNFTSLAND
England

VERANLAGUNG/TYP
Ursprünglich Jagdhund (Fuchs-, Dachs- und Otterjagd), heute Familienhund.

Skye Terrier

Grösse
Die Schulterhöhe beträgt 21 bis 25 cm, die Länge von der Nasenspitze bis zur Spitze des Schwanzes kann mehr als einen Meter betragen; Hündinnen sind etwas kleiner.

Fell
Skye Terrier besitzen ein doppeltes Fell. Das Deckfell ist lang, hart und gerade (ohne Locken), die Unterwolle ist kurz, dicht und flauschig. Die Hunde können schwarz oder grau sein, auch falb- und cremefarbene Exemplare (mit dunklen Abzeichen) kommen vor.

Pflege
Skye Terrier sind relativ „pflegeleicht“, auch wenn die Länge des Fells möglicherweise etwas anderes hätte vermuten lassen. Einmal pro Woche gut durchbürsten ist genug, um das Fell in gutem Zustand zu halten. Die Haare müssen mitten auf dem Rücken von einem Scheitel gleichmäßig auf beide

Skye Terrier

Seiten des Körpers fallen. Lose Haare sind zu entfernen. Gehörgänge und Fußballen brauchen die entsprechende Pflege.

Charakter
Anhänglich, ruhig, würdevoll, mutig, guter Wachhund, charaktervoll. Der Skye Terrier verhält sich Fremden gegenüber etwas reserviert, „seiner eigenen Familie“ ist er aber ein ausgesprochen treuer Freund. Einige Exemplare neigen dazu, sich zum „Einpersonenhund“ zu entwickeln.

Aufzucht und Erziehung
Die Aufzucht muß mit gebührendem Respekt vorgenommen werden, man sollte also ehrlich und konsequent bleiben, dem Hund aber auch Raum für Eigeninitiative lassen.

Verträglichkeit
Die meisten Exemplare dieser Rasse gehen gut mit Artgenossen und anderen Haustieren um – wie üblich abhängig von der einwandfreien Sozialisierung des Hundes. Auch mit Kindern kommen sie gut zurecht, solange sie nicht zu sehr gepiesackt werden. Einige Rüden können sich bisweilen dominant gegenüber anderen Hunden verhalten.

Bewegung
Der Skye Terrier sollte viel Bewegung bekommen. Er geht gerne mit seinem Besitzer (angeleint) in Feld und Wald auf ausgedehnte Märsche. Sollte man einmal weniger Zeit für solche Wanderungen haben, wird sich der Skye Terrier problemlos anpassen und sich auch einmal mit weniger Auslauf zufriedengeben.

Besonderheiten
Skye Terrier können sehr alt werden, 14 oder 15 Jahre alte Tiere sind keine Besonderheit. Es gibt außerdem eine Varietät mit hängenden Ohren, die allerdings recht selten vorkommt.

West Highland White Terrier

Herkunftsland
Schottland

Veranlagung/Typ
Familienhund

Grösse
Ein West Highland White Terrier ist ungefähr 28 cm groß und wiegt um 7,5 kg.

Fell
„Westies“ besitzen ein doppeltes Fell: Das Deckfell ist rauh, hart und ohne Locken, die Unterwolle ist weich und kurz. Die Hunde sind immer weiß, die

West Highland White Terrier

Augen sowie Fußsohlen, Krallen, Lippen und Nase sind dunkler pigmentiert.

PFLEGE

Das Fell der West Highland White Terrier muß hart bleiben und darf daher nicht oft gewaschen werden. Wenn sich ein „Westie" schmutzig gemacht hat, ist es also besser, das Fell trocknen zu lassen und es dann gründlich auszubürsten. Die West Highland Whites müssen rund viermal im Jahr getrimmt werden. Hunde, die auf Ausstellungen präsentiert werden sollen, haben eine intensivere Pflege nötig.

CHARAKTER

Lebendig, verspielt, unerschrocken, wachsam und aufmerksam, treu und anhänglich, schlau und findig, oft ein wenig eigensinnig, herzlich und selbständig. Ein „Westie" platzt beinahe vor Selbstvertrauen und ist nicht so leicht zu beeindrucken.

AUFZUCHT UND ERZIEHUNG

Das unkomplizierte und fröhliche Wesen dieser Hunde darf nicht zu einem Freibrief für schlechtes Benehmen führen. Hin und wieder müssen sie schon mit Konsequenz in ihre Schranken gewiesen werden. Dennoch sind diese Hunde nicht ganz so „launisch" wie andere Terrier.

VERTRÄGLICHKEIT

„Westies" kommen im allgemeinen gut mit Artgenossen zurecht und sind gute Spielkameraden für Kinder, denn sie können auch einmal einen Knuff vertragen. Man muß die Hunde schon in früher Jugend an den Umgang mit Katzen gewöhnen, damit sie sie später nicht jagen. Einige Exemplare zeigen eine gewisse Streitlust gegenüber anderen Hunden, aber das ist wie immer abhängig von der Art ihrer Sozialisation.

BEWEGUNG

Ballspielen, Herumtollen, Kläffen und Toben sind die Lieblingsbeschäftigungen dieser Hunde. Sie brauchen viel Bewegung, die sie auch unbedingt bekommen sollten. Einige Exemplare graben gern, andere mögen lange Spaziergänge, wobei das Wetter keine Rolle spielt.

Bullterrier

American Staffordshire Terrier

HERKUNFTSLAND
USA

VERANLAGUNG/TYP
Wach- und Familienhund.

GRÖSSE
Die Schulterhöhe für Rüden wird mit 45 bis 48 cm angegeben, bei Weibchen schwankt sie zwischen 43 und 45 cm. Wichtiger als diese Angaben ist aber ein harmonisches Verhältnis zwischen Höhe und Gewicht.

FELL
Das Fell ist kurz und glänzend. Jede Farbe ist allein, mehrfarbig oder gefleckt zugelassen – Schwarz-Loh, Leber oder mehr als 80 Prozent weiße Fellflächen sind allerdings unerwünscht.
Am häufigsten sind gestromte sowie rot-beige Fellvarianten.

American Staffordshire Terrier

PFLEGE
Hin und wieder sollten die toten und losen Haare mit einer Gummibürste aus dem Fell entfernt werden.

CHARAKTER
Mutig, seinem Besitzer treu ergeben, ausdauernd,

American Staffordshire Terrier

selbstlos, guter Wachhund, anhänglich, ungestüm, großes Durchhaltevermögen, dominant.

AUFZUCHT UND ERZIEHUNG
Für Menschen, die noch wenig Erfahrung mit der Aufzucht eines Hundes haben, ist der American Staffordshire Terrier nicht geeignet. Schon als Welpe sollte er lernen, nicht an der Leine zu ziehen, denn ausgewachsen sind die Hunde ausgesprochen kräftig.
Bei guter und konsequenter Erziehung kann der Staffordshire sehr viel lernen – es sind etliche Fälle bekannt, daß diese Hunde bei Gehorsamkeitsprüfungen gut abschneiden können.

VERTRÄGLICHKEIT
Die Vertreter dieser Rasse sind gute Familienhunde, wenn sie einen Besitzer finden, der mit diesen starken und etwas ungestümen Gesellen zurechtkommt. Ihre angezüchtete Toleranz macht sie Kindern gegenüber ungewöhnlich geduldig.
Andere Namen dieser einst als Kampfhund gezüchteten Rasse sind: Half-and-Half, Pit Dog, Pit Bull Terrier, American Bull Terrier und Yankee Terrier.

BEWEGUNG
Der American Staffordshire braucht viel Bewegung. Die Hunde laufen gern (z. B. neben dem Fahrrad) und sind jederzeit für Ballspiele und fürs Apportieren zu begeistern.

Zwerg-Bullterrier: Kopfstudie

Bullterrier

HERKUNFTSLAND
England

VERANLAGUNG/TYP
Familienhund

GRÖSSE
Es gibt keine Größen- oder Gewichtslimits, die Hunde sollen jedoch im Verhältnis zu ihrer Größe ein Maximum an Substanz aufweisen.

Bullterrier

FELL
Das kurze, glatte Fell kann einfarbig weiß, weiß mit Kopfabzeichen oder gestromt sein. Rote, schwarzgestromte, falbe oder dreifarbige Fellzeichnungen werden zugestanden. Bei farbig gezeichneten Hunden muß die betreffende Farbe überwiegen.

PFLEGE
Ein Bullterrier braucht nur ein Minimum an Pflege. Ab und zu sollten lose Haare mit einer Gummibürste aus dem Fell entfernt werden, wodurch das Fell in gutem Zustand bleibt (es tut auch dem Hund gut). Die Ohren müssen regelmäßig gereinigt werden. Der Hund braucht einen weichen Liegeplatz.

CHARAKTER
Mutig, hart gegen sich selbst (sehr schmerzunempfindlich), anhänglich, dickköpfig, eigensinnig, lebendig, ungestüm, lieb zu Kindern, spontan und fröhlich, bisweilen etwas streitlustig gegen andere Hunde.

AUFZUCHT UND ERZIEHUNG
Bereits als Welpen sollten die Hunde einen Gehorsamkeitskurs absolvieren. Als ausgewachsene Hunde sind sie nämlich für ihre Größe enorm kräftig, dann ist eine Erziehung kaum mehr möglich. Der Bullterrier ist intelligent und lernt schnell, er ist allerdings auch dickköpfig und trotzig. Solchen „Eigenarten" kann man nur mit viel Geduld und Konsequenz begegnen, rechtzeitig sozialisiert werden die Bulls aber zu angenehmen Hausgenossen.

VERTRÄGLICHKEIT
Wenn sie rechtzeitig an Katzen oder andere Haustiere gewöhnt worden sind, wird es später im Zusammenleben zu keinen Komplikationen mehr kommen. Einige Bullterrier sind sehr dominant gegenüber anderen Hunden, aber auch hier gilt das alte Prinzip: Es kommt immer darauf an, wie gut der Hund in seiner Jugend sozialisiert worden ist. Wenn man allerdings schon einen Rüden von einer ande-

Bullterrier

Bullterrier

ren Rasse im Haus hat, so ist nicht dazu zu raten, einen Bullterrier dazuzugesellen. Es kann Jahre dauern, bis die beiden Rüden ohne Komplikationen miteinander auskommen – und selbst dann kann man sich noch nicht sicher sein.

BEWEGUNG
Wenn er genügend Auslauf bekommt, wird sich der Bullterrier im Haus ruhig verhalten. Er kann gut neben dem Fahrrad laufen – natürlich erst, wenn der Hund ausgewachsen ist – man sollte aber keine überlangen Touren unternehmen. Auch Wanderungen und unangeleintes Rennen und Spielen machen ihm viel Spaß.

Staffordshire Bullterrier

Staffordshire Bullterrier

HERKUNFTSLAND
England

VERANLAGUNG/TYP
Familienhund

GRÖSSE
Bei einem Gewicht von 11 bis 17 kg liegt die Schulterhöhe zwischen 35 und 41 cm.

FELL
Das Fell ist kurz und liegt glatt an. Staffordshires können Schwarz, Rot, Hirschbraun, Weiß, Blau oder mit gestromtem Fell, mit oder ohne weiße Abzeichen vorkommen. Schwarz-Loh und Leberfarbe sind nicht erwünscht.

PFLEGE
Ein Staffordshire Bullterrier kommt mit wenig Fellpflege aus.
Ab und zu bürsten mit einer Gummibürste entfernt tote Haare aus dem Fell und reicht aus, um das Fell in optimalem Zustand zu halten.

CHARAKTER
Lieb zu Kindern, gehorsam, mutig, anhänglich, „Sinn für Humor", intelligent, widerstandsfähig, großes Durchhaltevermögen, etwas ungestüm.

Staffordshire Bullterrier

AUFZUCHT UND ERZIEHUNG
Der Staffordshire lernt relativ schnell, kann sich aber auch recht dickköpfig zeigen. Er sollte schon frühzeitig durch „Tauzieh-Spiele" lernen, daß er loszulassen hat, wenn man es ihm sagt. Man muß allzeit konsequent und trotzdem liebevoll bleiben und den Hund schon jung an andere Haustiere gewöhnen.

VERTRÄGLICHKEIT
Mit Kindern gehen die Vertreter dieser Rasse ausgesprochen gut um – sie können auch einiges „einstecken". Ein gut sozialisierter Staffordshire Bullterrier kommt auch mit Katzen oder anderen Haustieren in der Regel gut aus. Die meisten Staffordshires (das gilt vor allem für Rüden) legen ausgewachsen keinen Wert auf Kontakt zu anderen Hunden – und lassen das auch deutlich merken.

BEWEGUNG
Wenn diese Hunde genügend Auslauf bekommen, sind sie im Hause ruhig. Staffordshires sind normalerweise ganz „wild" auf Ballspiele und apportieren gern.

BESONDERHEITEN
Der Staffordshire Bullterrier ist ein guter Hund für Menschen, die nicht über genügend Raum zur Haltung eines großen Hundes verfügen, aber dennoch einen „großen" Hund haben möchten.

Zwergterrier

Silky Terrier

HERKUNFTSLAND
Australien

VERANLAGUNG/TYP
Rattenfänger und Familienhund.

GRÖSSE
Rüden erreichen eine Schulterhöhe von ungefähr 23 cm, Hündinnen sind im allgemeinen etwas kleiner.

FELL
Das Fell ist lang (13 bis 15 cm), flach, seidig, glän-

Silky Terrier

zend und ohne Unterwolle. Die häufigste Farbe ist helles bis dunkles Graublau (alle Schattierungen) mit Braun; Stahlblau ist allerdings die beliebteste Farbe. Die seidige Körperbehaarung bildet auf dem mäßig langen, geraden Rücken einen natürlichen „Scheitel". Alle Silky Terrier werden schwarz geboren.

Silky Terrier: Kopfstudie

PFLEGE
Um das Fell gut aussehen zu lassen, muß der Hund täglich gebürstet werden. Die Hunde haaren nur wenig. Ab und zu ist auch ein Bad angesagt. Die Zähne sollten regelmäßig auf Zahnstein untersucht werden.

CHARAKTER
Aufgeweckt, fröhlich, lernwillig, voller Energie, intelligent, anhänglich, treu, folgsam und trotz seiner geringen Größe wachsam und sehr beschützend. Der Silky Terrier ist gern in der Nähe seines Besitzers.

AUFZUCHT UND ERZIEHUNG
Die Erziehung der Silky Terrier ist einfach und problemlos, da diese kleinen Hunde recht schnell lernen.

VERTRÄGLICHKEIT
Im allgemeinen sind Silkies sehr lieb zu Kindern. Mit Katzen müssen sie schon jung vertraut gemacht werden, sonst werden sie ihnen immer wieder nachjagen. Besuch wird meistens angekündigt.

BEWEGUNG
Die Rasse passt sich nicht nur den Bewegungsverhältnissen, sondern auch den Wohnverhältnissen ihrer Besitzer an.

Yorkshire Terrier: Kopfstudie

Yorkshire Terrier

HERKUNFTSLAND
England

VERANLAGUNG/TYP
Ursprünglich Rattenfänger, heute vornehmlich Familienhund.

GRÖSSE
Yorkshire Terrier sollen unter 3,1 kg wiegen.

FELL
Die Hunde besitzen ein sehr langes, seidiges Fell in

leuchtender Lohfarbe mit dunklem Stahlgrau. Bei Welpen sind diese grauen Haare noch schwarz.

PFLEGE
Der Yorkshire Terrier muß täglich intensiv gekämmt und gebürstet werden. Hat man keine Zeit für eine tägliche Pflege, sollte man das Fell in einem Trimmsalon kürzer schneiden lassen. Die Haare vor den Augen werden üblicherweise mit einem Gummiring oder einer Schleife weggebunden, das Fell von „Showhunden" wird meist auf Papilloten aufgedreht.
Die Ohren sollten überprüft und Haare entfernt werden.

CHARAKTER
Lebendig, intelligent, etwas übermütig, lieb, wachsam, sehr anhänglich an ihre Besitzer. Yorkshire Terrier sind sehr lebhaft und bellen bei Gefahr.

AUFZUCHT UND ERZIEHUNG
Ein Yorkshire Terrier ist ein recht fixer Schüler. Wenn man die Lektionen konsequent und in einer für den Hund abwechslungsreichen Art vorbringt, wird er die Anleitungen des Besitzers schnell verstehen.

VERTRÄGLICHKEIT
Wenn Kinder den Hund nicht als „Spielzeug" mißbrauchen und ihm den nötigen „Anstand" entgegenbringen, werden sie gut miteinander auskommen. Wie üblich ist ein Zwerghund aber für kleine Kinder keine gute Wahl. Einige Exemplare sind etwas übermütig gegenüber anderen Hunden, mit Katzen oder anderen Haustieren kommen sie aber meist gut zurecht.

BEWEGUNG
Er paßt sich den Gegebenheiten an und kann daher auch gut in einer Etagenwohnung gehalten werden.

BESONDERHEITEN
Auf Ausstellungen wird vor allem das lange, seidige Fell dieser Hunde bewertet – man kann sich vorstellen, daß es sehr arbeitsintensiv ist, das Fell in guter Kondition zu halten. Bei Yorkshires, die als reine Haushunde gehalten werden, ist es daher sinnvoll, das Fell etwas zurückschneiden zu lassen. Das mag zwar dem Liebhaberstandard widersprechen, ist aber immer noch besser als ein ungepflegtes, verklettetes Fell, weil die Wiederherstellung des Idealzustands der Haarpracht dem Hund einige Schmerzen bereiten würde.

Yorkshire Terrier

4. Teckel (Dackel oder Dachshunde)

Kurzhaar-Dackel

HERKUNFTSLAND
Deutschland

VERANLAGUNG/TYP
Familienhund, aber auch Jagdhund auf die verschiedensten Wildtiere (er wird bei der Jagd auf Dachse, Kaninchen, Rehe, Wildschweine und Füchse eingesetzt).

GRÖSSE
Aufgrund ihrer Größe werden Dackel in drei Gruppen unterteilt. Der größte ist der Standard-Dachshund mit einem Brustumfang ab 35 cm. Dieser Hund sollte maximal 10 kg wiegen, besser aber nicht mehr als 9 kg. Der Zwerg-Teckel hat maximal 35 cm Brustumfang, und bei den kleinsten Vertretern, den Kaninchen-Teckeln, ist der Brustumfang auf maximal 30 cm beschränkt.

FELL
Das Fell ist kurz, die häufigsten Farben sind Rot, Schwarz-Loh; seltener sind getigerte oder schokoladenbraune Fellvarianten.

PFLEGE
Das Fell eines Kurzhaar-Teckels braucht nur wenig Betreuung. Es reicht meist aus, wenn man ab und zu die toten Haare mit einem Bürstenhandschuh aus dem Fell entfernt. Die Gehörgänge müssen sauber und die Krallen kurz gehalten werden.
Die meisten Dackel sind Feinschmecker, daher ist Vorsicht geboten: Ein dicker Dackel ist ein ungesunder Dackel. Übergewicht wirkt sich besonders auf die „Problemzone" aus: Die Körperlänge ist an der Grenze angelangt, weshalb es schnell zu Rückenproblemen kommen kann.

CHARAKTER
Mutig, dominant, eigensinnig, schlau, wachsam, einfallsreich, lebendig, „Sinn für Humor", hartnäckig und neugierig.
Der Kurzhaar-Dackel „hängt" beinahe buchstäblich an „seinen Menschen", dennoch kommt immer wieder auch sein Eigensinn zum Vorschein. Ein Teckel sollte schon in der Jugend an allerlei Situationen gewöhnt werden, damit sich sein Charakter positiv entwickeln kann.

Roter langhaariger Standard-Dachshund

AUFZUCHT UND ERZIEHUNG
Wie schon angesprochen ist der kurzhaarige Dackel sehr eigensinnig und dominant, daher brauchen diese Hunde eine besonders konsequente Erziehung. Mit viel Geduld wird man ihnen aber einiges beibringen können, denn die Hunde sind sehr intelligent. Es dürfen aber keine „schlaffen" Kommandos gegeben werden, das könnte sofort ausgenutzt werden.
Oft werden Dackel auch „grantig", wenn sie sich ungerecht behandelt fühlen oder ihren Willen nicht bekommen. Ein Welpenkurs könnte da schon eine erste Gegenmaßnahme sein.

VERTRÄGLICHKEIT
Die Ergebenheit zu „ihrer Familie" ist bei Dackeln beinahe grenzenlos, mit Fremden haben sie gemeinhin weniger im Sinn. Sie benehmen sich ausgesprochen zurückhaltend gegen unbekannte Besucher, sind aber dennoch ausgezeichnete Wächter. Wenn man den Dackel frühzeitig an Kinder gewöhnt und ihn gute Erfahrungen machen läßt, wird er zu einem tollen Spielkameraden. Auch mit anderen Hunden kommt der Kurzhaar-Teckel in der Regel gut zurecht, allerdings gibt es immer wieder einige besonders übermütige Exemplare – und dann meist ausgerechnet gegenüber größeren Artgenossen. Dackel zählen zu den Jagdhunderassen, weswegen sie als Spielkameraden für kleinere Haustiere nicht geeignet sind. Rechtzeitig an Katzen gewöhnt, machen die Kurzhaar-Dackel in dieser Kombination allerdings meist keine Probleme.

Roter kurzhaariger Standard-Dachshund

BEWEGUNG
Die Vertreter dieser Rasse brauchen viel Bewegung, damit sie Kondition aufbauen können.

BESONDERHEITEN
Die kurzhaarigen Teckel sind die ursprünglichsten Dackel. Rauh- und Langhaarigkeit wurden durch Einkreuzung anderer Rassen mit Kurzhaar Teckeln erzielt. Besonders Einkreuzungen von Schnauzern, Terriern und verschiedenen Spanielarten werden für das jeweilige drahtige oder lange Haarkleid verantwortlich gemacht.

Langhaar-Dackel

HERKUNFTSLAND
Deutschland

VERANLAGUNG/TYP
Familienhund, aber auch Jagdhund auf verschiedenste Wildtiere (Dachse, Kaninchen, Rehe, Wildschweine und Füchse). Ursprünglich wurden Dachshunde als Schweißhunde eingesetzt, die kleineren Schläge wurden herangenommen, um in Bauten einzudringen und deren Bewohner herauszutreiben.

GRÖSSE
Siehe Kurzhaar-Dackel

FELL
Langhaar-Dackel kommen am häufigsten in einfarbigem, dunklem Kastanienrot, Rotbraun und in Schwarz-Loh vor.

PFLEGE
Wenn dieser Teckel ab und zu gebürstet wird – besonders an den Stellen, an denen sich Kletten bilden können –, ist er eigentlich schon zufrieden. Die Krallen sollten kurz gehalten und gegebenenfalls Haare zwischen den Fußballen geschnitten werden.

CHARAKTER
Mutig, eigensinnig, wachsam, intelligent, „Sinn für Humor“, lebendig, gesellig und verspielt. Langhaar-Dackel verfügen über ein etwas sanfteres Wesen als ihre kurzhaarigen Vettern. Das begründet sich vor allem aus dem Umstand, daß hier Spaniels und Irische Setter in die Zucht eingekreuzt wurden.

Langhaariger Standard-Dachshund in Schwarz-Loh

AUFZUCHT UND ERZIEHUNG
Langhaar-Dackel sind zwar etwas leichter zu erziehen als ihre kurzhaarigen Verwandten, dennoch verfügen auch sie über genügend Eigensinn, der ein geduldiges und energisches Auftreten des Besitzers nötig macht.

VERTRÄGLICHKEIT
Auch beim Langhaar-Dackel steht die Familie an erster Stelle, allerdings ist er Fremden gegenüber etwas freundlicher gesonnen als die kurzhaarigen Exemplare. Die Hunde kommen, wenn sie von jung auf an Kinder gewöhnt sind, gut mit Kindern aus, im allgemeinen gibt es auch keine Probleme mit Artgenossen. Der Umgang mit kleineren Haustieren kann allerdings Komplikationen bringen – die Dackel sind und bleiben Jagdhunde. Die Gesellschaft von Katzen wird zwar meist toleriert, aber wie üblich gilt, daß der Hund frühzeitig an diesen Umgang gewöhnt werden muß. Man sollte jedenfalls kein liebevolles Miteinander von Hund und Katze erwarten.

BEWEGUNG
Langhaardackel brauchen viel Bewegung. Am besten nimmt man sie regelmäßig mit auf lange Ausflüge.

Rauhhaar-Dackel

HERKUNFTSLAND
Deutschland

VERANLAGUNG/TYP
Familienhund, aber auch Jagdhund auf verschiedenste Wildtiere (Dachse, Kaninchen, Rehe, Wildschweine und Füchse).

GRÖSSE
Siehe Kurzhaar-Dackel

FELL
Das rauhhaarige, flach anliegende Fell soll eine Struktur aufweisen, die so hart wie möglich ist. Es besitzt eine dichte Unterwolle. Die Haare auf Kopf und Ohren müssen kurz sein, es soll aber auch eine deutliche „Garnitur“ erkennbar sein. Das rauhhaarige Fell zeigt meist eine typische Wildfarbe, seltener sind schwarz-lohfarbene Exemplare. Sporadisch gibt es auch rote und braune Fellvarietäten.

PFLEGE
Rauhhaar-Dackel müssen – abhängig von der Qualität des Fells – etwa zweimal pro Jahr getrimmt werden. Vor allem das Haar auf dem Kopf hat kurz zu sein. Überstehende Haare zwischen den Fußballen müssen geschnitten werden.

CHARAKTER
Mutig, dominant, „Sinn für Humor“, eigensinnig, schlau, wachsam, erfinderisch, lebendig, beharrlich und neugierig. Ein Rauhhaar-Dackel muß frühzeitig mit allerlei Situationen vertraut gemacht werden, damit sich sein Charakter positiv entwickeln kann. Doch trotz allen Eigensinnes sind Dackel hervorragende Gesellschafter und Seelentröster, gegenüber „ihrer Familie“ beinahe endlos ergeben und daher auch aufmerksam genug, um gute Wachhunddienste leisten zu können.

AUFZUCHT UND ERZIEHUNG
Siehe Kurzhaar-Dackel

VERTRÄGLICHKEIT
Siehe Kurzhaar-Dackel

BEWEGUNG
Siehe Kurzhaar-Dackel

Rauhhaariger Standard-Dachshund

Rauh- und kurzhaariger Zwerg-Dachshund

5. Spitze und spitzartige Hunde vom Urtyp

Polarhunde und Schlittenhunde

Alaska Malamute

HERKUNFTSLAND
Alaska

VERANLAGUNG/TYP
Schlittenhund und Familienhund.

GRÖSSE
Die Schülterhöhe von Rüden sollte ungefähr bei 64 cm, die von Hündinnen bei circa 58 cm liegen.

FELL
Der Malamute besitzt ein dichtes, grobes Deckfell und eine fettige, flauschige Unterwolle. Zugestandene Farben sind Wolfsgrau oder Schwarz-weiß, immer aber mit hellerem Bauch und aufgelichteter Maske. Andere Farben sind erlaubt, einfarbig Weiß wird am ehesten akzeptiert.

PFLEGE
Das Fell dieser Hunde hat wenig Pflege nötig. Während des Fellwechsels benutzt man am besten einen groben Kamm mit doppelreihigen Metallzinken, um lose Haare aus der Unterwolle zu entfernen.

CHARAKTER
Anhänglich, intelligent, freundlich und treu, abgeklärt, auch etwas eigensinnig und dominant. Der Alaska Malamute lernt relativ schnell und verfügt über eine große Ausdauer.

AUFZUCHT UND ERZIEHUNG
Trotz seines freundlichen Wesens muß dieser Hund mit fester Hand erzogen werden. Er braucht also einen Besitzer, der ihm zeigt, wer der Herr ist, und der den Charakter dieses Hundes versteht. Unter der Anleitung eines solchen Herrn kann der Malamute sehr viel lernen – selbst Behendigkeitsübungen erledigt der Hund recht gut, wenn er auch auf Wettkampfniveau meist den Vertretern der Hütehundgruppe unterlegen sein wird.

VERTRÄGLICHKEIT
Alaska Malamutes gehen im allgemeinen sehr gut mit Kindern um – eigentlich sind sie jedem gegenüber freundlich gesinnt, wodurch sich erkennen läßt, daß sie sich nicht unbedingt als Wachhunde eignen. Gegen Hunde des eigenen Geschlechts können sich Malamutes recht dominant geben, es ist aber eher die Ausnahme als die Regel. Katzen sind nicht gerade die besten Freunde der Malamutes, gegebenenfalls muß man den Hund also schon sehr jung an diese Gesellschaft gewöhnen, dann läßt sich der Umgang einigermaßen problemlos gestalten.

Alaska Malamute

BEWEGUNG
Bewegung ist wohl der große Schwerpunkt in der Aufzucht eines Alaska Malamutes. Der Hund braucht nämlich viel, besser gesagt sehr viel Bewegung. Wenn man also weiß, daß man keine Zeit hat, um täglich mindestens eine Stunde mit dem Rad neben dem Hund zu fahren, sollte man von der Anschaffung gleich Abstand nehmen. In den meisten Ländern gibt es Vereinigungen, die Schlittenhundwettkämpfe veranstalten – im Sommer oder bei Schneemangel auch mit Karren. Malamutes fühlen sich sowohl im wie auch außer Haus wohl – aber sie sind nicht gern allein. Man sollte den Hund immer an die Leine nehmen, und dafür Sorge tragen, daß er allen Befehlen gut gehorcht, sonst ist er allzu schnell fort.

Japanischer Spitz

Alaska Malamute

Alaska Malamute: Kopfstudie

Grönlandhund

Grönlandhund

HERKUNFTSLAND
Skandinavien (Norwegen)

VERANLAGUNG/TYP
Schlittenhund

GRÖSSE
Rüden müssen eine Schulterhöhe von mindestens 60 cm erreichen, für Hündinnen gilt ein Minimum von 55 cm, für beide Geschlechter gibt es keine Maximalgröße.

FELL
Grönlandhunde besitzen ein doppeltes Fell: Die Unterwolle ist weich und dicht und durch ein mittellanges Deckfell geschützt. Alle Farben außer Albino-Weiß sind zulässig.

PFLEGE
Die Hunde brauchen nur minimale Fellpflege. Wenn die Unterwolle während des Fellwechsels ausgeht, kann man sie am besten mit einem groben Kamm mit doppelreihigen Metallzinken auskämmen.

CHARAKTER
Selbständig, ausgeglichen, dominant, selbstlos, eigensinnig.
Ein Grönlandhund ist nicht gern allein, er bellt wenig, heult allerdings um so mehr. Definitionsgemäß sind Grönlandhunde keine Familienhunde, dafür aber hervorragende, kräftige Arbeitshunde.

AUFZUCHT UND ERZIEHUNG
Die Erziehung dieser Hunde verlangt einiges an Durchsetzungsvermögen, denn die Grönlandhunde verfügen über ein dickköpfiges und selbständiges Wesen.
Als Schlittenhunde sind sie gewohnt, enorme Strecken zurückzulegen – und wenn sich eine Möglichkeit bietet (beispielsweise wegen eines Loches im Zaun) bleiben sie oft tagelang weg. Vor dem Schlitten ist dieser Hund wirklich in seinem Element. Wer ihn also aus diesem Grund anschafft, macht mit einem Grönlandhund einen guten Fang.

VERTRÄGLICHKEIT
Die Vertreter dieser Rasse sind nicht gern allein. Wenn man sich also zur Anschaffung eines Grönländers entschlossen hat, so nimmt man am besten gleich mindestens zwei Tiere. In einem Außenzwinger fühlen sie sich wohl. Im allgemeinen kommen die Hunde nicht so gut mit Katzen oder anderen Haustieren zurecht. Bekannte und unbekannte Besucher werden meist ausgiebig mit enthusiastischem Heulen begrüßt. Trotz seiner Größe ist ein Grönlandhund daher nicht unbedingt als Wachhund geeignet.

BEWEGUNG
Es ist inzwischen wohl schon deutlich geworden, daß ein Grönlandhund ausgesprochen viel Auslauf braucht. Am besten ist natürlich das Ziehen eines Schlittens oder eines Karrens. Wenn man schon von vornherein weiß, daß man das dem Hund nicht bieten kann, so sieht man sich besser nach einer anderen Rasse um. Die Hunde sind nämlich zu kräftig, um sie neben dem Fahrrad laufen zu lassen. Aufgrund ihrer Herkunft sollte man die Hunde nicht bei Temperaturen über 15 °C arbeiten lassen.

Samojede

HERKUNFTSLAND
West-Sibirien

VERANLAGUNG/TYP
Hüte-, Wach-, Schlitten- und Jagdhund, heute oft auch Familienhund.

GRÖSSE
Rüden haben eine Schulterhöhe von 57 cm, für Hündinnen liegt sie bei 53 cm. Abweichungen von 3 cm nach oben und unten werden zugestanden.

FELL
Das Deckhaar ist rauh und abstehend, die Unterwolle ist weich und dicht. Das Fell ist weiß, cremefarben oder weiß mit biskuitfarbenen Abzeichen.

PFLEGE
Ein Samojede sollte nicht zu oft gebürstet werden, da die Unterwolle dadurch beschädigt werden könnte. Liegen zu viele lose Haare im Haus herum, kann

Samojede

man das Unterfell mit einem groben Kamm mit doppelreihigen Metallzinken vorsichtig auskämmen.

CHARAKTER
Der Samojede ist ein Hund voller Gegensätze. Er ist freundlich und fröhlich, intelligent und relativ gehorsam, aber nicht „sklavisch ergeben" und bisweilen auch ausgesprochen dickköpfig, gefühlvoll und sanft, aber auch dominant und wachsam, anhänglich aber nicht „aufdringlich". Der Samojede ist sehr ausdauernd und bleibt bis ins hohe Alter verspielt. Die Hunde lassen ihre Stimme gern hören, was etwas störend sein kann.

AUFZUCHT UND ERZIEHUNG
Die Erziehung eines Samojeden ist eine langwierige Aufgabe, mit der man schon beim ganz jungen Hund beginnen sollte. Die Lektionen sollten abwechslungsreich abgehalten werden, denn ständig wiederkehrende Kommandos erwecken beim Samojeden den gegenteiligen Effekt – seine Sturheit kommt zum Vorschein. Ebenfalls in früher Jugend sollten die Hunde gegebenenfalls an Katzen oder andere Haustiere gewöhnt werden. Dann aber hat man viel Freude an diesem Hund – das charakteristische „Lächeln" der Samojeden demonstriert sein freundliches Wesen.

VERTRÄGLICHKEIT
Die Hunde sind sanftmütig und mit Kindern ausgesprochen geduldig, gegenüber Artgenossen können sie sich allerdings bisweilen etwas dominant geben. Man darf nie vergessen, daß ein Samojede auch ein Jagdhund ist – er jagt allem nach, das sich bewegt. Daher ist eine Sozialisation mit Katzen und Haustieren äußerst wichtig. Der Hund ist außerdem recht wachsam.

BEWEGUNG
Ein Samojede braucht viel Bewegung. Man sollte viel mit ihm wandern und ihn – sobald er ausgewachsen ist – regelmäßig neben dem Fahrrad laufen lassen, um ihn bei guter Kondition zu halten. Die Hunde sind von Natur aus Streuner, man sollte den Garten also gut umzäunen.

Sibirischer Husky

HERKUNFTSLAND
Sibirien

VERANLAGUNG/TYP
Schlittenhund

Sibirischer Husky

GRÖSSE
Rüden erreichen eine Schulterhöhe zwischen 53 und 60 cm, bei Hündinnen variiert sie zwischen 51 und 56 cm.

FELL
Der Husky besitzt ein doppeltes, mittellanges Fell. Alle Farben und Farbkombinationen sind zulässig. Am häufigsten sind grau, schwarz, rot und gescheckt, normalerweise ist das Fell um den Kopf und an der Bauchunterseite heller. Bei dieser Rasse sind auch (teilweise) blaue Augen erlaubt.

PFLEGE
Ab und zu gebürstet zu werden, vor allem während des Fellwechsels, ist dem Hund angenehm. Das Fell bleibt meist schöner, wenn man den Husky in einem (geräumigen) Außenzwinger hält.

CHARAKTER
Unabhängig und eigensinnig, intelligent, voller Energie, fröhlich, streunt gerne, sehr menschenorientiert und anhänglich an „seine Familie". Der Husky ist freundlich zu jedem – und daher kein sehr guter Wachhund.

AUFZUCHT UND ERZIEHUNG
Huskies passen im Prinzip nicht so gut in die Rolle eines „üblichen" Familienhundes, auch wenn eine sportlich eingestellte Familie noch am ehesten die nötigen Voraussetzungen erfüllen kann.
Ein Husky ist durch und durch Schlittenhund. Wenn man ihm etwas beibringen will, muß man energisch und konsequent an die Arbeit gehen, darüber hinaus braucht man viel Geduld und Verständnis für das Wesen eines Polarhundes. Ein Husky gehorcht eigentlich nur, wenn er den Sinn eines Kommandos einsieht. In jedem Fall sollte man vor der Anschaffung eines Huskies mit einem Spezialisten für Polarhunde und einer Rassenvereinigung in Verbindung treten.

VERTRÄGLICHKEIT
Sibirische Huskies gehen als Rudeltiere gut mit Artgenossen um, den Umgang mit anderen Haustieren sollte man erst einmal beobachten. Katzen und Nagetiere sind nicht unbedingt geeignete Hausgenossen für einen Husky, glücklicherweise ist der Kontakt zu Kindern dafür problemlos. Huskies sind nicht gern allein, es ist also ratsam, gleich mehrere Huskies zu halten.

BEWEGUNG
Die Hunde dieser Rasse brauchen sehr viel Bewegung und gehen in dieser Hinsicht keine Kompromisse ein.
Wenn man begeisterter Schlittensportler ist oder auch erst werden will, so kann man sicher keine bessere Wahl als den Husky finden – Huskies sind weltweit für ihre Schnelligkeit berühmt. Wenn man die Zeit für genau dieses Hobby aber nicht aufbringen kann (einige Male pro Woche sollte ein Husky schon vor den Schlitten gespannt werden), so sollte man sich besser nach einer Alternative umsehen.
Einsame Huskies, die auch noch zuwenig Bewegung bekommen, reagieren mit lautstarkem Geheul, bei zuwenig Aufmerksamkeit können sie auch leicht verstockt und eigenwillig reagieren. Man sollte den Husky übrigens nur mit Leine ausführen, andernfalls ist es nicht ausgeschlossen, daß er „die Beine in die Hand nimmt" und fortan verschwunden ist.

Sibirischer Husky: Kopfstudie

BESONDERHEITEN
Sibirische Huskies lassen sich – mit einem oder mehreren Artgenossen – hervorragend in Außenzwingern halten. Das plüschartige, dicke Fell schützt sie bei jedem Wetter. Im Sommer kann diese Fellqualität allerdings schon sehr nachteilig wirken – man sollte die Hunde deshalb bei größerer Wärme nicht mehr arbeiten lassen.

Skandinavische Polarhunde

Finnischer Spitz

HERKUNFTSLAND
Finnland

VERANLAGUNG/TYP
Jagdhund (Vögel), Hofhund und Familienhund.

GRÖSSE
Die Schulterhöhe von Rüden liegt zwischen 44 und 50 cm, bei Hündinnen variiert sie zwischen 39 und 45 cm.

FELL
Das Fell besteht aus abstehendem, halblangem, dichtem Haar mit weicher, dichter Unterwolle (Stockhaar). Es kann kastanienrot bis rotgold sein, kleine weiße Abzeichen sind zugestanden. Die Welpen werden dunkler (braun) geboren und bekommen erst später die rötliche Färbung.

PFLEGE
Genau wie viele andere Polarhunde ist das Fell des Finnischen Spitzes „selbstreinigend". Kämmen und Bürsten bleibt deswegen allerdings trotzdem notwendig. Das Fell trägt aber nicht den typischen „Hundegeruch" in sich.

CHARAKTER
Lebendig und neugierig aber nicht aufdringlich. Der Finnische Spitz ist ein wachsamer Hund, der recht gern bellt, wenn es nötig ist.
Er ist lieb zu Kindern, häuslich und gesellig, seinem Herrn treu ergeben, zeigt aber dennoch keinen „sklavischen" Gehorsam. Doch trotz aller Unabhängigkeit, die man ihm bisweilen nachsagt, zeigt der Finnische Spitz wesentlich mehr Mut, als man von einem so kleinen Hund erwarten würde.

AUFZUCHT UND ERZIEHUNG
Wer einen Hund sucht, der perfekt gehorcht, sollte vielleicht besser nicht mit einem Finnischen Spitz beginnen. Mit viel Geduld, einer starken Hand und Ausdauer kann man dem Spitz dennoch eine Grunderziehung geben.

Finnischer Spitz

VERTRÄGLICHKEIT
Der Finnische Spitz sorgt im Umgang mit Artgenossen normalerweise nicht für Probleme, auch zu Kindern sind die Hunde sehr lieb. Fremder Besuch wird immer angekündigt, er ist aber dennoch eher Familienhund und kein allzuguter Wachhund.

BEWEGUNG
Diese Hunde sind sehr gern draußen, in einem Zwinger fühlen sie sich allerdings nicht allzu glücklich. Am ehesten fühlen sie sich unter Artgenossen in ihrem Element. Auf dem Land ist dieser Hund jedenfalls sicher eine gute Wahl, es gibt aber auch genügend Fälle von gelungener Haltung der Finnischen Spitze in der Stadt – wo dann natürlich besonders aufmerksam auf genügend wohltuende Bewegung für die Hunde geachtet werden muß.

Jämthund mit Elch

Jämthund oder Großer Schwedischer Elchhund

HERKUNFTSLAND
Schweden

VERANLAGUNG/TYP
Jagdhund zur Jagd auf Großwild (Elche).

GRÖSSE
Rüden erreichen eine Schulterhöhe zwischen 60 und 65 cm, Hündinnen sind mit durchschnittlich 55 bis 60 cm etwas kleiner.

FELL
Der Jämthund besitzt eine cremefarbene dichte Unterwolle mit kurzem, grobem, dichtem Deckhaar. Das Fell ist dunkel- bis hellgrau; an Fang, Wangen,

Kehle, Bauch, Vorderbrust, Pfoten und an der Unterseite der Rute kann es cremefarbene Flecken aufweisen.

PFLEGE
Das Fell muß nur wenig versorgt werden. Ein Kamm mit doppelreihigen Metallzinken ist das beste Werkzeug, um während des Fellwechsels lose Haare – besonders aus der Unterwolle – zu entfernen. Für den Jämthund gilt dasselbe wie für die anderen Polarhunde: Der typische „Fellgeruch" fehlt.

Jämthund

CHARAKTER
Ausgeglichen, ehrlich, intelligent und schlau, „Sinn für Humor", empfänglich für Stimmungen, selbstlos.

AUFZUCHT UND ERZIEHUNG
Der Hund braucht einen gefestigten und sicheren Besitzer, der die nötige Überlegenheit ausstrahlt. Er muß harmonisch und mit Konsequenz erzogen werden.

VERTRÄGLICHKEIT
Mit anderen Hunden geht der Jämthund gut um, sein Bellen und die etwas ungestüme Näherungsweise könnten bei Artgenossen allerdings den Eindruck von Gefahr erwecken. Gegen Fremde zeigt er leichte Skepsis, was ihn aber noch lange nicht zu einem guten Wachhund macht. Die Kombination „Kinder und Jämthund" ergibt im allgemeinen keine Probleme, normalerweise gilt das gleiche auch für die Kombination mit anderen Haustieren.

BEWEGUNG
Ein Jämthund ist und bleibt ein Jagdhund, in seinem Ursprungsland wird er auch hauptsächlich für diese Zwecke eingesetzt. Er muß großes Wild selbständig aufspüren, es verfolgen und stellen – eine Aufgabe, für die er sehr weite Strecken zurücklegen muß. Daher ist der Jämthund in unseren dichtbesiedelten Gefilden sicher nicht der ideale Haushund. Läßt man ihn ohne Leine, so geht man das Risiko ein, daß der Hund seinem Jagdinstinkt folgt und davonläuft. In einer tierreichen Umgebung wird der Hund beinahe kontinuierlich auf einer Fährte sein – es ist also fast Tierquälerei, einem Hund mit solchen Jagdinstinkten das übliche „dreimal täglich Gassi" zu bieten. Es sollte inzwischen wohl deutlich geworden sein, daß wir diesen Hund nur für die wenigen Menschen empfehlen, die die Möglichkeit bieten, mit ihm auf Jagd zu gehen.

Jämthund: Kopfstudie

Karelischer Bärenhund

HERKUNFTSLAND
Finnland

VERANLAGUNG/TYP
Jagdhund zur Jagd auf wehrhaftes Großwild.

GRÖSSE
Die Schulterhöhe von Rüden sollte zwischen 54 und 60 cm liegen, bei Hündinnen variiert sie zwischen 49 und 55 cm. Als Idealhöhe für Rüden gelten 57 bis 58 cm, für Hündinnen sind 51 bis 53 cm Gardemaß.

FELL
Das kurzhaarige Fell ist hart und abstehend, die Unterwolle weich und dicht. Der Bärenhund ist schwarz mit weiß, schwarze Flecken auf den weißen Bereichen sind aber unerwünscht.

PFLEGE
Das Fell dieser Hunde braucht nur wenig Pflege. Während des Fellwechsels lassen sich lose Haare mit einem speziellen Stahlkamm aus der Unterwolle entfernen.

Karelischer Bärenhund

CHARAKTER
Sehr anhänglich an „seine Familie" und an gute Hausfreunde, dominant, gleichzeitig aber auch empfindsam, selbständig, intelligent und schlau, uneigennützig, „Sinn für Humor", energiegeladen. Gegenüber Artgenossen verhält sich der Bärenhund nicht gerade sozial.

AUFZUCHT UND ERZIEHUNG
Bärenhunde brauchen einen Besitzer, der ihnen zeigt, wo es lang geht. Sie müssen sehr konsequent und mit fester Hand, dennoch aber liebevoll, erzogen werden. Die Hunde sind für Menschen ohne Erfahrung nicht geeignet.

VERTRÄGLICHKEIT
Gegenüber anderen Hunden zeigen sich Karelische Bärenhunde sehr dominant und werden auch keinem Gefecht aus dem Weg gehen. Gegenüber Menschen sind sie aber aufmerksam, sanft und sehr anhänglich – was sie nicht gerade zu geeigneten Wachhunden macht. Gewünschte und unerwünschte Besucher werden zwar noch angekündigt – aber das war es dann auch schon. Gute Bekannte der Familie werden enthusiastisch begrüßt, gegenüber Fremden geben sie sich etwas reservierter, bisweilen sogar abweisend. Karelische Bärenhunde können mit anderen Haustieren gut zusammen gehalten werden, man sollte sie allerdings im Auge behalten.

Karelischer Bärenhund: Kopfstudie

BEWEGUNG
Diese Rasse kann in einem Außenzwinger gehalten werden, paßt sich aber auch im Haus gut an. Man sollte darauf achten, daß sich der Bärenhund mindestens einmal pro Tag richtig „die Pfoten vertreten" kann. Wenn man den Hund gut unter Kontrolle hat (und halten kann), kann man ihn gut neben dem Fahrrad laufen lassen. Bekommt der Hund zuwenig Auslauf, beginnt er sich zu langweilen. Dann besteht die Gefahr, daß er sich am Mobiliar abreagiert. Ein Garten sollte gegebenenfalls gut umzäunt sein, die Hunde gehen nämlich gerne selbständig auf die Jagd.

BESONDERHEITEN
Wie alle anderen Polarhunde verbreiten auch Karelische Bärenhunde nicht den typischen „Hundegeruch" und sind mit relativ wenig Aufwand in guter Kondition zu halten.

Lundehund

Lundehund oder Norwegischer Vogelhund

HERKUNFTSLAND
Norwegen

VERANLAGUNG/TYP
„Lundevugl" ist norwegisch für den Papageientaucher. Der Lundehund ist darauf spezialisiert, Jung-

vögel dieser Vogelart aus dem Nest zu holen und sie zu seinem Begleiter zu bringen. Die Nester befinden sich entlang der Küstenlinie auf hohen Klippen.

GRÖSSE
Ein Rüde erreicht eine Schulterhöhe von 35 bis 38 cm und wiegt rund 7 kg. Bei den etwas kleineren Hündinnen variiert die Schulterhöhe zwischen 32 und 35 cm, sie wiegen etwa 6 kg.

FELL
Der Lundehund besitzt kurze Haare und eine weiche Unterwolle. Die Farben gehen von Rotbraun bis Braun mit schwarzen Haarspitzen.

PFLEGE
Das Fell dieser Hunde kann leicht gepflegt werden. Während des Fellwechsels lassen sich lose Haare am besten mit einem guten Kamm aus der Unterwolle entfernen. Da der Vogelhund ein Nahrungsspezialist ist, ist es wichtig, daß er entsprechendes Futter bekommt; am besten erkundigt man sich bei einem Fachmann.

CHARAKTER
Eigensinnig, fröhlich, „Sinn für Humor", unartig, intelligent und listig, dominant; Lundehunde bellen nur wenig.

AUFZUCHT UND ERZIEHUNG
Das Training muß so abwechslungsreich wie möglich gehalten werden, sich ständig wiederholende Übungen sorgen dafür, daß der Hund sich langweilt und bald Unsinn anstellt. Man sollte immer konsequent bleiben.

BEWEGUNG
Allzuviel Bewegung hat dieser Hund eigentlich nicht nötig. Ihm reichen drei Gänge pro Tag. Wenn man ihn darüberhinaus auch noch ein wenig im Garten spielen läßt, hat er genügend Körperertüchtigung.

BESONDERHEITEN
Fachleute sind sich noch nicht einig, ob diese Hunde zur Gattung *Canis familiares* (domestizierter Haushund) gehören, oder vielleicht doch Mitglieder der Gattung *Canis ferus* (Urhunde) sind. Jedenfalls verfügen Lundehunde über Merkmale und Eigenschaften, die bei keiner anderen Hunderasse auftreten. Um seine Gehörgänge gegen Spritzwasser oder Staub zu schützen, kann der Hund die Ohrmuscheln so stellen, daß sie nach vorne schließen.
Ein weiteres interessantes Merkmal zeigen die Pfoten: Um die Beweglichkeit und den guten Halt auf den Felsen zu sichern, wurden die Hunde auf Vielzehigkeit (Polydaktylie) gezüchtet. Sie besitzen mindestens zwei große, funktionsfähige Wolfskrallen und bis zu acht einzelne Pfotenpolster pro Pfote (siehe Foto S. 141) – „normale" Hunde besitzen nur fünf oder sechs. Der Standard verlangt, daß die Hunde mindestens sechs Zehen pro Pfote haben müssen. Darüberhinaus sind die Hunde unglaublich gelenkig: Sie können ihren Kopf beispielsweise vollkommen nach hinten in den Nacken bzw. auf den Rücken biegen.

Norwegische Elchhunde

Pfoten eines Lundehundes mit jeweils sechs Zehen

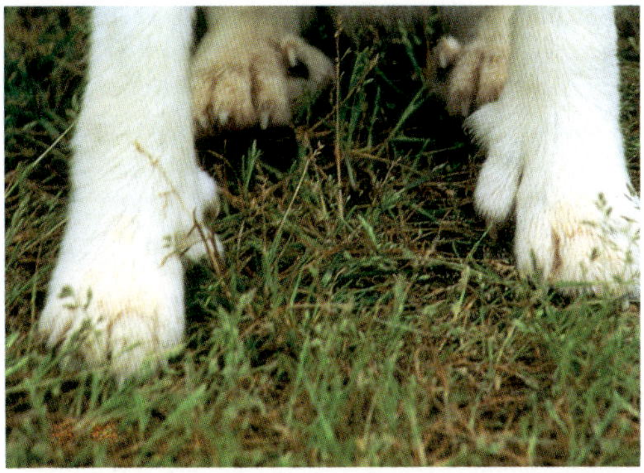

Norwegischer Elchhund

Norwegischer Elchhund

HERKUNFTSLAND
Norwegen

VERANLAGUNG/TYP
Jagdhund zur Jagd auf Großwild (Elche).

GRÖSSE
Für Hündinnen gilt eine Schulterhöhe von 48 cm als ideal, bei Rüden sind es 52 cm.
Abweichungen von 2 cm nach oben und unten werden zugestanden.

FELL
Das Fell der Elchhunde besteht aus einer dichten, flauschigen, cremefarbenen Unterwolle und einem groben, dichten, etwas längeren Deckfell. Jede Graufärbung mit Schattierung ist erlaubt, hinter den Ohren und auf dem Fang soll die Behaarung aber schwarz sein.
Die Norwegischen Elchhunde dürfen auch kleinere weiße Abzeichen tragen.

PFLEGE
Das Fell der Elchhunde braucht nur minimale Pflege. Ein Kamm mit doppelreihigen Metallzinken ist das beste Werkzeug, um während des Fellwechsels lose Haare, besonders aus der Unterwolle, zu entfernen.
Wie bei den anderen Polarhunden ist das Fell „geruchsfrei“ und außerdem wasser- und schmutzabweisend.

CHARAKTER
Der Elchhund ist uneigennützig, unkompliziert, ausgeglichen, freundlich und sanftmütig. Er ist ruhig im Haus, zeigt aber im Freien seine ganze Energie und Tatkraft.

AUFZUCHT UND ERZIEHUNG
Im Vergleich zu anderen Polarhunden sind Elchhunde etwas weniger eigensinnig und unabhängig. Es ist wichtig, daß man den Hund mit fester Hand, aber dennoch liebevoll erzieht und ihn vor allem gerecht behandelt. Man kann den Hund für lange Zeit „beleidigen“, wenn man ihn unrechtmäßig bestraft – das kann er nur schwer verzeihen.

VERTRÄGLICHKEIT
Fremden gegenüber ist der Norwegische Elchhund sehr reserviert, Bekannte der Familie werden aber ausgelassen begrüßt. Einige Exemplare verhalten sich gegenüber Artgenossen etwas dominant, aber das ist eher die Ausnahme als die Regel – gewöhnlich gehen sie gut miteinander um. Auch mit Kindern kommen sie recht gut zurecht, solange sie nicht geneckt werden. Elchhunde kündigen Besucher zwar an, verfolgen sie aber nicht.

Norwegischer Elchhund: Kopfstudie

BEWEGUNG
Pro Tag eine Stunde Auslauf ist das Minimum an Bewegung für diese Hunde. Man kann sie beispielsweise neben dem Fahrrad laufen lassen oder noch lieber im Wald herumtollen lassen (was wohl jeder Hund liebt – da machen die Norwegischen Elchhunde keine Ausnahme). Allerdings muß man aufmerksam bleiben, für den Fall, daß der Hund die Witterung von Wild aufnimmt – er geht sonst auf eigene Faust auf die Jagd.

Norbottenspets

Norbottenspets oder Pohjanpystykorva

HERKUNFTSLAND
Schweden

VERANLAGUNG/TYP
Jagdhund

GRÖSSE
Rüden erreichen eine Schulterhöhe von etwa 45 cm, Hündinnen sind mit 42 cm etwas kleiner.

FELL
Das Fell ist kurz, abstehend und mit weicher Unterwolle versehen.
Alle Farben sind zugestanden, ideal ist die Grundfarbe Weiß mit bevorzugt gelben oder rotbraunen Flecken.

PFLEGE
Die Hunde brauchen nur relativ wenig Fellpflege. Ab und zu sollten sie gebürstet werden, vor allem während der Zeit des Fellwechsels.

CHARAKTER
Wachsam, selbständig, ausgesprochen beweglich, freundlich, bellt gern, eigensinnig, intelligent und aufgeweckt. Der Norbottenspets ist ausdauernd und streunt gerne.

AUFZUCHT UND ERZIEHUNG
Wegen des eigensinnigen Wesens dieser Hunde hat ein zukünftiger Besitzer viel Geduld, Überzeugungskraft und Einsicht in den Charakter des Hundes nötig, um ihm wenigstens die Basiselemente der Erziehung beizubringen.

VERTRÄGLICHKEIT
Diese Hunde gehen gut mit anderen Hunden um. Fremde Besucher werden zwar angekündigt, aber dabei bleibt es dann auch – eigentlich sind sie gegen jedermann freundlich. Bereits anwesende Haustiere werden ohne Schwierigkeit akzeptiert, auch die Kombination mit Kindern ergibt keine nennenswerten Probleme, allerdings lassen sich die Hunde nicht alles gefallen.

BEWEGUNG
Ein Norbottenspets ist energiegeladen und braucht daher viel Auslauf. Trotz seines kleinen Formates kann er gut neben dem Fahrrad laufen, allerdings sollte man diese Übung langsam aufbauen. Ohne Leine gibt es allerdings Schwierigkeiten: dann ist sein Jagdinstinkt oft größer als die Bindung an seinen Besitzer. Wenn man in freier Natur wohnt, ist der Jagdtrieb noch kein allzugroßes Problem, in dichter besiedelten Gebieten könnte es aber schon zu schweren Folgen führen. Man sollte also in jedem Fall dafür sorgen, daß das Grundstück oder der Garten gut umzäunt ist.

West-Sibirischer Laika

West-Sibirischer Laika

HERKUNFTSLAND
Ehemalige Sowjetunion (West-Sibirien)

VERANLAGUNG/TYP
Jagd-, Schlitten- und Familienhund.

GRÖSSE
Die Schulterhöhe von Rüden variiert zwischen 55

und 62 cm, bei Hündinnen rangieren die Maße zwischen 51 und 58 cm.

Fell
Das Fell besteht aus rauhem, hartem Deckhaar mit viel Unterwolle. Zugestandene Farben sind Schwarz mit weißen Abzeichen, Salz-und-Pfeffer und bunte Fellzeichnungen.

Pflege
Das Fell eines West-Sibirischen Laika braucht nur ein Minimum an Pflege. Während des Fellwechsels, der kurz aber heftig stattfindet, kann man die losen Haare mit einem doppelreihigen Metallkamm aus dem Fell kämmen.

Charakter
Freundlich, intelligent, lernwillig, unkompliziert, ehrlich, ausgeglichen, genügsam.

Aufzucht und Erziehung
Beim West-Sibirischen Laika ist Erziehung beinahe unnötig. Die Hunde lernen Kommandos relativ schnell und arbeiten gern – sie sind sogar für Gehorsamkeits- und Behendigkeitskurse gut geeignet.

Verträglichkeit
Diese noch sehr ursprüngliche und gesunde Rasse geht gut mit Artgenossen um und ist Kindern gegenüber ausgesprochen geduldig. Der West-Sibirische Laika ist ein echter „Menschenfreund", er wird zwar anschlagen, wenn fremder Besuch erscheint, aber dabei bleibt es dann auch.

Bewegung
Der West-Sibirische Laika verfügt über einen durchschnittlichen Bewegungsdrang, was aber nicht heißen soll, daß man ihn zu dreimal täglich Gassi gehen „verurteilen" muß. Man sollte sich am besten immer daran erinnern, daß die Hunde ursprünglich für Schnelligkeit und Ausdauer im tiefen Schnee und auf Größe und Kraft gezüchtet worden sind.

Nordische Hüte- und Wachhunde

Finnischer Lapphund oder Lapinkoira

Herkunftsland
Finnland

Veranlagung/Typ
Schäferhund, Hofhund und Wachhund.

Grösse
Die Schulterhöhe von Rüden variiert zwischen 46 und 52 cm, bei Hündinnen rangieren die Maße zwischen 40 und 46 cm.

Fell
Der Finnische Lapphund besitzt ein reiches Fell. Die Deckhaare sind, lang, dick und abstehend, die Unterwolle ist weich und stark. Alle Farben sind zugestanden, allerdings muß die Hauptfarbe dominieren.

Finnischer Lapphund oder Lapinkoira

Finnischer Lapphund oder Lapinkoira

Pflege
Speziell während des Fellwechsels muß das dichte und reiche Fell der Lapphunde gut gebürstet werden.

Charakter
Freundlich, intelligent, sozial, wachsam, arbeitet gern für seinen Besitzer, beweglich, anhänglich, selbstlos, energiegeladen.

Aufzucht und Erziehung
Der Finnische Lapphund ist intelligent und lernwillig, wodurch er zu einem idealen Schüler wird. In verschiedenen Hundesportarten (Behendigkeit, Flyball) kann er zu den Besten gehören.

Verträglichkeit
Dieser Hund ist von Natur aus sehr sozial. Mit Kindern geht er nicht nur ausgezeichnet um, er kann auch ausgesprochen viel vertragen. Auch mit anderen Haustieren und Artgenossen kommt der Finnische Lapphund gut zurecht. Er ist wachsam genug, um Fremde lautstark anzukündigen, sein Terrain verteidigen wird er allerdings nicht, dafür ist er vom Wesen her zu sanftmütig.

Bewegung
Die Hunde dieser Rasse haben einiges an Bewegung nötig, das Laufen neben dem Fahrrad ist nur eine Möglichkeit. Auch lange Wanderungen durch Wälder finden sie herrlich. Wegen seiner Hütehund-Eigenschaften wird der Hund immer in der Nähe bleiben.

Iceland Dog oder Islandspitz

Herkunftsland
Island

Islandspitz-Welpen

Veranlagung/Typ
Hüte- und Familienhund.

Grösse
Ein Rüde erreicht eine Schulterhöhe zwischen 42 und 48 cm, bei Hündinnen variiert sie zwischen 38 und 44 cm. Die Hunde wiegen 9 bis 14 kg.

Iceland Dog oder Islandspitz

FELL
Der Islandspitz besitzt ein doppeltes, weiches, enganliegendes Fell. Als Farben kommen Weiß mit rötlichen Abzeichen oder helles Rehbraun mit schwarzen Haarspitzen oder – selten – Schwarz, eventuell mit weißen Abzeichen, in Frage.

PFLEGE
Das Fell eines Islandspitzes braucht nur wenig Betreuung. Während des Fellwechsels müssen lose Haare aus der Unterwolle gekämmt werden.

CHARAKTER
Aufgeweckt und freundlich, sozial, ausgeglichen, intelligent und lerneifrig, anhänglich, aufmerksam und wachsam, selbstlos, mutig, etwas dickköpfig, bellt gern.

AUFZUCHT UND ERZIEHUNG
Die aufmerksamen Hunde sind vergleichsweise leicht zu erziehen. Sie brauchen engen Kontakt zum Menschen und einen ruhigen Führer, der ihre Wesenszüge richtig ausbauen kann. Die Hunde sind intelligent und lernen schnell. Man sollte aber die Übungen so abwechslungsreich wie möglich gestalten. Die Hunde brauchen außerdem Kommandos, deren Sinn sie „einsehen" können. Auf Behendigkeitswettkämpfen oder beim Fly-ball geben sie gar keine schlechte Figur ab.

VERTRÄGLICHKEIT
Gegenüber Kindern sind diese Hunde üblicherweise sehr geduldig und gutmütig.
Nach gelungener Sozialisierung in der Jugend gibt es auch im Umgang mit Katzen oder anderen Haustieren keine Probleme – gleiches gilt auch für den Kontakt zu Artgenossen.

BEWEGUNG
Er ist zwar ein Familienhund, aber der Islandspitz braucht trotzdem einiges an Auslauf. Man sollte ihn regelmäßig mit auf lange Wanderungen nehmen und ihm auch des öfteren die Gelegenheit zum Rennen und Spielen ohne Leine geben. Da diese Hunde sehr menschenverbunden sind, möchten sie am liebsten immer und unentwegt in der Gesellschaft „ihrer Familie" sein.

Norwegischer Buhund

HERKUNFTSLAND
Norwegen

VERANLAGUNG/TYP
Allzweck-Bauernhund und Schäferhund („Bu" bedeutet Heimat oder Gebirgshütte).

Norwegischer Buhund: Kopfstudie

GRÖSSE
Die Schulterhöhe von Rüden liegt zwischen 43 und 47 cm, ihr Gewicht beträgt 14 bis 18 kg. Hündinnen erreichen eine Schulterhöhe von zwischen 41 und 45 cm und wiegen 12 bis 16 kg.

FELL
Der Buhund besitzt eine dicke, weiche, flauschige Unterwolle und hartes, enganliegendes Deckhaar. Die Farben sind: Weizenfarbe, Schwarz, Wolfsgrau; oft hat er kleine symmetrische Abzeichen und eine schwarze Maske.

PFLEGE
Es ist nicht schwierig, das Fell in gutem Zustand zu halten. Mit einem Spezialkamm mit doppelreihigen Stahlzinken kann man während des Fellwechsels sehr vorsichtig die losen Haare aus der Unterwolle entfernen.

CHARAKTER
Wachsam, fröhlich, aktiv und unbestechlich, intelligent, aufmerksam, anhänglich, bellt gern. Im Haus ist der Norwegische Buhund im allgemeinen allerdings recht ruhig.

AUFZUCHT UND ERZIEHUNG
Der Norwegische Buhund ist lernwillig und intelligent, er begreift die Dinge also recht schnell. Er sollte mit fester Hand aufgezogen werden, wobei Übungen so abwechslungsreich wie möglich abgehalten werden müssen, um den Norwegischen Buhund „bei Laune" zu halten.
Die Hunde sind gern beschäftigt, apportieren gern und sind für eine Vielzahl von Hundesportarten zu begeistern.

VERTRÄGLICHKEIT
Im allgemeinen sind diese Hunde sehr lieb zu Kindern, auch der Umgang mit anderen Haustieren verläuft sehr gut. Der Buhund wird fremden Besuch sofort durchdringend melden, eignet sich als Wächter und wird sogar als Gehörlosenhund eingesetzt.

BEWEGUNG
Der Norwegische Buhund ist ein Energiebündel mit großer Ausdauer. Apportieren ist eine seiner Lieblingsbeschäftigungen. Man sollte ihm oft die Gelegenheit bieten, frei zu laufen – sein Hüteinstinkt sorgt allzeit dafür, daß sich der Hund nicht weit von seinem Besitzer entfernt oder gar wegläuft. Auch neben dem Fahrrad kann er gut laufen.

Norwegischer Buhund

Väsgötaspets oder Schwedischer Schäferspitz

HERKUNFTSLAND
Schweden

VERANLAGUNG/TYP
Hütehund, Wach- und Familienhund.

GRÖSSE
Die ideale Schulterhöhe für Rüden ist 33 cm, für Hündinnen 31 cm.

FELL
Das Fell besteht aus anliegendem, grobem Stockhaar mit weicher, flauschiger Unterwolle. Die Farbe ist Stahlgrau mit dunkleren Deckhaaren oder Grau-Gelb, Rot-Gelb oder Rotbraun mit lichteren Flecken. Gestromte, gefleckte oder graubraune Fellzeichnung ist zugestanden, aber nicht erwünscht. Weiße Abzeichen sind zulässig, wenn sie nicht mehr als ein Drittel der Körperoberfläche bedecken.

Väsgötaspets

PFLEGE
Regelmäßiges Bürsten und Kämmen hält das Fell in gutem Zustand; dazu sollten die Gehörgänge frei und die Krallen kurz gehalten werden.

CHARAKTER
Wachsam, aufmerksam, aktiv, lernwillig, intelligent, sehr treu und anhänglich. Die Hunde zeigen einen besonderen „Sinn für Humor" und sind begnadete Schauspieler.

AUFZUCHT UND ERZIEHUNG
Diese Hunde brauchen kaum Erziehung, sie begreifen außerordentlich schnell.

Verträglichkeit
Der Väsgötaspets kommt sehr gut mit Kindern aus und spielt gerne mit ihnen. Er wird sie auch allzeit gegen Fremde beschützen. Diese Eigenschaft teilt er mit vielen anderen Hütehunden. Die Vertreter dieser Rasse kommen im allgemeinen gut mit Hunden oder anderen Haustieren aus, gegenüber Fremden verhalten sie sich etwas reservierter.

Bewegung
Der Väsgötaspets ist in erster Linie ein Arbeitshund, der daher viel Bewegung braucht. Wegen seines kleineren Formates kann man diesen Hund natürlich auch in einer Wohnung halten, aber gerade dann muß man selbstverständlich für ausreichend Gelegenheiten sorgen, bei denen der Hund seine Energie loswerden kann.
Die robusten Hunde machen auch bei Behendigkeitsprüfungen eine gute Figur und zeigen dabei große Begeisterung.

Schwedischer Lapphund oder Lappenspitz

Herkunftsland
Schweden

Veranlagung/Typ
Hütehund

Grösse
Die ideale Schulterhöhe für einen Rüden ist 48 cm. Hündinnen sollten als Idealmaß 43 cm erreichen. Abweichungen von 3 cm nach oben und unten werden zugestanden.

Fell
Der Schwedische Lapphund besitzt ein reiches, dichtes Deckfell, das deutlich abstehen soll, sowie eine fein gekräuselte, starke Unterwolle. Die Hunde kommen in den Farben Braun, Schwarz oder in Kombination beider Färbungen vor. Auf Ausstellungen werden einfarbige Tiere am höchsten eingestuft.

Weiße Abzeichen kommen hin und wieder vor, sind aber nicht unbedingt gern gesehen.

Pflege
Während des Fellwechsels sollte man das Fell gut durchbürsten, besonders die Unterwolle geht stark aus.

Charakter
Intelligent, sozial und freundlich. Der Schwedische Lapphund ist vom Charakter her seinem finnischen Vetter sehr ähnlich, was bedeutet, daß er lieb zu Kindern, lernwillig, anhänglich, beweglich und nicht wehleidig oder empfindlich ist.

Aufzucht und Erziehung
Der Hund lernt schnell und gut, man kann deshalb auch erwägen, ihn in einem Behendigkeits- oder Gehorsamkeitskursus anzumelden.
Mit der richtigen Anleitung können die Hunde dieser Rasse die Kurse mit gutem Erfolg und Spaß bewältigen.

Verträglichkeit
Ein Schwedischer Lapphund aus guter Zucht geht gut mit anderen Hunden um und ist Kindern gegenüber ein sehr verträglicher Kamerad. Fremde werden zwar angekündigt, aber dabei bleibt es dann auch, denn grundsätzlich sind die Lapphunde zu jedermann freundlich.

Bewegung
Die Rasse verfügt über große Ausdauer und will beschäftigt sein.
Der Hund liebt es, mit seinem Besitzer zu gehen und bleibt dann allzeit in dessen Nähe.

Besonderheiten
Rein äußerlich ähnelt der Schwedische Lapphund sehr stark seinem finnischen Namensgenossen.

Europäische Spitze

Deutscher Zwergspitz und Deutscher Kleinspitz

Herkunftsland
Deutschland

Veranlagung/Typ
Gesellschaftshund

Grösse
Die Schulterhöhe der Zwergspitze liegt zwischen 18 und 22 cm, bei Kleinspitzen variiert sie zwischen 23 und 28 cm.

Fell
Die Hunde besitzen lange, abstehende Haare und eine dichte Unterwolle. Die Farbe ist einfarbig Weiß, Orange, Schwarz, Braun oder Grau.

Pflege
Alle zwei Wochen sollte das Fell mit einem sehr

Deutscher Zwergspitz

groben Kamm ausgekämmt werden, danach kann es auch noch leicht gebürstet werden. Nimmt man einen zu feinen Kamm oder kämmt zu oft, könnte die Unterwolle beschädigt werden.

Charakter
Lebendig, aufgeweckt, etwas übermütig, intelligent, lernwillig, seinem Besitzer und dessen Familie sehr treu, wachsam, energiegeladen, von liebevollem Charakter. Spitze scheinen ihren Besitzer stets fröhlich „anzulächeln“.

Aufzucht und Erziehung
Man muß dem Hund frühzeitig beibringen, nur ein paar Mal anzuschlagen, danach aber wieder Ruhe zu geben – ein Unterfangen, das viel Konsequenz verlangt. Ansonsten sind der Deutsche Zwergspitz und der Deutsche Kleinspitz leicht zu erziehen, da sie intelligent sind und schnell lernen.

Verträglichkeit
Bisweilen werden Spitze in Gegenwart von (vielen) Kindern etwas nervös; der Umgang mit Artgenossen oder anderen Haustieren verläuft meist problemlos. Einige Spitze halten sich offenbar selbst für groß und scheuen sich daher nicht, einen anderen (großen) Hund anzufallen – man sollte sie „vor sich selbst“ schützen.

Bewegung
Zwergspitze und Kleinspitze sind mit kürzeren Spaziergängen zufrieden und spielen gern im Garten.

Sie können aber auch einige Kilometer zurücklegen, ohne müde zu werden.

BESONDERHEITEN
Bei beiden Rassen handelt es sich um gesellige, lebhafte Hunde, die für einen vielbeschäftigten Menschen nicht unbedingt die beste Wahl darstellen.

Deutscher Großspitz und Wolfspitz

HERKUNFTSLAND
Deutschland

VERANLAGUNG/TYP
Ungezieferbekämpfer, Wach- und Familienhund.

GRÖSSE
Die Idealhöhe für einen Großspitz beträgt 46 cm, Abweichungen von 4 cm nach oben und unten werden aber zugestanden. Für den Wolfspitz gelten 50 cm als Idealmaß für die Schulterhöhe, wobei Abweichungen von 5 cm nach oben und unten zugestanden werden.

Wolfsgrauer Spitz

FELL
Die Hunde besitzen eine dichte Unterwolle mit etwas längerem, abstehendem Deckhaar. Der Wolfspitz kommt nur in Wolfsgrau vor, der Großspitz hat einfarbig Schwarz, Weiß oder Braun zu sein.

PFLEGE
Während des Fellwechsels sollte das Fell regelmäßig mit einem groben Kamm durchgekämmt werden, um die losen Haare zu entfernen. Der Großspitz sollte außerhalb dieser Phase nicht zu oft gekämmt werden, da man sonst die Unterwolle beschädigen könnte.

CHARAKTER
Aufgeweckt, seinem Besitzer und „seiner Familie“ treu ergeben, intelligent und lernwillig.

AUFZUCHT UND ERZIEHUNG
Der Großspitz ist ein intelligenter Hund, der schnell mitbekommt, was von ihm verlangt wird; die Erziehung sollte also kein Problem darstellen. Spitze können an den verschiedensten Hundesportarten (z.B. Behendigkeitsprüfungen) erfolgreich teilnehmen.

VERTRÄGLICHKEIT
Spitze gehen von Natur aus gut mit Kindern sowie anderen Hunden um – mit Katzen sollte man sie allerdings erst vertraut machen. Fremde werden normalerweise immer lautstark angekündigt.

BEWEGUNG
Der Großspitz verfügt über einen durchschnittlichen Bewegungsdrang und paßt sich gut an seinen Besitzer an. Spitze gelten heute als beliebte Wohnungshunde.

Deutscher Mittelspitz

Deutscher Mittelspitz

HERKUNFTSLAND
Deutschland

VERANLAGUNG/TYP
Ungezieferbekämpfer und Familienhund.

GRÖSSE
Die Idealhöhe für diesen Hund liegt bei 32 cm, Variationen der Schulterhöhe zwischen 29 und 36 cm gelten als akzeptabel. Das Gewicht sollte 11 kg nicht überschreiten.

FELL
Der Hund besitzt dichte Unterwolle und etwas längere, abstehende Deckhaare. Den Mittelspitz gibt es in einfarbig Weiß, Schwarz, Braun, Orange oder Wolfsgrau.

PFLEGE
Während des Fellwechsels sollte das Fell regelmäßig mit einem groben Kamm durchgekämmt werden, um lose Haare zu entfernen. Außerhalb dieser Phase sollte nicht zu oft gekämmt werden, da man sonst die Unterwolle beschädigen könnte.

CHARAKTER
Aufgeweckt, seinem Besitzer und „seiner Familie" treu ergeben, unbestechlich, intelligent, bellt gern.

Aufzucht und Erziehung
Der Mittelspitz ist ein intelligenter Hund, der schnell mitbekommt, was von ihm verlangt wird, die Erziehung sollte also kein Problem darstellen. Wenn man an ein besonders „bellfreudiges" Exemplar geraten ist, kann man ihm beibringen, weniger anzuschlagen.

Deutscher Mittelspitz

VERTRÄGLICHKEIT
Die Spitze gehen gut mit Kindern sowie anderen Hunden um. Man sollte sie frühzeitig an die Gesellschaft von Katzen gewöhnen. Fremde werden lautstark angekündigt.

BEWEGUNG
Die Rasse verfügt über einen durchschnittlichen Bewegungsdrang und paßt sich gut an ihre Besitzer an. Spitze sind hervorragende Springer, sie präsentieren sich gerne auf den Hinterläufen (um zu betteln).

Asiatische Spitze und verwandte Rassen

Akita Inu

HERKUNFTSLAND
Japan

VERANLAGUNG/TYP
Früher unter anderem Jagdhund für Bären, heutzutage Wach- und Gesellschaftshund.

GRÖSSE
Rüden erreichen eine Schulterhöhe von 67 cm, Hündinnen etwa 61 cm, Abweichungen von 3 cm nach oben und unten werden zugestanden.

FELL
Der Hund besitzt recht grobes Deckhaar und eine weiche, dichte Unterwolle. Die zugestandenen Farben für den Akita Inu sind nach japanischem Standard Rot, Weiß oder gestromte Fellvarianten. Eine schwarze Maske wird dabei als Fehler bewertet. In einigen Ländern (z. B. den USA) sind gefleckte Hunde oder Exemplare mit Maske hingegen sehr beliebt und werden auf Ausstellungen zugelassen.

Akita Inu

Akita Inu

PFLEGE
Die Vertreter dieser Rasse sind recht pflegeleicht. Ein Akita Inu macht meist zweimal jährlich einen kurzen, heftigen Fellwechsel durch. In dieser Zeit leistet ein Kamm mit doppelreihigen Metallzinken gute Dienste.

CHARAKTER
Ausgeglichen, bedächtig, intelligent, freundlich, gehorsam, unerschütterlich, großer Jagdinstinkt, guter Wachhund, ohne besonders viel zu bellen, seinem Besitzer und der Familie treu ergeben. Ein Akita Inu versteht sich als Freund – nicht als Sklave. Die zähen und robusten Burschen haben es in Japan sogar zu sprichwörtlicher Berühmtheit gebracht: „Zart im Herzen, aber nach außen stark und mutig" beschreibt die Akitas sicher am besten.

AUFZUCHT UND ERZIEHUNG
Bei einem Besitzer, der über eine strenge, aber liebevoll erzieherische Hand verfügt, kann ein Akita Inu viel lernen. Allerdings wird der Hund schnell dickköpfig und wehrt sich gegen harte Erziehung – für Anfänger ist er also nicht unbedingt geeignet.

VERTRÄGLICHKEIT
Die meisten Akita Inus haben mit anderen Hunden nicht viel im Sinn, man kann sie also gut als Einzeltiere halten. Oft genug verhalten sie sich sogar ausgesprochen aggressiv gegen Artgenossen, besonders gegenüber denen desselben Geschlechts. An Katzen oder andere Haustiere muß man sie ganz früh gewöhnen, um späteren Problemen vorzubeugen. Im allgemeinen kommen die Hunde gut mit Kindern aus, solange sie nicht allzusehr geneckt werden. Der Akita verteidigt sein Revier mutig gegen Fremde, egal ob es sich dabei um zwei- oder vierbeinige Eindringlinge handelt.

BEWEGUNG
Ein Akita Inu verfügt über große Ausdauer. Er ist aber trotzdem unproblematisch, wenn man einmal weniger Zeit für eine lange Wanderung hat, und paßt sich den Gegebenheiten an. Man sollte sich aber immer an den starken Jagdinstinkt dieser Hunde erinnern und sie daher in wildreichen Gebieten nicht ohne Leine laufen lasen.

BESONDERHEITEN
Der Akita Inu ist in Japan zum nationalen Kulturerbe erhoben worden.

Kurzhaariger Chow Chow

HERKUNFTSLAND
China

VERANLAGUNG/TYP
Der Chow Chow mußte schon die verschiedensten „Aufgaben" erfüllen: einst war er Jagdhund, oft stand er auch auf den chinesischen Speisekarten, heute ist er Familienhund.

GRÖSSE
Die Schulterhöhe von Rüden variiert zwischen 48 und 56 cm, bei Hündinnen kann sie zwischen 46 und 51 cm schwanken.

FELL
Wie der Name vermuten läßt, ist das Fell kurz. Einfarbig Rot, Schwarz, Blau und Creme sind die häufigsten Farbschläge. Berühmt ist die blaue Zunge und das blaue Pigment der Chow Chows.

Kurzhaariger schwarzer Chow Chow

PFLEGE
Erwartungsgemäß ist die Pflege des kurzen Fells weniger zeitaufwendig als bei der langhaarigen Varietät. Dennoch muß auch das kurzhaarige Fell – vor allem während des Fellwechsels – regelmäßig gut durchgebürstet werden.

CHARAKTER
Aufmerksam, eigensinnig, ruhig, edel, unabhängig, recht aktiv, dominant, wachsam, mutig, selbstlos, charaktervoll.

AUFZUCHT UND ERZIEHUNG
Der kurzhaarige Chow Chow braucht einen Besitzer, der Ruhe und Überlegenheit ausstrahlt. Von der kurzhaarigen Varietät wird allgemein behauptet, daß sie aktiver ist und schneller lernt als die langhaarigen Vettern.

VERTRÄGLICHKEIT
Die meisten Chow Chows geben sich gegenüber anderen Hunden recht dominant. Mit Kindern kommen sie dagegen im allgemeinen gut aus. Wenn sie frühzeitig an andere Haustiere gewöhnt werden, beugt dies eventuellen Problemen vor. Gegenüber Fremden geben sich die Hunde recht reserviert.

BEWEGUNG
Die Rasse hat nicht allzuviel Bewegung nötig, ist aber dennoch gern im Freien. Im Sommer sollte man dem Hund einen Platz bieten, auf den er sich zurückziehen kann, wenn es ihm zu warm werden sollte.

Chow Chow

Chow Chow: Kopfstudie

Langhaariger Chow Chow

HERKUNFTSLAND
China

VERANLAGUNG/TYP
Auch der Langhaarige Chow Chow mußte schon die verschiedensten „Aufgaben“ erfüllen: einst war er Jagdhund, oft stand er auch auf den chinesischen Speisekarten, heute ist er Familienhund.

GRÖSSE
Die Schulterhöhe von Rüden variiert zwischen 48 und 56 cm, bei Hündinnen kann sie zwischen 46 und 51 cm schwanken.

FELL
Das Fell besteht aus langem, abstehendem Haar. Einfarbig Rot, Schwarz, Blau und Creme sind die häufigsten Farbschläge. Berühmt ist die blaue Zunge und das blaue Pigment der Chow Chows. Wegen des dichten Fells ist bei heißerer Witterung besondere Vorsicht geboten, speziell dann, wenn auch noch hohe Luftfeuchtigkeit hinzukommt.

PFLEGE
Der Chow Chow muß regelmäßig gut durchgebürstet werden, vor allem an jenen Stellen, an denen sich leicht Kletten bilden. Man sollte den Hund schon jung an dieses Ritual gewöhnen, damit es später, wenn der Hund größer und stärker ist, nicht zu einer „Machtprobe“ kommen muß.

CHARAKTER
Aufmerksam, eigensinnig, ruhig, edel, unabhängig, dominant, wachsam, mutig, selbstlos, charaktervoll.

AUFZUCHT UND ERZIEHUNG
Der Chow Chow braucht einen Besitzer, der Ruhe und Überlegenheit ausstrahlt, damit sich seine Wesenszüge ideal entwickeln können. Man darf von diesen Hunden keine Höchstleistungen auf dem Gebiet der Gehorsamkeit erwarten – ihr Eigensinn und ihre Dickköpfigkeit sind angeboren. Das soll aber nicht heißen, daß man einem Chow Chow nichts beibringen könnte – die Hunde sind auf keinen Fall als dumm zu bezeichnen. Es ist eher so, daß der Hund lernen muß, die Kommandos einzusehen. Wichtig ist dabei stete Konsequenz.

VERTRÄGLICHKEIT
Die meisten Chow Chows geben sich etwas dominant gegenüber anderen Hunden. Mit Kindern hingegen kommen sie im allgemeinen gut aus. Wenn sie frühzeitig an Katzen und andere Haustiere gewöhnt werden, beugt dies eventuellen Problemen vor. Gegenüber Fremden geben sich die Hunde recht reserviert.

BEWEGUNG
Die Rasse hat nicht allzuviel Bewegung nötig, ist aber dennoch gern im Freien. Im Sommer sollte man dem Hund einen Platz bieten, auf den er sich zurückziehen kann, wenn es ihm zu warm werden sollte.

Eurasier

Eurasier

HERKUNFTSLAND
Deutschland

VERANLAGUNG/TYP
Familienhund

GRÖSSE
Die Schulterhöhe von Rüden liegt zwischen 52 und 60 cm; Hündinnen sind etwas kleiner, sie erreichen 48 bis 56 cm. Als Idealmaß für Rüden werden 56 cm bei einem Gewicht von 26 kg angesehen, für eine Hündin gelten 52 cm bei einem Gewicht von 22 kg als ideal.

FELL
Das Deckfell besteht aus mittellangem, lose anliegendem Grannenhaar mit flauschiger Unterwolle. Alle Farben und Kombinationen werden zugestanden, Weiß und weißgefleckte Fellvarianten sind nicht für die Zucht zugelassen

PFLEGE
Der Eurasier braucht nur wenig Fellpflege. Vom täglichen Bürsten wird sogar – mit Rücksicht auf die Unterwolle – abgeraten. Während des Fellwechsels ist ein Kamm mit doppelreihigen Metallzinken das beste Werkzeug, um tote Haare aus dem Fell zu entfernen.

Eurasier

Japanischer Spitz

CHARAKTER
Ausgeglichen, ruhig, wachsam, freundlich, zwar etwas eigensinnig, aber doch recht gehorsam, intelligent, seinem Besitzer stark verbunden. Der Eurasier bellt wenig.

AUFZUCHT UND ERZIEHUNG
Eine besondere Erziehung ist bei diesen Hunden beinahe unnötig, dennoch sollte der zukünftige Besitzer stets die Oberhand behalten. Der Eurasier eignet sich nicht für ein Leben als Zwingerhund.

VERTRÄGLICHKEIT
Eurasier gehen gut mit Kindern um, gegenüber Fremden verhalten sie sich aber sehr reserviert. Der Umgang mit Artgenossen verläuft normalerweise problemlos, an andere Haustiere sollte der Hund möglichst frühzeitig gewöhnt werden.

BEWEGUNG
Die Vertreter dieser Rasse brauchen einigen Auslauf. Eine Stunde Spazierengehen mit dem Hund ist das tägliche Minimum. Darüberhinaus finden sie es toll, unangeleint rennen und spielen zu dürfen.

Japanese Spits (Japanischer Spitz)

HERKUNFTSLAND
Japan

VERANLAGUNG/TYP
Familienhund

GRÖSSE
Rüden erreichen eine Schulterhöhe von 30 cm, Hündinnen sind etwas kleiner.

FELL
Das dicke, langhaarige Fell und die dichte Unterwolle sind immer reinweiß.

PFLEGE
Der Japanische Spitz darf nicht zu oft gebürstet werden, da die Unterwolle dabei leicht Schaden nehmen könnte. Während des Fellwechsels ist ein Kamm mit doppelreihigen Metallzinken das beste Werkzeug, um tote Haare aus dem Fell zu entfernen.

CHARAKTER
Aufgeweckt, intelligent, verspielt, wachsam und gehorsam.

AUFZUCHT UND ERZIEHUNG
Es ist leicht, einen Japanischen Spitz zu erziehen, wichtig ist es aber, allzeit konsequent gegenüber dem Hund zu sein. Die Spitze lernen sehr schnell und finden viel Spaß an Hundesportarten wie z. B. Behendigkeitsprüfungen.

VERTRÄGLICHKEIT
Im allgemeinen gehen diese Hunde sehr gut mit Kindern um, schließlich tollen sie selbst gerne umher. Gegen Fremde nehmen sie meist eine reservierte Haltung ein. Der Umgang mit Artgenossen

und anderen Haustieren stellt unter normalen Bedingungen kein Problem dar.

BEWEGUNG
Wenn der Hund geistig und körperlich in gutem Zustand bleiben soll, dann sollte er dreimal täglich ausgeführt werden und regelmäßig ohne Leine rennen und spielen dürfen.

Japanischer Spitz: Kopfstudie

Shiba Inus

Shiba Inu

HERKUNFTSLAND
Japan

VERANLAGUNG/TYP
Jagdhund und Familienhund.

GRÖSSE
Rüden erreichen eine Schulterhöhe von 39,5 cm, für Hündinnen gelten 36,5 cm als Idealmaß. Abweichungen von 1,5 cm nach oben und unten werden zugestanden.

FELL
Der Shiba Inu besitzt ein kurzes, hartes Fell mit weicher Unterwolle. Rot, gestromt, weiß, schwarz, schwarz-loh, salz-und-pfeffer und schwarz-sesam (mit dominierendem Schwarz) sind die häufigsten Farbschläge.

PFLEGE
Das Fell dieser japanischen Hunderasse hat nur wenig Pflege nötig. Ab und zu müssen die toten Haare entfernt werden, damit das Fell in gutem Zustand bleibt, hierfür ist ein Kamm mit doppelreihigen Metallzinken am besten geeignet.

Shiba Inu

CHARAKTER
Lebendig, ausgeglichen, bellt wenig, sehr anhänglich an seinen Besitzer, aber dennoch unabhängig, neugierig, fröhlich und wachsam. Shiba Inus sind sehr reinliche Hunde, die sich katzenähnlich selbst säubern.

AUFZUCHT UND ERZIEHUNG
Die Erziehung dieser Hunde bereitet erfreulich wenig Probleme, man muß aber immer ihren eigen-

sinnigen und etwas unabhängigen Charakter berücksichtigen. Abwechslungsreiche Übungen sorgen dafür, daß der Hund die Erziehung „gutgelaunt" hinnimmt.

VERTRÄGLICHKEIT
Ein Shiba Inu kommt im allgemeinen gut mit anderen Hunden und anderen Haustieren zurecht. Gegenüber Fremden ist er zurückhaltend, mit Kindern gibt es in der Regel keinerlei Probleme.

BEWEGUNG
Die Hunde stellen wenig Ansprüche und passen sich mühelos den Umständen an – wenn es die Möglichkeit gibt, können sie aber auch stundenlang laufen.

BESONDERHEITEN
Der Shiba Inu ist in Japan die am häufigsten gehaltene einheimische Rasse.

Hunde vom Urtyp

Basenji

HERKUNFTSLAND
Zentralafrika (Zaire)

VERANLAGUNG/TYP
Jagdhund und Gesellschaftshund.

GRÖSSE
Für Rüden gilt eine Schulterhöhe von 43 cm, für Hündinnen eine von 40 cm als ideal.

FELL
Das Fell ist kurzhaarig, dicht und fein. Basenjis kommen am häufigsten Rot (mit Weiß) vor, auch Schwarz-Loh, Schwarz mit Weiß und dreifarbige Zeichnungen werden zugestanden. Gestromte Varietäten werden nicht in allen Ländern anerkannt.

PFLEGE
Ab und zu sollte man das Fell mit einer Gummibürste oder einem Pflegehandschuh behandeln, Basenjis sind aber von Natur aus reinlich.

CHARAKTER
Diese seltsame Rasse zeigt für einen Hund viele „katzenartige" Wesenszüge. So lecken diese Hunde ihr Fell sauber und können ausgesprochen gut sehen; Bellen können sie hingegen nicht – sie stoßen eher ein „Jodeln" aus. Basenjis sind unabhängige, eigenwillige Hunde, die aber dennoch sehr anhänglich an ihren Besitzer sein können. Basenjis hassen den Regen und können Kälte und Zugluft nicht vertragen.

AUFZUCHT UND ERZIEHUNG
Wer nach einem perfekt gehorchenden Haustier sucht, sollte um die Basenjis einen weiten Bogen machen. Sie sind sehr unabhängige „Sturköpfe", de-

Basenji: Kopfstudie

Basenji: Kopfstudie

ren Erziehung keine leichte Aufgabe ist. Hier wird viel Einfühlungsvermögen und Cleverness verlangt. Man sollte die Hunde in jedem Fall möglichst stark in die Familie integrieren. Wenn man sie zu lange sich selbst überläßt, verfallen sie in Übellaunigkeit und suchen sich ihre eigene Unterhaltung in Zerstörungswut.

Verträglichkeit
Die Hunde gehen mit Kindern recht gut um, sie wollen aber auch rechtzeitig in Ruhe gelassen werden. Zu echten Spielkameraden werden sie aber wohl niemals werden. Basenjis sind gegenüber Fremden von Natur aus zurückhaltend und verfügen über einen starken Beschützerinstinkt. Der Umgang mit anderen Hunden verläuft in der Regel problemlos.
Man sollte immer daran denken, daß ein Basenji ursprünglich ein Jagdhund für Kleinwild war. Es ist daher verständlich, daß der Hund früh an Katzen oder andere Haustiere gewöhnt werden muß.

Bewegung
Die Rasse paßt sich den Umständen an, was bedeutet, daß man diese Hunde auch in einem Appartement halten kann, wenn man oft genug mit ihnen spazieren geht.

Basenji

Besonderheiten
Basenji-Hündinnen kommen einmal jährlich (zwischen August und November) in Hitze.

Pharaonenhund oder Kelb Tal-fenek

Herkunftsland
Malta

Veranlagung/Typ
Jagdhund (nach Sicht, Gehör und Geruchssinn) und Familienhund.

Grösse
Für Rüden gilt eine ideale Schulterhöhe von 56 cm, für Hündinnen von 53 cm.

Fell
Die Hunde besitzen ein kurzes, glänzendes Fell. Die Farben gehen von hellem bis dunklem rotbraun, wobei eine weiße Schwanzspitze gerne gesehen wird. Eine weiße Brust und eine kleine weiße Blesse werden zugestanden.

Pharaonenhund

PFLEGE
Ein Pharaonenhund braucht nur wenig Fellpflege. Man muß einzig ab und zu lose Haare mit einer Gummibürste entfernen.

CHARAKTER
Recht selbständig, verspielt, mutig und ausgeglichen, unaufdringlich, wachsam, anhänglich und treu, ruhig im Haus, freundlich, intelligent und relativ gehorsam.
Ein Pharaonenhund besitzt große Ausdauer und einen tief verwurzelten Jagdinstinkt.

AUFZUCHT UND ERZIEHUNG
Die Erziehung stellt keine großen Probleme. Der zukünftige Besitzer muß einfühlsam auf die Eigenarten dieses Hundes eingehen, aber dennoch konsequent bleiben.

VERTRÄGLICHKEIT
Die Rüden dieser Rasse können sich gegenüber Artgenossen etwas aggressiv verhalten. Mit Kindern kommen die Hunde im allgemeinen gut zurecht, Fremden gegenüber geben sie sich sehr reserviert. Katzen und andere kleine Haustiere sind nicht unbedingt die geeignetsten Hausgenossen für einen Pharaonenhund, da er sie als potentielle Beute ansehen könnte. Mit der richtigen Erziehung kann man den Jagdinstinkt allerdings soweit „bändigen", daß ein Zusammenleben mit einer Katze möglich wird – wichtig ist allerdings die frühzeitige Sozialisation.

BEWEGUNG
Ein Pharaonenhund braucht viel Bewegung. Man muß pro Tag mindestens eine Stunde einplanen, in der man den Hund neben dem Fahrrad laufen läßt. Ideal ist es natürlich, wenn man mit dem Hund auf die Jagd gehen kann. Pharaonenhunde können allerdings schnell „durchgehen", wenn sie Wild riechen oder sichten – sie sind und bleiben sehr selbständige Jagdhunde. Daher sollte man auch sein Grundstück hoch umzäunen, zumal die Hunde sehr gut springen können.

BESONDERHEITEN
Der Pharaonenhund wird auch als „Halbwindhund" bezeichnet, da er nicht allein auf Sicht, sondern auch nach Nase und Gehör jagt. Bei Erregung laufen die Hunde rosarot an, Gesicht und Ohrinnenseiten „leuchten".

Spitzartige Jagdhunde vom Urtyp

Cirneco dell'Etna oder Sizilianischer Windhund

HERKUNFTSLAND
Italien (Sizilien)

VERANLAGUNG/TYP
Jagdhund und Familienhund.

GRÖSSE
Die Hunde erreichen eine Schulterhöhe zwischen 42 und 50 cm.

FELL
Das Fell ist kurz und glatt. Als Farbe kommt Falb in allen Schattierungen vor, weiße Abzeichen sind gestattet.

PFLEGE
Das Fell dieser Hunde braucht kaum Pflege. Ab und zu kann man den Hund mit einem Pflegehandschuh abbürsten, um dem Fell den prächtigen Glanz zu verleihen.

CHARAKTER
Freundlich, beweglich, wachsam, intelligent, seinem Besitzer und dessen Familie sehr treu ergeben, sehr anhänglich. Die meisten Cirnecos gebrauchen ihre Stimme gern und oft.

AUFZUCHT UND ERZIEHUNG
Ein Cirneco dell'Etna läßt sich relativ bequem erziehen, dennoch sollte der zukünftige Besitzer über die nötige Konsequenz verfügen.

VERTRÄGLICHKEIT
Der Hund kann sich gegenüber Artgenossen etwas reserviert verhalten. Das Zusammenleben mit „seiner" Hauskatze sollte kein Problem darstellen, fremden Katzen wird allerdings gern nachgejagt. Die Hunde sind relativ geduldig mit Kindern. Fremde werden in der Regel frühzeitig angekündigt, aber dann nicht weiter verfolgt.

Cirneco dell'Etna: Kopfstudie

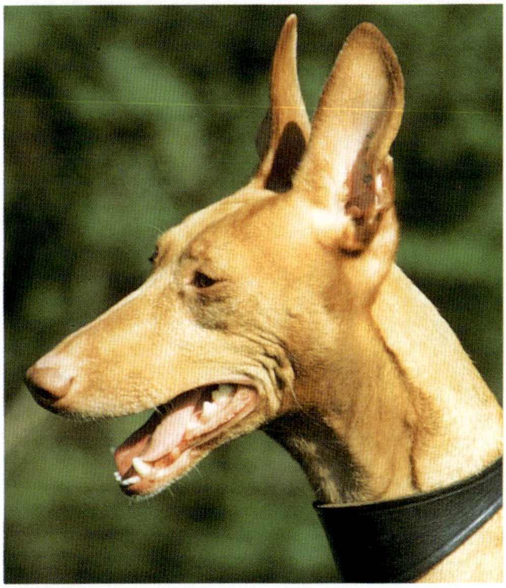

BEWEGUNG
Da der Cirneco viel Auslauf braucht, sollte man hierfür eine Stunde pro Tag einplanen. Laufen neben dem Rad ist eine gute Körperertüchtigung, das gleiche gilt auch für Coursing.

BESONDERHEITEN
Der Cirneco dell'Etna wird auch als „Halbwindhund" bezeichnet, da er nicht allein auf Sicht, sondern auch nach Nase und Gehör jagt. Man sollte den Hund nur dann ohne Leine laufen lassen, wenn man sicher ist, daß kein Wild in der Nähe ist. Sonst „verselbständigt" sich nicht nur der Jagdinstinkt des Hundes sondern auch der Hund selbst. Cirnecos können ungemein hoch springen, das Grundstück sollte also mit einer entsprechend hohen Umzäunung gesichert werden. Der Cirneco ist gern in der Nähe seines Besitzers, als Zwingerhund eignet er sich daher nicht.
Die Rasse ist wahrscheinlich aus alten Windhundstämmen hervorgegangen, die aus Ägypten stammen und von den Phöniziern im Mittelmeerraum gehandelt wurden.

Podenco Ibicenco

Podenco Ibicenco oder Balearen-Laufhund

HERKUNFTSLAND
Spanien (Balearen)

VERANLAGUNG/TYP
Jagdhund (nach Sicht, Gehör und Geruchssinn) und Familienhund.

GRÖSSE
Rüden erreichen eine Schulterhöhe zwischen 66 und 72 cm, bei Hündinnen variiert die Schulterhöhe zwischen 60 und 67 cm.

Podenco Ibicenco: Kopfstudie

FELL
Der Podenco Ibicenco kommt in einer kurzhaarigen, einer langhaarigen und einer rauhhaarigen Varietät vor, erstere ist am häufigsten, der langhaarige Podenco am seltensten. Die häufigsten Farbschläge sind rot oder löwenfarbig mit Weiß gemischt oder jeweils einfarbig.

PFLEGE
Der kurzhaarige Podenco muß nur ab und zu mit einer Gummibürste gepflegt werden, auch bei der rauhhaarigen Varietät reicht gelegentliches Bürsten aus.

CHARAKTER
Ruhig und anhänglich, seinem Herrn sehr treu ergeben, dennoch relativ selbständig, wachsam, aufmerksam, lernwillig, recht gehorsam, große Ausdauer. Der Podenco Ibicenco verfügt über einen ausgesprochen stark entwickelten Jagdtrieb.

AUFZUCHT UND ERZIEHUNG
Der Hund lernt gern und schnell. Man kann ihn an den verschiedensten Hundesportarten teilnehmen lassen, wenn man ihn ruhig und bedachtsam aufgezogen hat. Die Tiere besitzen ein gut entwickeltes Gespür für die Stimmlage ihres Besitzers – ein freundlicher Zuspruch ist meist erfolgreicher als ein strenger Tadel.

VERTRÄGLICHKEIT
Die Hunde gehen sehr gut mit Kindern um, gegenüber Fremden nehmen sie hingegen eine eher abwartende Haltung ein. Wenn der Hund dann merkt, daß der fremde Besucher nichts Böses im Schilde führt, ist das Eis schnell gebrochen. Podenco-Rüden können etwas dominant gegenüber anderen Rüden sein. Mit der Hauskatze sollte es keine Probleme geben, wenn der Hund schon in frühester Jugend an diesen Mitbewohner gewöhnt worden ist.

BEWEGUNG
Trotz des großen Anpassungsvermögens dieser Rasse – man kann sie selbst in einem Appartement halten – brauchen die Hunde sehr viel Auslauf. Man kann den Hund neben dem Fahrrad laufen lassen – aber erst, wenn er vollkommen ausgewachsen ist. Einige Podencos ziehen es vor, ihrer eigenen Nase zu folgen, um etwas Interessantes zu entdecken: sie bleiben eben echte Jagdhunde. Daher sollte man eine ausreichend hohe Umzäunung um das Grundstück ziehen, denn die Vertreter dieser Rasse springen mühelos bis zu zwei Meter hoch; manchmal scheint es sogar, als könnten sie über Zäune „klettern". Die meisten Podencos apportieren gern, sie sind auch für Coursing geeignet.

BESONDERHEITEN
Der Podenco Ibicenco wird auch als „Halbwindhund" bezeichnet, da er nicht allein auf Sicht, sondern auch nach Nase und Gehör jagt. Er eignet sich nicht für die Haltung im Zwinger.
Vom sonst sehr ähnlichen Pharaonenhund unterscheidet sich der relativ stämmige Podenco vor allem durch die variable Färbung.

Thai Ridgeback Dog

Thai Ridgeback Dog

HERKUNFTSLAND
Thailand

VERANLAGUNG/TYP
Jagdhund und Wachhund.

GRÖSSE
Die Schulterhöhe von Rüden liegt zwischen 53 und 61 cm, bei Hündinnen zwischen 48 und 56 cm.

FELL
Das Fell ist sehr kurz und weich mit dem typischen „Ridge" am Rücken (ein Fellstreifen in entgegengesetzter Wuchsrichtung zum restlichen Fell). Thai Ridgebacks können blau, silbern, kastanienbraun oder schwarz gefärbt sein.

PFLEGE
Der Thai Ridgeback braucht nur minimale Fellpflege, hin und wieder bürsten reicht.

CHARAKTER
Wachsam, intelligent, etwas eigensinnig, große Ausdauer, aktiv, beweglich, in Gegenwart Fremder zurückhaltend.

AUFZUCHT UND ERZIEHUNG
Die Erziehung eines Thai Ridgeback Dog muß mit sanfter, aber dennoch konsequenter Stärke durchgeführt werden.

VERTRÄGLICHKEIT
Der Umgang mit anderen Haustieren ergibt normalerweise keine Probleme, wenn der Hund von Jugend an eingewöhnt worden ist.
Gegenüber Fremden zeigen sich die Ridgebacks sehr zurückhaltend.

BEWEGUNG
Der Thai Ridgeback hat einiges an Bewegung nötig. Laufen neben dem Fahrrad und ausgedehnte Wanderungen sind die besten Maßnahmen, um den Hund geistig und körperlich in guter Kondition zu halten. Es sind etliche Beispiele von Ridgebacks bekannt, die sich in den verschiedensten Hundesportarten erfolgreich hervorgetan haben.

BESONDERHEITEN
Außerhalb seines Herkunftslandes ist der Thai Ridgeback eine echte Rarität.

Thai Ridgeback Dog

6. Lauf- und Schweißhunde

Laufhunde

Basset Artésien Normand

Drei Bassets Artésien Normand

Basset Artésien Normand

HERKUNFTSLAND
Frankreich

VERANLAGUNG/TYP
Jagdhund und Familienhund.

GRÖSSE
Die Schulterhöhe von Rüden und Hündinnen liegt zwischen 27 und 37 cm.

FELL
Das Fell ist kurzhaarig und sehr dicht. Einzig ein dreifarbiges Fell oder Orange mit Weiß sind zugestandene Fellvarianten, weiße Pfoten sind erwünscht.

PFLEGE
Ab und zu sollte man mit einer Gummibürste die losen Haare aus dem Fell entfernen.
Die Gehörgänge müssen sorgfältig gepflegt werden – am besten mit einem speziellen Ohrreiniger. Man sollte keine Wattestäbchen verwenden, da man damit die Sekrete eventuell tiefer in den Gehörgang schiebt. Wenn nötig, müssen auch die Krallen gekürzt werden.

CHARAKTER
Sozial und freundlich, gesellig und sanftmütig, selbständig, guter Geruchssinn. Der Artésien Normand bellt tief und läßt seine Stimme gern erklingen – man sollte daran denken, falls man den Hund in einem Appartement halten möchte.

AUFZUCHT UND ERZIEHUNG
Obwohl dieser Basset ein wenig eigensinnig ist, kann man ihm mit viel Geduld, Liebe und Beharrlichkeit schon einiges beibringen. Wichtig ist es, allzeit konsequent zu sein.

VERTRÄGLICHKEIT
Diese Hunde leben in ihrem Herkunftsland hauptsächlich in der Meute, sie kommen daher gut mit Artgenossen aus. Wenn man sie frühzeitig an Katzen oder andere Haustiere gewöhnt hat, sollte dieser Umgang später ebenfalls problemlos verlaufen. Obwohl Besucher lautstark angekündigt werden, können sie sich auf einen herzlichen Empfang freuen.

BEWEGUNG
Mit diesem Basset sollte man regelmäßig längere Wanderungen unternehmen, man sollte aber immer aufpassen: Wenn er eine Wildfährte entdeckt, kann er schnell auf und davon sein (das gilt generell für alle Hunde dieser Gruppe). Sollte der Basset wirklich einmal davongelaufen sein, dann legt man an dem Ort, an dem der Hund „verlorengegangen“ ist, ein Kleidungsstück mit der Duftnote des Besitzers ab – gewöhnlich findet man den Hund bald an diesem Platz wieder.

Basset Bleu de Gascogne

Basset Bleu de Gascogne

Basset Bleu de Gascogne

HERKUNFTSLAND
Frankreich

VERANLAGUNG/TYP
Jagdhund und Familienhund.

GRÖSSE
Die Schulterhöhe liegt zwischen 34 und 40 cm.

FELL
Das kurzhaarige und sehr dichte Fell liegt auf einer Haut mit schwarzen Körperflecken, was eine kräftige Sprenkelung der weißen Flächen bewirkt.

PFLEGE
Grundsätzlich braucht ein Basset Bleu de Gascogne nur wenig Pflege. Ab und zu kann und sollte man mit einer Gummibürste die losen Haare aus dem Fell entfernen. Die Ohren benötigen hingegen mehr Aufmerksamkeit. Sie sollten regelmäßig kontrolliert und gegebenenfalls mit einem guten Ohrreiniger gepflegt werden. Die Krallen hält man am besten durch Feilen kurz.

Bassets Bleu de Gascogne

CHARAKTER
Sozial, freundlich, „Sinn für Humor“, sanftmütig, selbständig, guter Geruchssinn.
Der Basset Bleu de Gascogne besitzt eine laute Stimme, die Jägern angeblich wie Musik in den Ohren klingt. Bei einem Haushund wird diese „Klangpracht“ sicherlich weniger gewürdigt, denn der Basset begrüßt sowohl gebetene wie ungebetene Besucher sehr lautstark.

AUFZUCHT UND ERZIEHUNG
Diese Hunde sind ein wenig eigenwillig, eine Eigenschaft, die sie von Natur aus besitzen. Das soll aber nicht heißen, daß es unmöglich ist, ihnen ein anderes Benehmen beizubringen. Wenn man ihn nicht zu hart anfaßt und den Charakter in die richtigen Bahnen lenkt, wird dieser Franzose zu einem guten Haushund.

VERTRÄGLICHKEIT
Diese Hunde leben in ihrem Herkunftsland hauptsächlich in der Meute, sie kommen daher gut mit Artgenossen aus. Auch mit Kindern und Besuchern gibt es keinerlei Probleme.
Es ist – wie bei den meisten Hunden – am besten, den Hund frühzeitig an andere Hausgenossen zu gewöhnen, dann wird auch diese Gemeinschaft gelingen.

BEWEGUNG
Man sollte mit diesem Hund regelmäßig längere Strecken zurücklegen, aber dabei immer aufmerksam beobachten, ob der Hund mit seiner guten Nase die Fährte von Wild aufnimmt.

Basset Fauve de Bretagne

HERKUNFTSLAND
Frankreich

VERANLAGUNG/TYP
Jagdhund für kleines Wild, Familienhund.

GRÖSSE
Die Schulterhöhe variiert zwischen 32 und 38 cm, Abweichungen von 2 cm nach oben und unten werden zugestanden. Das Gewicht der Hunde kann zwischen 9 und 16 kg schwanken.

FELL
Das Fell besteht aus rauhen, harten Haaren von mittlerer Länge. Es ist einfarbig dunkelrot bis weizenfarben, ein kleiner weißer Fleck auf der Brust ist zulässig, sonst ist Weiß unerwünscht.

PFLEGE
Die Gehörgänge müssen gepflegt und die Krallen kurz gehalten werden. Das Fell sollte regelmäßig

Bassets Fauve de Bretagne

ungefähr zweimal pro Jahr (abhängig von der Fellqualität) getrimmt werden (was man gut auch selbst machen kann). Es darf aber unter keinen Umständen geschoren werden.

CHARAKTER
Fröhlich, recht eigensinnig, intelligent, freundlich, tapfer, aktiv, guter Geruchssinn.

AUFZUCHT UND ERZIEHUNG
Der Basset Fauve de Bretagne ist durch seinen hervorragenden Geruchssinn mit Herz und Seele Jagdhund. Um zu verhindern, daß diese Qualitäten dazu führen, daß der Hund sich „verselbständigt", muß er schon frühzeitig lernen, auf Ruf zurückzukommen.

VERTRÄGLICHKEIT
Mit Kindern kommen diese Hunde prima zurecht, auch ein harmonisches Zusammenleben mit anderen Hunden und Haustieren stellt kein Problem dar. So wie es eigentlich für alle Hunde gilt, muß auch ein Basset Fauve de Bretagne schon in frühester Jugend ausgiebig an Katzen und andere Haustiere gewöhnt werden.

BEWEGUNG
Die Mitglieder dieser Rasse haben nur einen mittleren Bewegungsdrang, regelmäßiges Rennen und Spielen lieben sie aber natürlich trotzdem. In Frankreich wurden die Hunde in der Meute gehalten und vornehmlich zur Kaninchenjagd eingesetzt

Basset Fauve de Bretagne

Petit und Grand Basset Griffon Vendéen

HERKUNFTSLAND
Frankreich

VERANLAGUNG/TYP
Jagdhund (Meutehund zum Aufscheuchen von Wild) und Familienhund.

GRÖSSE
Der Petit Basset Griffon Vendéen erreicht eine

Petit Basset Griffon Vendéen

Petit Basset Griffon Vendéen-Welpe

Schulterhöhe zwischen 33 und 38 cm. Beim Grand Basset Griffon Vendéen sind es zwischen 38 und 42 cm.

FELL
Das harte, rauhe, nicht allzulange Fell zeigt niemals Locken. Die Hunde sind entweder einfarbig (orange, grau, falb), zweifarbig (weiß mit grauen, roten, schwarzen oder orangenen Flecken) oder dreifarbig (weiß-schwarz-rot, weiß/falb-grauweiß-rot) gefärbt. Einfarbig Hellrot ist am wenigsten erwünscht.

PFLEGE
Man sollte das Fell dieser Hunde regelmäßig kämmen und bürsten. Die Ohren, vor allem die Gehörgänge, müssen gepflegt werden. Überlange Krallen können gefeilt, überstehende Haare zwischen den Fußballen müssen geschnitten werden, damit sich hier keine Kletten bilden, in denen sich Dornen oder ähnliches verfangen könnten. Ungefähr einmal pro Jahr kann man den Hund von Hand trimmen (lassen), um das lose Haar aus dem Fell zu entfernen. Wenn man seinen Grand Basset auf Ausstellungen präsentieren möchte, sollte man auch der stärkeren

Behaarung am Hals besondere Aufmerksamkeit schenken. Nach den Rassenstandards hat der Petit Basset kleine Ohren und eine kleine Rute zu haben – für Ausstellungen werden diese Merkmale dadurch unterstrichen, daß dort längere und überstehende Haare weggeschnitten werden.

Charakter

Aufgeweckt, lebendig, sozial, lieb, gefühlvoll, schlau, etwas eigensinnig, beweglich, unkompliziert.

Aufzucht und Erziehung

Die Rasse verfügt über ein leicht eigensinniges Wesen – man darf sich also nicht der Illusion hingeben, hier einen perfekt gehorsamen Hund zu erwerben. Mit Geduld und Feingefühl kann man den Hunden aber dennoch einiges beibringen.

Verträglichkeit

Hunde und andere Haustiere, aber auch Kinder und Besuch werden grundsätzlich getreu dem Motto: „Mehr Trubel, noch mehr Spaß" problemlos akzeptiert.

Bewegung

Da diese Bassets ein großes Bewegungsbedürfnis besitzen, muß man sie regelmäßig mit auf längere Wanderungen nehmen. In ihrem Herkunftsland wurden sie vornehmlich als Meutehunde für die Jagd gehalten. Der Grand Basset Griffon Vendéen wurde für die Jagd auf Hasen und Rehe, der Petit Basset Griffon Vendeén für die Jagd auf Kaninchen eingesetzt. Die Bassets passen sich in der Regel auch dann gut an, wenn man sie als reine Familienhunde halten möchte.

Grand Bassets Griffon Vendéen

Zweifarbiger Basset-Rüde

Basset Hound

HERKUNFTSLAND
England

VERANLAGUNG/TYP
Jagd- und Familienhund.

GRÖSSE
Die Schulterhöhe liegt zwischen 33 und 38 cm – Bassets sind mit 18 bis 27 kg recht schwer für ihre Größe.

FELL
Das Fell dieser Bassets ist kurzhaarig, glatt und dicht. Die am häufigsten vorkommende Farbkombination ist braun-schwarz-weiß, daneben sieht man auch rot mit weiß. Generell sind alle Farbkombinationen erlaubt.

PFLEGE
Die Fellpflege eines Basset Hounds nimmt nicht viel Zeit in Anspruch. Mit einem Gummihandschuh kann man während des Fellwechsels die losen Haare entfernen. Etwa einmal pro Woche müssen die Ohren sowohl innen als auch außen gepflegt werden. Auch die Krallen müssen kurz gehalten werden. Besondere Aufmerksamkeit sollte man den Hautfalten widmen. Bassets sollten nicht zu viele Naschereien bekommen, die Hunde neigen nämlich zu Dickleibigkeit. Bei Bassets mit stark hängenden Augenlidern muß man hin und wieder Augentropfen geben. Da die Mitglieder dieser Rasse sehr schnell wachsen, ist vor allem während dieser Wachstumsphase auf besonders vollwertige Ernährung zu achten.

CHARAKTER
Eigensinnig, sanftmütig, sozial, lieb, ruhig, verspielt, geduldig, hat gern Gesellschaft, mit „Sinn für Humor", eine echte „Persönlichkeit", die feinfühlig auf Stimmungen anspricht.

AUFZUCHT UND ERZIEHUNG
Basset Hounds sind eigensinnige Burschen, sie sind also nicht gerade „Weltmeister" im Befolgen von Kommandos. Mit einer festen Hand und viel Geduld kann man den Hunden aber sicher dennoch das eine oder andere beibringen.
Einen jungen Basset sollte man jedoch nicht durch lange Wanderungen oder ähnliches überlasten, der kleine Hund braucht nämlich seine gesamte Energie, um ein gesundes und kräftiges Skelett aufbauen zu können.

VERTRÄGLICHKEIT
Diese Hunde sind tolle Kameraden für Kinder, sie kommen obendrein hervorragend mit anderen Tieren aus. Zu Fremden sind sie im allgemeinen freundlich, wenn sie aber Gefahr wittern, so lassen sie ihre tiefe Stimme vernehmen. Basset Hounds sind nicht gern allein. Wenn man also von vornherein weiß, daß man den Basset bisweilen über mehrere Tage allein lassen muß, sollte man sich am besten gleich zwei dieser Hunde anschaffen.

BEWEGUNG
Bassets brauchen eher wenig Auslauf. Mit dreimal täglich um den Block gehen sind sie eigentlich schon zufrieden, wenn sie darüberhinaus noch Gelegenheiten zum Spielen und Tollen im Garten bekommen. Dieser Garten sollte übrigens gut umzäunt sein – Bassets können oft der Verlockung nicht widerstehen und machen sich auf, die Welt zu entdecken.

Basset-Hündin

Beagles

Beagle

Beagle

HERKUNFTSLAND
England

VERANLAGUNG/TYP
Jagd- und Familienhund.

GRÖSSE
Die Schulterhöhe eines Beagle variiert zwischen 33 und 41 cm, die Hunde wiegen zwischen 8 und 14 kg.

FELL
Das Fell ist kurz und „wetterfest". Am häufigsten ist der dreifarbige Beagle, also weißer Untergrund mit braunem Kopf und Rücken und schwarzem Sattel. Darüberhinaus sind fast alle Farben zugestanden, Leberfarbe ist allerdings unerwünscht.

PFLEGE
Das Fell sollte täglich gebürstet werden, um lose Haare zu entfernen. Wie bei allen Rassen mit hängenden Ohren müssen die Gehörgänge regelmäßig kontrolliert werden.

CHARAKTER
Lebendig, sozial, fröhlich, eigensinnig, mutig, intelligent, entschlossen und wachsam. Beagles zeigen die starke Anlage, ihrer eigenen Nase nachzugehen.

AUFZUCHT UND ERZIEHUNG
Beagles gehören nicht gerade zu den gehorsamsten Hunderassen. Zuallererst einmal sind sie selbständige Jagdhunde, die sich aber auch gut als Haushund eignen. Wir raten dazu, mit dem Beagle zu einem Gehorsamkeitskurs zu gehen.

VERTRÄGLICHKEIT
Beagles gehen in der Regel sehr gut mit anderen Hunden und auch mit Kindern um, auch unbekannte Menschen werden freundlich begrüßt. Man sollte sie aber schon jung an Katzen und andere Haustiere gewöhnen.

BEWEGUNG
Die Vertreter dieser Rasse haben einiges an Bewegung nötig. Ein gut umzäunter Garten sorgt dafür, daß der Beagle nicht selbständig „auf Wanderschaft" geht. Man sollte ihn lieber öfter auf lange Spaziergänge mitnehmen, ihn aber nur ohne Leine laufen lassen, wenn man sicher ist, daß der Hund Gehorsam zeigt. Andernfalls setzt er sich schnell auf die Fährte von Wild.

BESONDERHEITEN
Für sportliche Menschen ist dieser Familienhund ein prima Gefährte, in einem Appartement ist er weniger zufrieden. Die Hunde sind gern im Freien und können gut mit mehreren Artgenossen in einem Außenzwinger gehalten werden.

Bloodhound, Bluthund oder Chien de Saint Hubert

HERKUNFTSLAND
Belgien

VERANLAGUNG/TYP
Jagdhund (Spürhund) und Familienhund.

GRÖSSE
Rüden erreichen eine Schulterhöhe zwischen 63 und 69 cm, Hündinnen sind mit 58 bis 63 cm etwas kleiner.

FELL
Der Bloodhound besitzt ein enganliegendes, kurzhaariges Fell. Die Farben Schwarz-Loh, Rot-Loh

und einfarbig Rot kommen am häufigsten vor. Ein klein wenig Weiß auf Brust, Pfoten und Rutenspitze wird zugestanden.

PFLEGE
Bei der Fellpflege eines Bloodhound hat man wenig Aufwand. Hin und wieder sollte das Fell durchgebürstet werden, um tote Haare zu entfernen. Die Ohren brauchen etwas mehr Aufmerksamkeit. Man sollte sie regelmäßig auf Verschmutzungen untersuchen, es ist dabei nicht schlecht, die Ohren gleich gut zu waschen (beispielsweise nachdem sie in den Futternapf hingen).
Die meisten Exemplare besitzen Hängelider – Augentropfen mit Vitamin A sind hier gut geeignete Pflegemittel.

CHARAKTER
Sanftmütig und anhänglich, in der Jugend sehr ungestüm, freundlich, ausdauernd, zwar stimmgewaltig, aber kein „Kläffer", selbständig, sehr guter Geruchssinn – man sagt, die Nase des Bloodhounds sei zweimillionenmal empfindlicher als die des Menschen.

Bloodhound oder Chien de Saint Hubert

Bloodhound oder Chien de Saint Hubert

AUFZUCHT UND ERZIEHUNG
Die angezüchteten Bloodhound-Eigenarten verlangen viel Geduld und Geschick bei der Erziehung. Am wichtigsten ist wie üblich die allzeitige Konsequenz – ein Bloodhound kann seinen melancholischen Blick nämlich sehr geschickt einsetzen und macht davon oft genug Gebrauch, wenn es darum geht, seinen Willen durchzusetzen. Auf dem Gebiet der Gehorsamkeit sollte man den Hunden nicht zu viel abverlangen. Sie sind und bleiben zwar sanftmütig, aber dennoch sehr eigensinnig und folgen nicht jedem Befehl. Die Hunde sollten bevor sie vollkommen ausgewachsen sind nicht zu sehr – beispielsweise durch lange Wanderungen – belastet werden. Bloodhounds wachsen recht schnell heran und brauchen all ihre Kraft, um das spätere „Format" zu erreichen.

VERTRÄGLICHKEIT
Im allgemeinen gehen Bloodhounds sehr gut mit Kindern um. Man sollte aber darauf achten, daß die Kinder den Hund nicht zu sehr necken – der Bloodhound ist so gutartig, daß er alles „Leid" über sich ergehen lassen würde. Gewünschte und unerwünschte Besucher werden gleichermaßen freudig begrüßt. Bloodhounds können mit Hunden oder anderen Haustieren zusammen sehr harmonisch gehalten werden.

BEWEGUNG
Die Vertreter dieser Rasse verfügen über eine schier unglaubliche, um nicht zu sagen „unerschöpfliche" Ausdauer. Wenn man das Tier als Haushund halten will, muß man ihm regelmäßig viel Auslauf verschaffen. Da ein Bloodhound in erster Linie ein Spür- bzw. Schweißhund ist, sollte man ihn – um seiner eigenen Sicherheit willen – nie ableinen, die Verlockung einer Fährte könnte allzu groß sein. Gleiches gilt natürlich auch im Garten, der deswegen gut umzäunt sein sollte. Das Fell schützt die Hunde gut gegen Kälte, so daß sie sich auch zur Haltung in einem Zwinger eignen – immer vorausgesetzt, daß sie ausreichende Bewegungsmöglichkeiten haben.

Hochbeinige Französische Bracken oder Laufhunde

Kurzbeinige Bracken wie der Basset Bleu de Gascogne, der Basset Fauve de Bretagne und die Griffons können gut als Haushunde gehalten werden. Die hochbeinigen Französischen Bracken werden dagegen fast ausschließlich in der Meute (im Zwinger) gehalten und zur Jagd eingesetzt. Zu dieser Kategorie von Hunden gehören unter anderem der Poitevin, Billy, (Grand) Anglo-Français Blanc et Noir, Blanc et Orange, Tricolore, Beagle Harrier, Anglo-

Petit Bleu de Gascogne

Porcelaine

Français de Petite Vénerie, Briquet Griffon Vendéen, hochbeinige Griffon, Petit und Grand Bleu de Gascogne und Porcelaine. All diese Hunde haben gemeinsam, daß sie in der Meute einer Spur (in diesem Falle großem Wild) folgen und den nachkommenden Jägern aus vollem Halse anzeigen, wo das Wild sich befindet. Diese Hunde verfügen über einen tief verwurzelten Jagdinstinkt und eine sehr gute Nase.

Es ist wohl schon fast selbstverständlich, daß Meutehunde gut mit Artgenossen auskommen – sie sind aber auch zu Menschen, und besonders auch zu Kindern, freundlich. Allenfalls könnte man sie als etwas ungestüm bezeichnen. Da sie in der Meute selbständig jagen, also ohne Kommandos des Besitzers, sind sie zu starken, unabhängigen Hunden geworden, die sehr sozial und außerordentlich mutig sind.

Außerhalb von Frankreich trifft man diese Hunde nur selten an. Wegen ihres eigenständigen Charakters und der lauten Stimme (die sie auch sehr gern erschallen lassen) sind diese Laufhunde in der Regel weniger gut als Haushunde geeignet als beispielsweise die kurzbeinigen Bracken. Eine Ausnahme stellt nur der Petit Bleu de Gascogne dar, der sich unter günstigen Voraussetzungen gut als Familienhund eignen kann.

Porcelaine

Anglo-Français de Petite Vénerie

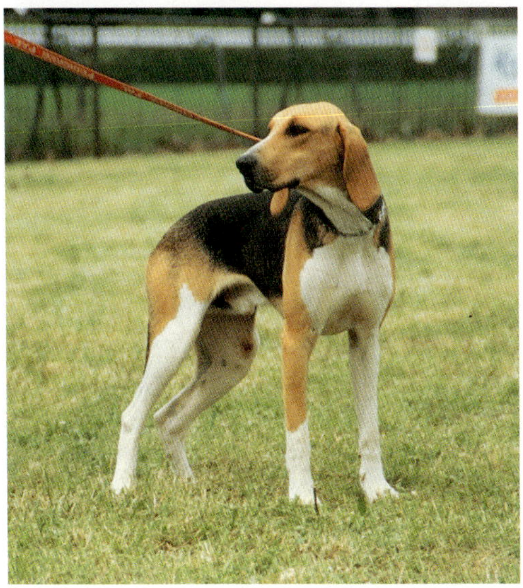

Jura Laufhund

Schweizer Bracken oder Laufhunde

Zu dieser Kategorie gehören der Niederlaufhund und der Laufhund. Insgesamt gibt es acht Varietäten: Der Berner, der Jura, der Luzerner und der Schweizer Niederlaufhund sowie der Berner, der Jura, der Luzerner und der Schweizer Laufhund. Beide Gruppen unterscheiden sich vornehmlich in der Größe. Die Schulterhöhe eines Niederlaufhundes variiert zwischen 33 und 41 cm (mit einer Idealhöhe zwischen 36 und 38 cm). Ein Laufhund erreicht eine Schulterhöhe von über 40 cm. Darüberhinaus zeigen die Hunde verschiedene Farben: Die Berner Varietät ist weiß mit schwarz; die Jura Varietät einfarbig hellbraun oder braun mit schwarzem Sattel, die Luzerner Varietät blau oder graugesprenkelt und die Schweizer Varietät weiß und gelbbraun. Die Schweizer Bracken sind speziell dafür gezüchtet worden, um in der Meute nach Wild zu suchen. Wenn die Hunde eine Fährte entdeckt haben, sollen sie ihr folgen und den Jägern lautstark die Position des Wildes vermelden. In der Regel sind diese Laufhunde gut als Haushunde zu halten, man muß natürlich „ein wenig mehr“ mit ihnen unternehmen. So sind z. B. spezielle Schweißhundprüfungen optimal für Schweizer Bracken – für solche Aufgaben sind diese Hunde eigentlich gezüchtet worden. In der Schweiz werden die Jura und die Luzerner Varietät auch einzeln gehalten, aber im allgemeinen mögen sie die Gesellschaft von anderen Hunden und sind nicht gern allein.

Jura Laufhund: Kopfstudie

Deutsche Bracke

Deutsche Bracke oder Steinbracke

HERKUNFTSLAND
Deutschland

VERANLAGUNG/TYP
Jagd- und Familienhund.

GRÖSSE
Die Schulterhöhe liegt zwischen 40 und 53 cm.

FELL
Das glatte Haar des Fells fühlt sich etwas hart an. Die Farbe geht von Rot bis Gelb, mit einem schwarzen Sattel oder einem schwarzen Mantel, mit

weißer Blesse, Halsring und Brust und weißen Abzeichen an den Pfoten und der Schwanzspitze. Die Unterwolle ist etwas heller. Ein fleischfarbener Streifen auf der Schnauze muß gut erkennbar sein – er ist ein wichtiges Rassenmerkmal.

PFLEGE
Eine Deutsche Bracke braucht relativ wenig Fellpflege. Ab und zu sollte man mit einer Gummibürste über das Fell gehen, um die losen Haare zu entfernen. Die Gehörgänge sollten regelmäßig auf Sauberkeit kontrolliert werden. Bei der Krallenpflege darf man nicht vergessen, daß Deutsche Bracken lange Krallen haben sollen.

CHARAKTER
Freundlich, sozial, große Ausdauer, anhänglich und gefühlvoll, verlegen, neugierig, recht gehorsam, aber dennoch selbständig und wachsam. Die Deutsche Bracke hat eine sehr gute Nase und ist ein hervorragender Jagdhund.

AUFZUCHT UND ERZIEHUNG
Die Erziehung dieser Hunde stellt keine besonderen Ansprüche. Sie haben recht schnell verstanden, was von ihnen verlangt wird. „Gedrillt“ sollten sie allerdings nicht werden – das erstickt ihren offenen und freundlichen Charakter. Mit Geduld, Liebe und Konsequenz kommt man bei diesen Hunden viel weiter.

Deutsche Bracken

VERTRÄGLICHKEIT
Deutsche Bracken sind soziale Hunde, die Gesellschaft von Artgenossen sollte also problemlos sein. Auch mit Kindern kommen sie prima zurecht. Kommt fremder Besuch oder wittert er Gefahr, so wird der Hund dies vernehmlich anzeigen. Bracken sollten frühzeitig an Katzen und andere Haustiere gewöhnt werden.

BEWEGUNG
Bracken sind hervorragende Schweißhunde und werden meist zur Hasenjagd und auf Kaninchen und Füchse angesetzt. Wenn man nicht vor hat, mit dem Hund zur Jagd zu gehen, sollte man auf andere Weise für ausreichende Bewegung sorgen. Auch Deutsche Bracken besitzen die typische Jagdhund-Neigung „durchzugehen“, sobald sich eine interessante Fährte bietet. Man sollte sie daher nicht unangeleint herumlaufen lassen.

Otterhounds

Otterhound

HERKUNFTSLAND
England

VERANLAGUNG/TYP
Jagd- und Familienhund.

GRÖSSE
Rüden erreichen eine Schulterhöhe von ungefähr 67 cm, Hündinnen sind mit 63 cm etwas kleiner.

Fell
Das Fell ist rauh und wetterbeständig. Alle Brackenfarben sind zugestanden, unter anderem einfarbig Grau, Blau oder Rot, Weizenfarbe, Sandfarbe, Schwarz-Loh und Blau-Loh.

Pflege
Otterhounds werden nicht getrimmt – sie sollen „natürlich" aussehen. Man kann das Fell mehrmals monatlich bürsten, öfter als das sollte man aber die Gehörgänge kontrollieren.

Charakter
Freundlich, fröhlich, ungestüm, intelligent, selbständig und eigensinnig, anhänglich und ausgeglichen. Otterhounds sind im Haus ruhig, wenn sie ansonsten genügend Auslauf bekommen.

Aufzucht und Erziehung
Ein Otterhound ist wohl nicht der gehorsamste – was natürlich nicht heißen soll, daß man ihm gar nichts beibringen könnte. Die besten Resultate erzielt man, wenn man den Hund sanft, aber dennoch konsequent aufzieht. Die Hunde bleiben aber wohl ihr Leben lang eigensinnig, verspielt und übermütig – ganz wie Kinder, mit denen sie auch ausgesprochen gern spielen. Otterhounds besitzen eine gute Nase, sie können sogar Fährten aufnehmen, die ein Otter im Wasser hinterlassen hat.

Verträglichkeit
Artgenossen, andere Haustiere, Kinder ...ein Otterhound geht mit jedermann gut um und ist ein echter „Menschenfreund".

Bewegung
Ein Otterhound braucht recht viel Bewegung, wobei man den Hund allerdings immer im Auge behalten muß, denn eine Fährte oder auch andere Ereignisse können seine Aufmerksamkeit immer wieder erregen. Darüberhinaus sind Otterhounds, die ihren Namen übrigens ihrem einstigen Einsatz zur Jagd auf Otter verdanken, hervorragende Schwimmer.

Besonderheiten
Otterhounds können sowohl im als auch außerhalb des Hauses (im Zwinger) gehalten werden.

Dalmatiner

HERKUNFTSLAND
Kroatien

VERANLAGUNG/TYP
Heute zumeist Familienhund. Früher sollen Dalmatiner gezüchtet worden sein, um sie vor kleine Kutschen zu spannen, außerdem wurden sie als Wachhunde und sogar als Rattenfänger eingesetzt.

GRÖSSE
Rüden erreichen eine Schulterhöhe zwischen 56 und 61 cm, Hündinnen sind mit 54 bis 59 cm etwas kleiner.

FELL
Das Fell ist immer kurz. Am wichtigsten ist, daß die typischen Flecken nicht ineinander überlaufen. Als Idealmaß für diese Flecken gelten durchschnittlich 2 bis 3 cm, sie sind entweder schwarz oder leberfarben, immer auf weißem Grund.

PFLEGE
Ein Dalmatiner verliert recht viel Haar im Haus. Mit einem speziellen Bürsthandschuh kann man während des Fellwechsels loses Haar entfernen.

CHARAKTER
Aufgeweckt, freundlich, anhänglich, großes Anpassungsvermögen, intelligent, wachsam, neugierig, ausgeglichen, sozial.

AUFZUCHT UND ERZIEHUNG
Dieser Hund ist ein guter Schüler. Wenn man ihn entsprechend belohnt, wird er schnell begreifen, was von ihm verlangt wird. Allerdings wird er sich unverständig geben, wenn er einen Befehl nicht einsieht. Ansonsten gelten diese Hunde als „Gentlemen".

Dalmatiner

VERTRÄGLICHKEIT
Für Kinder sind diese Hunde prima Spielkameraden, sie könnten höchstens in ihrem Verhalten gegenüber sehr kleinen Kindern etwas ungestüm wirken. Auch mit Hunden und anderen Haustieren haben Dalmatiner normalerweise kein Problem. Je nach Persönlichkeit reagieren die Hunde wachsam oder auch gleichgültig bei fremdem Besuch.

BEWEGUNG
Ein Dalmatiner paßt sich zwar an „seine Familie" an, man hält ihn aber sicherlich zu kurz, wenn man ihn nur dreimal täglich um den Block führt. Neben dem Fahrrad laufen, schwimmen, spielen oder einfach in Feld und Wald „drauflosrennen" – dem Dalmatiner macht eigentlich alles Spaß.

BESONDERHEITEN
Dalmatinerwelpen werden reinweiß geboren, die Flecken bilden sich erst in den ersten Lebenswochen aus. Aufgrund des mit dem Weißfaktor verbundenen Albinismus' wird ein kleiner Prozentsatz der Welpen taub geboren. Oft werden Dalmatiner auch als „Pointer" geführt.

Dalmatinerwelpe

7. Vorstehhunde (Pointer)

Kontinentale Vorstehhunde

Bracco Italiano oder Italienische Bracke

HERKUNFTSLAND
Italien

VERANLAGUNG/TYP
Jagd- und Familienhund.

GRÖSSE
Die Schulterhöhe der Rüden variiert zwischen 58 und 67 cm, die der Hündinnen zwischen 55 und 62 cm.

FELL
Der Bracco Italiano besitzt ein kurzes, dichtes, glänzendes Fell. Zugestandene Farben sind Reinweiß, Weiß mit mehr oder weniger großen orangenen, bernsteinfarbenen oder kastanienbraunen Flecken oder „Braunschimmel".

PFLEGE
Das Fell dieser Hunde braucht nicht viel Pflege. Während des Fellwechsels lassen sich tote und lose Haare gut mit einer Gummibürste entfernen. Die Gehörgänge müssen turnusmäßig gesäubert werden.

CHARAKTER
Ausgeglichen, nachgiebig, intelligent, „Sinn für Humor", bedachtsam, sanftmütig, ruhig im Haus, anhänglich und gefühlvoll. Die Hunde sind erst mit zweieinhalb bis drei Jahren ausgewachsen. Sie werden als „All-round-Jagdhunde" auf gefiedertes Wild eingesetzt.

AUFZUCHT UND ERZIEHUNG
Ein Bracco Italiano muß konsequent, aber dennoch mit sanfter Hand erzogen werden. Die Hunde sind sehr feinfühlig und reagieren bereits auf Änderungen der Stimme. Man sollte ihn deutlich spüren (und hören) lassen, wenn er etwas gut gemacht hat – so begreift der Hund am schnellsten. Unnötige Härte erzielt oft den gegenteiligen Effekt – meist ist es dann sogar so, daß der Hund das Vertrauen in seinen Herrn verliert. Während des Wachstums sollte der Körper des Hundes nicht zu stark belastet werden.

Drentse Patrijshond im Jagdeinsatz

Bracco Italiano

Bracco Italiano: Kopfstudie

VERTRÄGLICHKEIT
Bracco Italianos kommen hervorragend mit Artgenossen aus, auch der Umgang mit anderen Haustieren verläuft in der Regel problemlos. Mit Kindern freunden sie sich sofort an. Bei Gefahr wird der Hund sofort anschlagen.

BEWEGUNG
Es ist wichtig, daß dieser Hund genügend Auslauf bekommt. Ideal ist es, wenn der zukünftige Besitzer über einen großen Garten verfügt – für ein Leben in einem Appartement sind die Hunde nicht so sehr geeignet. Schwimmen und Apportieren macht ihm viel Spaß – allerdings sollte man warten, bis der Hund vollkommen ausgewachsen ist (nach ungefähr zweieinhalb Jahren). Dann kann man auch damit beginnen, ihn langsam und wohldosiert an das Laufen neben dem Fahrrad zu gewöhnen.

Český Fousek

Český Fousek

HERKUNFTSLAND
Tschechien

VERANLAGUNG/TYP
Jagd- und Familienhund.

GRÖSSE
Die Schulterhöhe von Rüden variiert zwischen 60 und 66 cm, bei Hündinnen zwischen 58 und 62 cm.

FELL
Das Fell ist borstig und rauh, Braunschimmel (mit oder ohne Stichelung) ist die häufigste Varietät; auch leberfarbenes oder Leberfarbe mit Weiß ist zugestanden.

PFLEGE
Die Qualität des Fells bestimmt, wie oft ein Český Fousek getrimmt werden muß – mindestens einmal, meist mehrmals jährlich, wobei die Garnitur (Bart, Schnurrbart und Augenbrauen) ausgespart bleibt. Zwischen diesen Trimmvorgängen sollte man den Hund hin und wieder bürsten und überstehende Haare zwischen den Fußballen abschneiden. Auch die Gehörgänge müssen regelmäßig kontrolliert werden.

CHARAKTER
Freundlich, intelligent, sanftmütig, anhänglich, folgsam und gehorsam, wachsam, im Haus ruhig, im Freien sehr aktiv. Der Český Fousek ist ein „Allround-Jagdhund“, aber auch ein typischer Vorstehhund: Er bleibt unbeweglich stehen und zeigt die Richtung an, aus der der Wind die Witterung von Wild herantreibt.

AUFZUCHT UND ERZIEHUNG
Da diese Hunde sehr schnelle und lernwillige „Auszubildende“ sind, ist ihre Erziehung einfach. Man sollte aber auf abwechslungsreiche Lehrstunden achten, denn bei ständig wiederholten Übungen kann es zu „Protesten“ kommen.

VERTRÄGLICHKEIT
Český Fouseks gehen im allgemeinen prima mit anderen Hunden und Haustieren um, ihr Jagdinstinkt kann allerdings besonders bei Katzen zu Problemen führen. Die Gesellschaft von Kindern können sie aber bestens „ertragen“, wenn sie nicht zu sehr geneckt werden.

BEWEGUNG
Českýs sind Jagdhunde mit Leib und Seele, sie haben daher viel Bewegung nötig, um ihre Energie abzuarbeiten. Wenn man keine Gelegenheit hat, den Hund zum Jagen mitzunehmen, ist es also unbedingt notwendig, ihn neben dem Fahrrad laufen und auch unangeleint herumrennen und spielen zu lassen, damit der Hund geistig und körperlich in guter Verfassung bleibt.

Drentse Patrijshond

Drentse Patrijshond

HERKUNFTSLAND
Niederlande

VERANLAGUNG/TYP
Jagd- und Familienhund.

GRÖSSE
Die Schulterhöhe schwankt zwischen 55 und 63 cm; wenn der Hund ausgewogen gebaut ist, können diese Maße um 1 cm nach oben oder unten abweichen.

FELL
Der Drentse Patrijshond besitzt dichtes, halblanges, gerades Fell. Als Farben sind Weiß mit braunen oder orangenen, gelegentlich auch lohfarbenen

Flecken, mit oder ohne Tüpfelung oder Schimmelung zugestanden. Ein Mantel (braunes Fell über dem Körper) ist erlaubt, aber unerwünscht.

Pflege
Einmal wöchentlich sollte man die länger behaarten Fellpartien vorsichtig durchbürsten. Die Gehörgänge müssen hin und wieder auf Sauberkeit kontrolliert und überstehende Haare zwischen den Fußballen abgeschnitten werden.

Charakter
Aufmerksam, anhänglich, sanft, wachsam, intelligent, neugierig, gehorsam, ausgeglichen. Ein Drentse Patrijshond sollte nicht im Zwinger gehalten werden. Der Hund bellt eigentlich nur, wenn er Gefahr wittert.

Aufzucht und Erziehung
Ein Drentse Patrijshond sollte konsequent, aber mit sanfter Hand aufgezogen werden. Da er recht schnell begreift, was von ihm verlangt wird, ist dieser Hund ein aufgeweckter Schüler. Da die Zuchtbasis klein ist, werden die Hunde Tests unterzogen und der Züchterclub berät die Züchter.

Verträglichkeit
Der Umgang mit Kindern klappt hervorragend, auch im Zusammenleben mit Artgenossen oder anderen Haustieren gibt es keine Probleme. Der Drentse Patrijshond ist wachsam, macht aber bei unbekanntem Besuch keinen Ärger.

Bewegung
Die Vertreter dieser Rasse brauchen im Vergleich zu anderen Jagdhunderassen etwas weniger Bewegung. Man kann sie schwimmen oder neben dem Fahrrad laufen lassen, auch Apportieren oder lange Wanderungen finden ihr Interesse. Wenn man einmal etwas weniger Zeit für den Hund hat, so wird er sich im Kreise „seiner Familie" problemlos anpassen.

Drentse Patrijshonde

Deutscher Drahthaariger Vorstehhund

Deutscher Drahthaariger Vorstehhund

Herkunftsland
Deutschland

Veranlagung/Typ
Jagd- und Familienhund.

Grösse
Die Schulterhöhe von Rüden variiert von 60 bis 67 cm, bei Hündinnen von 56 bis 62 cm. Das Gewicht sollte zwischen 27 und 32 kg betragen.

Fell
Das namensgebende drahtige, harte Fell ist anliegend und dicht und besitzt dichte Unterwolle. Zugestandene Farben sind Braunschimmel, einfarbig Braun oder jede Verbindung von Braun mit Weiß, überdies wird auch Schwarzschimmel erlaubt.

Pflege
Das Fell soll so hart wie möglich sein, muß aber deswegen natürlich nicht unordentlich aussehen. Hin und wieder muß es – abhängig von der Fellqualität – von Hand getrimmt werden. Darüberhinaus sollte man es etwa einmal in der Woche gründlich durchbürsten und zusätzlich die Gehörgänge regelmäßig auf Sauberkeit kontrollieren.

Charakter
Anhänglich, aktiv, intelligent und lernwillig, guter Geruchssinn, „seiner Familie" treu ergeben, ausgeglichen, wachsam, etwas eigensinnig.

Aufzucht und Erziehung
Der Deutsch-Drahthaar ist intelligent und lernt recht schnell, bei seinem leichten Eigensinn braucht der Besitzer aber dennoch eine feste Hand. Der Hund arbeitet gern, er liebt aber auch unbedingt den intensiven Familienanschluß. Deutsche Drahthaarige Vorstehhunde sind hervorragende „Allround-Jagd-

hunde" und gelten als etwas dominanter als die kurzhaarige Varietät.

VERTRÄGLICHKEIT
Mit anderen Hunden oder Haustieren kommen diese Hunde eigentlich prima zurecht. In Gesellschaft von Kindern sind sie ausgesprochen geduldig. Bekannte der Familie werden freundlich begrüßt, wenn es nötig ist, können diese Hunde aber auch wachsam sein.

BEWEGUNG
Deutsche Drahthaarige Vorstehhunde passen am besten in eine sportbegeisterte Familie. Dreimal täglich Gassi gehen ist absolut zu wenig für die agilen Hunde. Die meisten Exemplare schwimmen und apportieren gern. Wenn die Hunde außer Haus genügend Bewegung bekommen, sind sie im Haus ruhig und friedlich.

Deutscher Kurzhaariger Vorstehhund

Deutscher Kurzhaariger Vorstehhund

HERKUNFTSLAND
Deutschland

VERANLAGUNG/TYP
Jagd- und Familienhund.

GRÖSSE
Für Rüden gilt eine Schulterhöhe zwischen 62 und 66 cm, Hündinnen sollen eine Schulterhöhe zwischen 58 und 63 cm erreichen.

FELL
Das kurzhaarige Fell kommt in braun (mit oder ohne weiße Abzeichen) dunkelbraun-schimmel, hellbraun-schimmel, weiß mit braunen Abzeichen auf dem Kopf oder mit braunen Flecken vor. In Schwarz kommen dieselben Abzeichen und Farbkombinationen wie bei den braunen Varietäten vor, auch gelbe Abzeichen sind zugestanden.

PFLEGE
Diese Hunde brauchen nur wenig Fellpflege. Ab und zu bürsten ist wohltuend und hält das Fell in gutem Zustand; gelegentlich sollten auch die Ohren kontrolliert werden.

CHARAKTER
Folgsam, intelligent und lernwillig, treu, aktiv, spontan, mutig, guter Geruchssinn, wachsam, verspielt und freundlich.

AUFZUCHT UND ERZIEHUNG
Bei der Intelligenz und Lernbereitschaft dieser Hunde stellt die Erziehung kein Problem dar, allerdings ist ein Besitzer mit Konsequenz notwendig. Die „Allround-Jagdhunde" sind arbeitswillig und finden es schön, sich für ihren Herrn zu betätigen.

VERTRÄGLICHKEIT
Deutsche Vorstehhunde kommen im allgemeinen prima mit Kindern, Artgenossen und anderen Haustieren aus. Obwohl sie eigentlich gegenüber jedermann freundlich sind, können sie dennoch sehr wachsam sein.

BEWEGUNG
Der Deutsche Kurzhaarige Vorstehhund paßt am besten in eine sportive Familie. Man muß immer bedenken, daß der Hund in erster Linie Jagdhund ist und es deswegen nicht leicht hat, sich an ein „gemächliches" Leben anzupassen. Die meisten

Deutscher Langhaariger Vorstehhund: Kopfstudie

Deutschen Vorstehhunde schwimmen und apportieren gern. Wenn man nicht genügend Gelegenheit hat, um mit dem Hund jagen zu gehen, sollte man ihm zumindest lange Wanderungen bieten, bei denen er auch ohne Leine rennen und spielen möchte. Solange er sich ausreichend austoben kann, bleibt er im Hause ruhig.

Deutscher Langhaariger Vorstehhund

Deutscher Langhaariger Vorstehhund

HERKUNFTSLAND
Deutschland

VERANLAGUNG/TYP
Jagd- und Familienhund.

GRÖSSE
Bei Rüden liegt die Schulterhöhe zwischen 66 und 70 cm, bei Hündinnen zwischen 63 und 66 cm.

FELL
Das mäßig lange, leicht gewellte Fell kann einfarbig braun, braun mit weißem Kragen oder weiß mit braunem Kopf und Abzeichen sein.

PFLEGE
Der Deutsche Langhaarige Vorstehhund braucht wenig Fellpflege. Das Fell sollte regelmäßig gebürstet und überstehende Haare zwischen den Fußballen abgeschnitten werden. Ab und zu ist es notwendig, alte Haare aus dem Fell zu entfernen, die dann meist heller als das restliche Fell sind.

Deutscher Langhaariger Vorstehhund

CHARAKTER
Anhänglich, lebendig, seinem Herrn treu ergeben, sanftmütig und ausgeglichen, sehr guter Geruchssinn, intelligent und lernwillig.

AUFZUCHT UND ERZIEHUNG
Diese Hunde können und wollen viel lernen, was ihre Erziehung recht einfach werden läßt. Durch diese Eigenschaften wird der Hund zu einem guten Kameraden für Menschen, die in der Hundehaltung noch ein wenig unerfahrener sind. Er ist ein brillanter „Allround-Jagdhund".

VERTRÄGLICHKEIT
Diese Deutschen Vorstehhunde sind sehr sozial und kommen gut mit anderen Hunden und weiteren Haustieren zurecht. Die meisten sind sehr lieb und geduldig mit Kindern.

BEWEGUNG
In erster Linie sind diese Tiere Jagdhunde, die gerne schwimmen und Fährten nachgehen. Man macht ihnen mit Ausflügen in freier Natur also eine große Freude. Daher sind sportliche Menschen, die selbst gerne draußen sind, die besten Besitzer für diese Hunde. Solange sie sich ausreichend austoben können, bleiben sie im Hause ruhig.

BESONDERHEITEN
Deutsche Langhaarige Vorstehhunde wurden vor allem für Jäger gezüchtet, die in ihnen sehr brauchbare Gefährten finden. Die Hunde sind aber auch als Familienhunde geeignet, wenn sie genügend Raum und ausreichend Auslauf bekommen.

Épagneul Bleu de Picardie: Kopfstudie

Épagneul Bleu de Picardie

HERKUNFTSLAND
Frankreich

VERANLAGUNG/TYP
Jagd- und Familienhund.

GRÖSSE
Die Schulterhöhe von Rüden variiert zwischen 57 und 61 cm, Hündinnen sind etwas kleiner. Das Gewicht beträgt rund 20 kg.

FELL
Das Fell ist mäßig lang, glatt oder leicht gewellt. Es ist schwarz und weiß mit leichter Tüpfelung, so daß es fast blau wirkt.

PFLEGE
Die Hunde haben trotz der mittleren Haarlänge relativ wenig Fellpflege nötig. Ab und zu sollte es – vor allem an den dichter behaarten Stellen – durchgebürstet werden. Auch die Ohren, bzw. Gehörgänge müssen immer wieder auf Sauberkeit kontrolliert werden.

CHARAKTER
Sanftmütig, sozial, intelligent und gehorsam, nachgiebig, treu, anhänglich und freundlich, guter Geruchssinn, ausgewogen und ruhig, aber dennoch wachsam. Der Épagneul Bleu de Picardie ist ein „Allround-Jagdhund" mit großem Durchhaltevermögen.

AUFZUCHT UND ERZIEHUNG
Der Hund lernt relativ schnell und problemlos. Er reagiert gut auf die Stimme, man hat grundsätzlich kaum harte Worte oder gar Maßnahmen nötig.
Da die Bleu de Picardies gern in der Nähe ihrer Besitzer sind und sie voll als „Chefs" akzeptieren, sind sie auch für weniger erfahrene Hundefreunde geeignet.

VERTRÄGLICHKEIT
Diese Épagneuls verfügen über ein großes Anpassungsvermögen und gehen gut mit Hunden und anderen Haustieren um. Zu Kindern sind sie in der Regel lieb und geduldig. Die Hunde sind außerdem wachsam: Fremde werden immer angekündigt. Wenn „Not am Mann" ist, werden sie „ihre Familie" sicher beschützen.

BEWEGUNG
Dieser eigentlich für die Jagd gezüchtete Hund kann auch in einer Familie glücklich werden, allerdings muß ihm mehr als das tägliche Um-den-Block-Gehen geboten werden. Man sollte ihn regelmäßig mit in die Natur nehmen und ihm dort ausgiebig Gelegenheit zum Rennen und Spielen bieten; die Hunde sind auch ganz „wild" aufs Wasser und auf Apportier-Spiele.

Épagneul Bleu de Picardie

Épagneul Breton

Épagneul Breton oder Brittany

HERKUNFTSLAND
Frankreich

VERANLAGUNG/TYP
Jagd- und Familienhund.

GRÖSSE
Die ideale Höhe für Rüden liegt zwischen 48 und 50 cm, für Hündinnen gelten 47 bis 49 cm Schulterhöhe als ideal.
Die Hunde wiegen 13 bis 15 kg.

FELL
Das Fell besteht aus feinen Haaren, die flach anliegen und leicht gewellt sind. Der Épagneul Breton kommt in Orange-Weiß (in den USA) vor, der internationale Standard erlaubt ebenfalls eine schwarzweiße oder dreifarbige Zeichnung, Schimmelung ist zulässig.

PFLEGE
Die Fellpflege dieser Hunde stellt kein größeres Problem dar. Man sollte sie ab und zu durchbürsten, vor allem an den dichter behaarten Stellen, um dort eventueller Klettenbildung vorzubeugen. Die Gehörgänge sollten turnusgemäß auf Sauberkeit kontrolliert werden.

CHARAKTER
Lebendig, intelligent, apportiert gern, etwas eigensinnig, bellt wenig, sanftmütig und anhänglich, gehorsam. Dieser ausgezeichnete und unermüdliche „Allround-Jagdhund" ist bei den Jägern seines Herkunftslandes sehr beliebt.

AUFZUCHT UND ERZIEHUNG
Die Erziehung eines Épagneul Breton verläuft ohne Schwierigkeiten, da es sich bei ihm um einen sehr intelligenten und schnell begreifenden Burschen handelt. Der Hund reagiert sehr sensibel auf Stimmungen im Hause.

VERTRÄGLICHKEIT
Ein gut erzogener Épagneul Breton ist lieb zu Kindern und geht gut mit Artgenossen und anderen Haustieren um. Bei Gefahr läßt er seine Stimme lautstark erschallen.

BEWEGUNG
Obwohl er sich als Familienhund den Gegebenheiten hervorragend anpaßt, bleibt der Épagneul Breton doch mit Leib und Seele Jagdhund. Er läßt sich also nicht damit abfinden, dreimal täglich um den Block zu gehen. Zunächst bietet sich natürlich die Jagd als Beschäftigung an, man kommt aber generell nicht am Arbeits- und Bewegungsdrang dieser Hunde vorbei. Als Alternativen zur Jagd bieten sich Flyball, aber auch Schwimmen und Apportieren als Aktivitäten an, die dem Hund viel Spaß machen.

Épagneul Français

HERKUNFTSLAND
Frankreich

VERANLAGUNG/TYP
Jagd- und Familienhund.

GRÖSSE
Bei Rüden variiert die Schulterhöhe zwischen 55

Épagneul Français

und 61 cm, bei Hündinnen zwischen 54 und 59 cm. Das Gewicht beträgt 20 bis 25 kg.

FELL
Das Fell besteht aus halblangem, leicht gewelltem Haar. Die Farbe ist immer Weiß mit braunen Flecken, mit oder ohne braune Tupfen.

PFLEGE
Ein Épagneul Français sollte ungefähr einmal in der Woche gebürstet und gekämmt werden. Auch die Gehörgänge sollten regelmäßig kontrolliert und überstehende Haare zwischen den Fußballen abgeschnitten werden.

CHARAKTER
Lieb, intelligent und lernwillig, gehorsam, dynamisch, anhänglich, ruhig im Haus, guter Geruchssinn, große Ausdauer. Ein Épagneul Français bellt im allgemeinen nur sehr wenig.

AUFZUCHT UND ERZIEHUNG
Diese Hunde müssen sanft, aber dennoch mit fester Hand erzogen werden. Sie möchten ihrem Herrn jeden Wunsch „von den Augen ablesen", daher ist die Erziehung grundsätzlich problemlos.

VERTRÄGLICHKEIT
Ob es sich nun um Artgenossen, andere Haustiere oder Kinder handelt – die Hunde sind freundlich zu jedem. Sollten sie aber Gefahr wittern, so werden sie sicher ihre Stimme erklingen lassen.

BEWEGUNG
Ein Jagdhund wie dieser mag natürlich nicht tagelang hinter dem Ofen liegen. Wenn man keine Gelegenheit hat, mit dem Hund auf die Jagd zu gehen oder ohnehin keine Ambitionen in dieser Richtung hegt, so muß man dafür sorgen, daß der Hund auf andere Weise zu genügend Bewegung kommt. Die meisten Exemplare schwimmen und apportieren gern.

Épagneul Français

Großer Münsterländer

HERKUNFTSLAND
Deutschland

VERANLAGUNG/TYP
Jagd- und Familienhund.

GRÖSSE
Die Schulterhöhe von Rüden variiert zwischen 60 und 65 cm, Hündinnen sind etwas kleiner; bei ihnen findet man Schulterhöhen zwischen 58 und 63 cm. Das Gewicht schwankt zwischen 25 und 29 kg.

FELL
Das mittellange, schlichte Fell kann weiß mit schwarzen Flächen oder Tupfen sein, Schimmelungen sind aber bevorzugt.

PFLEGE
Diese Hunde brauchen nur wenig Fellpflege. Sie sollten dennoch regelmäßig gebürstet und ihre Gehörgänge turnusgemäß überprüft werden.

CHARAKTER
Intelligent, lieb, anhänglich, wachsam, mutig, ar-

beitsam, ein wenig dominant, guter Geruchssinn, sehr treu.

Aufzucht und Erziehung
Ein Großer Münsterländer läßt sich problemlos erziehen, da dieser Hund intelligent und lernwillig ist und gerne arbeitet. Einige Exemplare sind etwas dominanter und verlangen nach einem durchsetzungsfähigen Besitzer.

Verträglichkeit
Die Rasse zeigt keine Probleme im Umgang mit Artgenossen und anderen Haustieren. Die meisten Großen Münsterländer sind sehr lieb und geduldig mit Kindern. Grundsätzlich verhalten sie sich gegen jedermann freundlich, sie können aber sehr wohl als Wachhund eingreifen, wenn „Not am Mann" ist.

Bewegung
In erster Linie werden diese Hunde als Jagdhunde gebraucht, was aber nicht heißen soll, daß sie keine guten Familienhunde wären. Wenn man dafür sorgt, daß sie ausreichend Auslauf bekommen (schwimmen, apportieren), bleiben sie im Hause ruhig an ihrem Platz.

Großer Münsterländer

Große Münsterländer

Kleiner Münsterländer

Kleiner Münsterländer

Herkunftsland
Deutschland

Veranlagung/Typ
Jagd- und Familienhund.

Grösse
Hündinnen erreichen eine Schulterhöhe von 50 bis 54 cm, bei Rüden variiert sie zwischen 52 und 65 cm; Abweichungen von 2 cm nach oben und unten werden zugestanden.

Fell
Der Kleine Münsterländer besitzt ein mittellanges, schlichtes, leicht gewelltes, geschlossenes Fell. Die Farbe ist Braun mit Weiß, braungeschimmeltes Fell ist ebenfalls möglich.

Pflege
Die Gehörgänge sollten regelmäßig kontrolliert werden, überstehende Haare sollten hier – genau wie zwischen den Fußballen – abgeschnitten werden.

Das Fell muß ungefähr zweimal pro Woche durchgebürstet und gekämmt werden. Hin und wieder erscheinen auf den braunen Flächen hellbraune Haare, die aus dem Fell entfernt werden müssen (man kann es auch machen lassen). Nach drei Jahren ist der Hund vollständig ausgewachsen.

CHARAKTER
Der Kleine Münsterländer schwimmt gern, ist gehorsam, intelligent, schlau, sanftmütig, fröhlich und selbstlos.

AUFZUCHT UND ERZIEHUNG
Diese Hunde wollen es ihrem Besitzer allzeit recht machen. Man sollte sie mit zarter Hand aufziehen, aber dennoch immer konsequent bleiben.

VERTRÄGLICHKEIT
Die Hunde sind für ihr gutes Auskommen mit Kindern bekannt, auch das Zusammenleben mit Artgenossen und anderen Haustieren verläuft ohne Probleme.

BEWEGUNG
Der Kleine Münsterländer ist ein Jagdhund mit beinahe unglaublicher Ausdauer. Wenn man also keine Gelegenheiten hat, mit dem Hund auf die Jagd zu gehen, muß man nach Alternativen suchen – Behendigkeits- oder Gehorsamkeitskurse oder auch Flyball sind gute Sportarten für diese Tiere.
Gern geht der Hund auch durch den Wald, besonders aber liebt er es, Stöckchen aus dem Wasser zu apportieren.

Korthals Griffon

Korthals Griffon: Kopfstudie

Korthals Griffon oder Griffon à Poil Dur

HERKUNFTSLAND
Frankreich

VERANLAGUNG/TYP
Jagd- und Familienhund.

GRÖSSE
Die Schulterhöhe liegt bei Rüden zwischen 55 und 60 cm, bei Hündinnen zwischen 50 und 55 cm.

FELL
Das harte, grobe Fell darf sich nicht „wollig" anfühlen. Die Unterwolle ist weich und dicht. Blaugrau, Grau mit braunen Flächen und einfarbig Braun (oft mit einem leichten Grauschimmer) sind häufig vorkommende Färbungen. Auch Weiß mit Braun ist zulässig.

PFLEGE
Der Korthals Griffon muß immer wieder gebürstet und gekämmt werden. Bei so einer „Bürstenkur" kann man auch gleich die Gehörgänge kontrollieren und überstehende Haare zwischen den Fußballen abschneiden.

CHARAKTER
Intelligent und lernwillig, anhänglich, sozial, freundlich, wachsam und beschützend, mutig und aufopfernd, sehr treu, großes Durchhaltevermögen.

AUFZUCHT UND ERZIEHUNG
Bei Hunden dieser Rasse ist Erziehung fast unnötig, dennoch muß man natürlich ein gewisses Maß an Konsequenz zeigen. Die Hunde sind intelligent genug, um schnell zu begreifen, was von ihnen verlangt wird.

VERTRÄGLICHKEIT
Diese Griffons gehen nicht nur gut mit Kindern um, sie kommen auch gut mit Artgenossen zurecht. Wenn man sie gut sozialisiert hat, wird es auch mit Katzen und anderen Haustieren keine Probleme geben. Bekannte der Familie werden ausgiebig begrüßt. Menschen, die Böses im Sinn haben, werden gestellt.

BEWEGUNG
Dieser Hund ist Jagdhund mit Leib und Seele und braucht viel Bewegung, um sich körperlich und geistig wohl fühlen zu können. Er ist ein hervorragender „Allround-Jagdhund"; wenn man aber nicht plant, mit ihm jagen zu gehen, so sollte man regelmäßig längere Spaziergänge mit dem Hund unternehmen. Ist er erst einmal ausgewachsen, kann man ihn auch neben dem Fahrrad laufen lassen, desweiteren gehören Apportieren und Schwimmen zu seinen Lieblingsbeschäftigungen.

Spinone

Spinone

HERKUNFTSLAND
Italien

VERANLAGUNG/TYP
Jagd- und Familienhund.

GRÖSSE
Die Schulterhöhe von Rüden liegt bei 60 bis 70 cm, Hündinnen sind mit 58 bis 65 cm ein wenig kleiner. Das Gewicht der Hunde beträgt je nach Körpergröße zwischen 29 und 39 kg.

FELL
Das rauhe, dichte und zottige Fell liegt relativ dicht an. Zugestandene Farben sind einfarbig Weiß, Weiß mit orangenen Abzeichen oder Schimmelung, Weiß mit braunen Abzeichen oder Braunschimmel mit oder ohne braune Abzeichen.

Spinone: Kopfstudie

PFLEGE
Ab und zu sollte der Spinone mit einem groben Kamm gekämmt werden, ihn allerdings zu trimmen ist strengstens verboten. Die Ohren müssen kontrolliert und überstehende Haare zwischen den Fußballen geschnitten werden.

CHARAKTER
Ausgeglichen und freundlich, sehr sanftmütig und anhänglich, eigensinnig, guter Geruchssinn, vernarrt in Aktivitäten rund ums Wasser. Der Spinone ist ein guter „Allround-Jagdhund".

AUFZUCHT UND ERZIEHUNG
Von diesen Hunden darf man in punkto Gehorsamkeit keine Wunder erwarten, sie sind nämlich ein wenig eigensinnig. Allerdings sind sie von Natur aus sehr sanftmütig und anhänglich genug, um ihrem Herrn gefallen zu wollen – man darf nur eben keine überhöhten Erwartungen haben.
So folgt der Spinone lieber seiner Nase als dem Kommando des Besitzers, vor allem, wenn er eine interessante Fährte ausgemacht hat. Ohne Aufsicht sollte man diese Hunde also nicht unangeleint laufen lassen.

VERTRÄGLICHKEIT
Die Vertreter dieser Rasse gehen gut mit Artgenossen und anderen Haustieren um, auch für Kinder sind sie hervorragende Kameraden. Alles in allem sind die Hunde gute Gefährten – ihren Spitznamen „Gentleman der Natur" tragen sie wohl zu Recht.

BEWEGUNG
Der Spinone braucht viel Bewegung. Er ist und bleibt eben ein Jagdhund und braucht den dementsprechenden Auslauf – ein Leben in einem Appartement wäre nicht so ganz das Richtige.
Schwimmen findet er herrlich, voll ausgewachsen kann man ihn auch gut neben dem Fahrrad laufen lassen, am besten ist er aber natürlich für die Jagd geeignet.

Braque du Bourbonnais

Vorstehende Französische Bracken

Zu den Vorstehenden Französischen Bracken gehören unter anderem die Braque du Bourbonnais, die Braque Saint-Germain und die Braque Français. Diese kurzhaarigen Rassen werden in ihrem Herkunftsland vornehmlich als Jagdhunde genutzt. Je nach Rasse rangiert die Schulterhöhe zwischen 48 und 68 cm.
Der Umstand, daß diese Hunde auch sehr anhängliche Haustiere abgeben, ist bislang weitgehend unbekannt. Ihren Charakter kann man als freundlich, gefügig, anhänglich, intelligent und gehorsam beschreiben. Die schnell lernenden Tiere kommen mit einer überharten Abrichtung nicht so gut zurecht, sie brauchen eher eine liebevolle, aber dennoch konsequente Erziehung. Mit Artgenossen kommen sie prima aus, zu Kindern sind sie ausgesprochen freundlich. Wenn man den Hunden frühzeitig die Gelegenheit bietet, Katzen und andere Haustiere kennenzulernen, wird es diesbezüglich später keine Probleme mehr geben.
Die Jagd finden die Hunde natürlich herrlich, sie kommen aber auch ohne diese Betätigung zurecht,

wenn ihnen ausreichend alternative Aktivitäten und genügend Bewegungsmöglichkeiten geboten werden.

Braque d'Auvergne

Braque d'Auvergne

Stabyhoun

HERKUNFTSLAND
Niederlande (Friesland)

VERANLAGUNG/TYP
Jagd- und Familienhund.

GRÖSSE
Für Rüden werden 53 cm als ideale Schulterhöhe angesehen, für Hündinnen gelten 50 cm als Idealmaß. Das Gewicht schwankt zwischen 15 und 20 kg.

FELL
Das Fell ist mäßig lang und anliegend. Es ist häufig schwarzbunt, aber auch braunbunte Zeichnungen und die Farben Braunschimmel und Schwarzschimmel kommen vor.

PFLEGE
Ein Stabyhoun braucht kaum Fellpflege. Die Fellpartien, an denen sich Kletten bilden könnten (Brust, Rute und zwischen den Pfoten), sollten regelmäßig durchgebürstet werden, überstehende Haare an den Fußballen muß man abschneiden.

CHARAKTER
Anhänglich, intelligent und lernwillig, bedachtsam, große Ausdauer, wachsam, ein wenig eigensinnig.

Stabyhoun

AUFZUCHT UND ERZIEHUNG
Dieser intelligente Hund macht alles für seinen Besitzer – und kann dennoch eigensinnig sein. Während der Erziehung, die ausgesprochen konsequent durchgeführt werden muß, merkt man schnell, daß der Hund gut auf Änderungen der Stimme reagiert. Ein Welpen- und/oder Gehorsamkeitskurs ist sinnvoll. Mit der richtigen Ausbildung wird aber aus dem Stabijhoun ein erstklassiger Vorstehhund und Apporteur.

VERTRÄGLICHKEIT
Hunde dieser Rasse kommen im allgemeinen ausgesprochen gut mit Artgenossen, anderen Haustieren sowie Kindern aus. Bei Gefahr werden sie ihre Stimme sofort lautstark erschallen lassen.

BEWEGUNG
Stabyhouns sind vom Ursprung her Jagdhunde, dementsprechend groß ist ihr Bewegungsbedürfnis. Sie können sich für ausgedehnte Wanderungen in freier Natur begeistern, wobei sie auch Gelegenheit zum Rennen und Spielen ohne Leine brauchen. Apportieren und Schwimmen sind ebenfalls sehr beliebt, bei ausreichendem Aktivitätsangebot sind die Hunde im Hause ruhig.

Junger Stabyhoun

Kurzhaariger und Rauhhaariger Vizsla

HERKUNFTSLAND
Ungarn

VERANLAGUNG/TYP
Jagd- und Familienhund.

GRÖSSE
Kurzhaarige Vizsla-Rüden haben eine Idealhöhe zwischen 56 und 61 cm, für die Hündinnen dieser Rasse gelten 52 bis 57 cm als Idealmaß. Abweichungen von 4 cm nach oben und unten werden zugestanden, solange das gesamte Erscheinungsbild des Hundes harmonisch bleibt. Für rauhhaarige Vizsla-Rüden variiert die ideale Schulterhöhe zwischen 58 und 62 cm, für Hündinnen zwischen 54 und 58 cm, Abweichungen von 3 cm nach oben und unten werden, bei ausgewogener Erscheinung, zugestanden.

Kurzhaariger Vizsla

FELL
Der Kurzhaarige Vizsla kommt in dunklem Sandgelb oder Dunkelgold vor; den Rauhhaar-Vizsla sieht man meist in verschiedenen Sandgelb-Nuancen. Ein kleiner weißer Fleck auf der Brust wird bei beiden Varietäten zugestanden. Ein kleiner Bart sowie deutlich ausgeprägte „Augenbrauen" sind bei der Drahthaarvarietät erwünscht.

PFLEGE
Das kurzhaarige Vizsla-Fell hat relativ wenig Pflege nötig. Während des Fellwechsels lassen sich lose Haare am besten mit einer Gummibürste aus dem Fell entfernen. Das rauhhaarige Fell dagegen muß hin und wieder getrimmt werden, wobei alte und tote Haare mit der Hand entfernt werden. Bei den Rauhhaarigen Vizslas müssen überstehende Haare zwischen den Fußballen abgeschnitten werden.

CHARAKTER
Ausgeglichen, intelligent und lernwillig, sportlich, apportiert gern, guter Geruchssinn, große Ausdauer, anhänglich und treu.

AUFZUCHT UND ERZIEHUNG
Bei den Magyar Vizslas, wie die Hunde auch genannt werden, ist Erziehung beinahe unnötig, so

Kurzhaariger Vizsla: Kopfstudie

gerne arbeiten sie für ihren Herrn. Wichtig ist vor allem Konsequenz.

VERTRÄGLICHKEIT
Mit Artgenossen, anderen Haustieren sowie Kindern gehen Magyar Vizslas im allgemeinen gut um. Fremder Besuch wird angekündigt, dabei bleibt es dann aber auch.

BEWEGUNG
Diese lebhafte Rasse braucht viel Bewegung und Auslauf, um körperlich und geistig in guter Verfassung zu bleiben. Man kann die Hunde natürlich bei der Jagd einsetzen, sollte man aber keine Ambitionen in dieser Richtung verfolgen, muß man ihnen

Rauhhaariger Vizsla

die Gelegenheit bieten, unangeleint zu rennen und zu spielen; auch Apportieren aus dem Wasser macht ihnen Spaß.

Kurzhaariger Weimaraner

Weimaraner: Kopfstudie

Weimaraner

HERKUNFTSLAND
Deutschland

VERANLAGUNG/TYP
Jagd- und Familienhund.

GRÖSSE
Die Schulterhöhe von Rüden variiert zwischen 59 und 70 cm, Hündinnen sind mit einer Schulterhöhe von 57 bis 65 cm etwas kleiner.

FELL
Es gibt zwei Fellvarianten, nämlich die kurzhaarige und die langhaarige, die beide silber-, reh- oder mausfarben sein können. Kleine weiße Abzeichen auf Brust und Pfoten sind zugestanden.

PFLEGE
Der kurzhaarige Weimaraner braucht nur wenig Fellpflege. Ab und zu kann man mit einer Gummibürste totes Haar entfernen. Die langhaarige Varietät läßt sich am besten mit einer harten Bürste pflegen, eventuell kann man sie anschließend auch noch durchkämmen. Die Gehörgänge sollten turnusgemäß gepflegt werden.

CHARAKTER
Freundlich, intelligent und arbeitswillig, große Ausdauer, lebendig, wachsam und beschützend. Weimaraner sind sehr gute Jagdhunde.

AUFZUCHT UND ERZIEHUNG
Weimaraner lernen schnell, wollen alles für ihren Besitzer tun und sind intelligent genug, um jederzeit zu begreifen, was von ihnen verlangt wird. Dennoch sollte ihr zukünftiger Besitzer über sicheres Auftreten verfügen, da die Hunde etwas dominant sind.

Langhaarige Weimaraner

Verträglichkeit

Zu Kindern sind diese Hunde in der Regel sehr freundlich. Wenn sie frühzeitig sozialisiert werden, können sie auch mit Katzen und anderen Haustieren ein problemloses Zusammenleben führen. Auch mit Artgenossen gehen Weimaraner gut um. Die Hunde sind relativ wachsam, aber dennoch nicht „unfreundlich“ gegen Unbekannte. Jedoch werden sie in Not- oder Gefahrensituationen jederzeit „ihren Mann“ stehen.

Bewegung

Die natürlichste Beschäftigung dieser Hunde ist die Jagd. Wenn man keine Ambitionen in dieser Richtung hegt, sollte man regelmäßig lange Strecken mit dem Hund laufen – das übliche „Gassi-Gehen“ ist für einen solchen Hund absolut unbefriedigend. Die Hunde brauchen viel Bewegung und Auslauf, um sich glücklich fühlen zu können – sie sind dann auch im Hause wesentlich ruhiger. Wenn sie genügend Aufmerksamkeit und ausreichend Bewegung erhalten, kann man Weimaraner auch gut in einem Außenzwinger halten.

Junge langhaarige Weimaraner-Hündin

Drei English Setters

English Setters

Englische Vorstehhunde (Pointer)

English Setter

HERKUNFTSLAND
England

VERANLAGUNG/TYP
Jagd- und Familienhund.

GRÖSSE
Die Schulterhöhe von Rüden liegt zwischen 65 und 68 cm, bei Hündinnen variiert sie zwischen 61 und 63 cm.

FELL
Das Fell ist lang, seidig, leicht gewellt, aber ohne Locken.
Die Hunde gibt es in folgenden Farbstellungen: Blue belton (Weiß mit Blauschwarz), Orange belton (Weiß mit Orange), Lemon belton (Weiß mit Zitronengelb), Liver belton (Weiß mit Leberbraun) sowie mit dreifarbigem Fell.

PFLEGE
Ab und zu müssen diese Setter getrimmt werden, wobei überflüssige (alte) Haare aus dem Fell geholt werden.
Will man den Setter auf Ausstellungen präsentieren, braucht sein Fell natürlich noch etwas mehr Aufmerksamkeit. Bei Haushunden reicht es, wenn man neben dem Trimmen überstehende Haare zwischen den Fußballen und unter den Ohren schneidet. Letzteres ist nötig, damit die Gehörgänge „atmen" können – auf diese Weise kann Infektionen vorgebeugt werden.

CHARAKTER
Freundlich, sanftmütig, gefühlvoll, lebendig, sehr anhänglich, intelligent, sozial, vorsichtig.

AUFZUCHT UND ERZIEHUNG
English Setters sind recht einfach zu erziehen – wenn man immer im Auge behält, daß sie recht eigensinnig sein können.
Bei aller Konsequenz brauchen die Hunde eine sehr liebevolle Aufzucht, denn bei allzuharter Behandlung verkümmern sie. In einigen Fällen ist ein Welpenkurs ratsam und hilfreich.

VERTRÄGLICHKEIT
Die Vertreter dieser Rasse gehen von Natur aus prima mit Artgenossen und anderen Haustieren um, auch mit Kindern gibt es normalerweise keinerlei Probleme. Da English Setters echte „Menschenfreunde" sind, wird jedermann freundlich von ihnen begrüßt.

BEWEGUNG
Ein English Setter braucht recht viel Bewegung. Man sollte ihn daher regelmäßig auf längere Wanderungen mitnehmen oder ihn – sobald er vollständig ausgewachsen ist – neben dem Fahrrad laufen lassen. Da der Hund nicht besonders reviertreu ist, sollte das Grundstück gut umzäunt sein.

Gordon Setter

Gordon Setter

HERKUNFTSLAND
Schottland

VERANLAGUNG/TYP
Jagd- und Familienhund.

GRÖSSE
Rüden erreichen eine Schulterhöhe von ungefähr 66, Hündinnen von etwa 62 cm.

Junger Irish Setter

FELL
Das Fell besteht aus mäßig langem Haar (nicht gelockt) mit feiner Befederung. Die Farbe ist immer Schwarz, mit warmen kastanienbraunen Abzeichen (ein weißer Brustfleck wird zugestanden).

PFLEGE
Der Gordon Setter muß regelmäßig gebürstet und die Gehörgänge auf Sauberkeit kontrolliert werden. Ein Zuviel an Haar unter den Ohren muß abgeschnitten werden, damit die Gehörgänge freiliegen – auf diese Weise kann Infektionen vorgebeugt werden. Das Haar an der Außenkante der Ohren sollte nicht geschnitten werden, auch wenn das bei anderen Settern zugestanden wird. Für Ausstellungen muß der Gordon Setter besonders sorgfältig „frisiert" werden.

CHARAKTER
Lieb, freundlich, intelligent, sozial, sanftmütig und gefühlvoll, etwas eigensinnig.

AUFZUCHT UND ERZIEHUNG
Ein Gordon Setter ist recht einfach zu erziehen – wenn man seinen Eigensinn im Auge behält. Bei aller Konsequenz brauchen die Hunde eine sehr liebevolle Aufzucht, denn bei allzuharter Behandlung verkümmern sie. In einigen Fällen ist ein Welpenkurs ratsam und hilfreich.

VERTRÄGLICHKEIT
In ihrer Jugend sollten den Vertretern dieser Rasse viele positive Erfahrungen mit Menschen, Tieren und Situationen geboten werden, dann wächst der Hund harmonisch heran. Im allgemeinen geht dieser Hund gut mit Artgenossen um; auch die Beziehung zu Kindern ist problemlos, denn Gordons sind echte „Menschenfreunde".
Eine gute Sozialisierung in der Jugend sorgt außerdem dafür, daß das Zusammenleben mit Katzen und anderen Haustieren ohne Zwist verläuft. Bei fremdem Besuch nehmen die Hunde zunächst eine abwartende Haltung ein.

BEWEGUNG
Die Gordons brauchen recht viel Bewegung. Das Laufen neben dem Fahrrad ist dabei ein gutes Training – natürlich erst, wenn der Hund vollkommen ausgewachsen ist. Wenn der Gordon Setter außer Haus genügend Auslauf bekommt, wird er im Hause auch ruhig bleiben.
Da die Hunde nicht besonders reviertreu sind, ist eine gute Umzäunung des Grundstücks oder Gartens kein überflüssiger Luxus.

Irish Setter

Irish Setter

HERKUNFTSLAND
Irland

VERANLAGUNG/TYP
Jagd- und Familienhund.

GRÖSSE
Für die Schulterhöhe existieren keine Standardmaße, meist erreichen die Hunde ungefähr 65 cm, es kommen aber auch bedeutend kleinere bzw. größere Exemplare vor.

FELL
Das Fell ist mäßig lang und flach, es soll sich so wenig wie möglich kräuseln oder locken. Die Farbe ist ein dunkles Mahagoni- oder Kastanienbraun

ohne jegliches Schwarz. Kleine weiße Abzeichen auf Brust und/oder Kehle sowie ein kleiner Stern auf dem Vorderkopf oder eine Blesse auf der Stirn sind unerwünscht. Es gibt auch den Irish Red and White Setter, dessen Fell vornehmlich weiß mit roten Abzeichen ist.

PFLEGE
Ab und zu müssen die Irish Setter getrimmt werden, wobei überflüssige (alte) Haare aus dem Fell geholt werden. Will man die Setter auf Ausstellungen präsentieren, braucht ihr Fell natürlich noch etwas mehr Aufmerksamkeit.
Bei Haushunden reicht es, wenn man neben dem Trimmen überstehende Haare zwischen den Fußballen und unter den Ohren schneidet. Letzteres ist nötig, damit die Gehörgänge nicht verstopft werden – auf diese Weise kann Infektionen vorgebeugt werden.

CHARAKTER
Lebendig, lieb, sanftmütig, eigensinnig, anhänglich, fröhlich und verspielt, bellt in der Regel wenig.

AUFZUCHT UND ERZIEHUNG
Im allgemeinen bereitet die Erziehung dieser Hunde wenig Schwierigkeiten. Sie sind intelligent genug, um schnell zu begreifen, was von ihnen verlangt wird.
Angesichts einer gehörigen Portion Eigensinn brauchen sie allerdings einen Besitzer, der sie konsequent und dennoch liebevoll anpackt. Ein Welpenkurs kann in manchen Fällen hilfreich sein.

VERTRÄGLICHKEIT
Irish Setters sind in der Regel lieb zu jedem – auch unerwünschte Besucher werden also enthusiastisch empfangen. Immerhin kündigt der Setter Besuch an. Mit Kindern gehen die Setter geduldig und freundlich um, auch mit Artgenossen verläuft das Zusammenleben harmonisch. Der Umgang mit anderen Haustieren bereitet bei frühzeitiger Sozialisierung ebenfalls keine Probleme.

BEWEGUNG
Da die Vertreter dieser Rasse recht viel Auslauf brauchen, sollte man sie regelmäßig mit auf ausgedehnte Wanderungen nehmen. Für den vollständig ausgewachsenen Hund ist auch das Laufen neben dem Fahrrad eine gute Form der Körperertüchtigung.
Allerdings ist immer Vorsicht geboten: Einige Exemplare gehen lieber ihrer eigenen Nase nach – vor allem wenn sie auf eine interessante Fährte stoßen. Sie sollten deshalb schon von klein auf dazu erzogen werden, auf Zuruf zu gehorchen.

(English) Pointer

HERKUNFTSLAND
England

VERANLAGUNG/TYP
Vorstehhund auf Federwild, Familienhund.

GRÖSSE
Die Schulterhöhe der Rüden variiert zwischen 63 und 69 cm, Hündinnen sind mit 61 bis 66 cm etwas kleiner.

FELL
Das Deckfell ist kurzhaarig, die Unterwolle kurz und glatt. Pointer kommen in folgenden Farbkombinationen vor: Weiß mit Gelb, Weiß mit Leberbraun, Weiß mit Schwarz; auch dreifarbige Farbstellungen sind erlaubt.

PFLEGE
Die Versorgung dieser Hunde ist sehr einfach: Einzig während des Fellwechsels muß man abgestorbene und lose Haare aus dem Fell entfernen.

CHARAKTER
Freundlich, sportiv, intelligent und gehorsam, lieb und anhänglich, ausgeglichen. Sie sind ausgezeichnete Vorstehhunde, was bedeutet, daß sie unbeweglich stehen bleiben und in die Richtung weisen („point"), aus der die Witterung des Wildes kommt.

AUFZUCHT UND ERZIEHUNG
Der Pointer ist ein schnell begreifender Schüler, er ist intelligent genug, um flugs zu begreifen, was von ihm verlangt wird.

VERTRÄGLICHKEIT
Hunde dieser Rasse gehen gut mit Artgenossen und anderen Haustieren um. Mit Kindern geben sie sich in der Regel lieb und geduldig ab, sowohl bekannte wie unbekannte Besucher werden freundlich empfangen. Auch der Umgang mit Katzen verläuft problemlos, wenn der Pointer schon frühzeitig an ihre Gesellschaft gewöhnt worden ist.

BEWEGUNG
Da Pointer in erster Linie Jagdhunde sind, werden sie vornehmlich von Jägern gehalten. Die Hunde brauchen viel Bewegung. Sollte man also keine Jagdabsichten hegen, so muß man mindestens eineinhalb Stunden am Tag einplanen, um mit dem Hund zu gehen, damit er genügend Gelegenheit bekommt, seine Energie „abzuarbeiten".

Pointer: Kopfstudie

Pointer bei der „Arbeit"

8. Aufjagende und apportierende Vogel- und Wasserhunde

Retriever (Apportierhunde)

Chesapeake Bay Retriever

HERKUNFTSLAND
Vereinigte Staaten

VERANLAGUNG/TYP
Jagd- und Familienhund.

GRÖSSE
Üblicherweise haben Rüden eine Schulterhöhe von 58 bis 66 cm, bei Hündinnen variiert sie zwischen 53 und 61 cm. Auf Ausstellungen wird allerdings der ausgewogene Körperbau stärker als die Höhe bewertet.

FELL
Das Fell ist das charakteristische Merkmal der Chesapeake Bay Retriever: Es ist kurz und grob, mit dichter, flauschiger Unterwolle. Es kann lockig, soll aber nicht gekräuselt sein und fühlt sich ölig und derb an. Die Farbe liegt zwischen Gelbbraun und Dunkelbraun – die dunkleren Farben kommen aber häufiger vor.

PFLEGE
Ein Chesapeake Bay Retriever braucht relativ wenig Fellpflege. Während des Fellwechsels muß man ihn bürsten, aber mit Vorsicht: Zuviel Bürsten kann die Fellstruktur verderben. Aus diesem Grund wird auch davon abgeraten, den Hund zu waschen.

CHARAKTER
Freundlich, intelligent und gehorsam, eigensinnig, vernarrt in Wasser, selbstlos und mutig, ungestüm, voller Energie, wachsam. Besonders Rüden können etwas dominant sein.

AUFZUCHT UND ERZIEHUNG
Wenn man mit Hunden noch nicht so viel Erfahrungen sammeln konnte, ist von dieser Rasse abzuraten. Ein Chesapeake-Besitzer muß zeigen, wer das Kommando führt – die Bay Retriever sind rechte Dickköpfe. Die Hunde sind ohnehin etwas härter im Charakter als beispielsweise Golden Retrievers. Eine konsequente und liebevolle Hand ist sicher am erfolgreichsten, ein Gehorsamkeitskurs kann ein übriges leisten. Die Hunde sind in der Regel erst sehr spät ausgewachsen.

VERTRÄGLICHKEIT
Der Umgang mit einer bereits anwesenden Hauskatze sorgt in der Regel für keine Probleme – außer Haus wird der Hund aber mit Sicherheit Katzen nachjagen wollen. Gerade Rüden können sich gegenüber Geschlechtsgenossen sehr dominant benehmen, alles ist aber vom Grad der Sozialisation abhängig. Man sollte daher dafür sorgen, daß der junge Hund rechtzeitig eine Vielzahl guter Erfahrungen mit Menschen, Tieren (besonders anderen Hunden) und Situationen machen kann. Chesapeake Bay Retriever gehen durchweg sehr gut mit Kindern um, nehmen aber Fremden gegenüber eine recht reservierte Haltung ein.

BEWEGUNG
Die Rasse hat recht viel Bewegung nötig. Bleibt diese Bewegung aus, langweilen sich die Hunde und werden schnell „lästig“. Schwimmen und Apportieren gehört zu den Lieblingsbeschäftigungen der Chesapeakes, gleiches gilt natürlich auch für die Jagd, vor allem im Wasser. Die Schwimmfähigkeit der Chesapeakes wird übrigens durch Zwischenzehenhäute verbessert.

Chesapeake Bay Retriever

Golden Retrievers

Curly-coated Retriever

Curly-coated Retriever

HERKUNFTSLAND
England

VERANLAGUNG/TYP
Jagd- und Familienhund.

GRÖSSE
Die Schulterhöhe von Rüden mißt etwa 68,5 cm, bei Hündinnen ungefähr 63,5 cm.

FELL
Der Curly-coated Retriever besitzt gelocktes, wasserdichtes Fell, nur das Fell an der Gesichtspartie und den Pfoten ist glatt. Zwei Fellfarben kommen vor: Einfarbig Schwarz und Leberbraun.

PFLEGE
Das Fell dieser Hunde sollte so wenig wie möglich gebürstet werden, da es sonst außer Form gerät, lediglich während des Fellwechsels läßt sich gelegentliches Bürsten nicht vermeiden. Nach dem Bürsten muß das Fell naß gemacht werden – beispielsweise indem man den Hund schwimmen läßt – dadurch kommen die Locken zurück ins Fell. Wächst das Fell dieser Retriever zu lang, kann man es mit der Schere vorsichtig kürzen.

CHARAKTER
Intelligent, etwas dominant, ungestüm, aktiv, freundlich, selbständig, wachsam, guter Geruchssinn. Der Curly-coated Retriever arbeitet gern für seinen Besitzer und lernt neue Kommandos relativ schnell – dennoch kann er sehr eigensinnig sein. Rüden sind in der Regel etwas dominanter als Hündinnen.

AUFZUCHT UND ERZIEHUNG
Ein Curly-coated Retriever ist intelligent genug, um schnell zu begreifen, was von ihm verlangt wird. Es ist wichtig, daß das Training abwechslungsreich gestaltet wird, da der Hund bei eintönigen Übungen schnell das Interesse verliert. Darüberhinaus ist – wie immer – Konsequenz das wichtigste Gebot.

VERTRÄGLICHKEIT
Im Normalfall gehen Curly-coated Retriever gut mit Artgenossen und anderen Haustieren um. Mit Kindern sind sie meist sehr geduldig, dürfen aber nicht zu sehr geneckt werden. Kommt fremder Besuch, wirken sie zunächst etwas scheu, werden aber in Notsituationen immer „ihren Mann" stehen.

BEWEGUNG
Diese Retriever sind vor allem Arbeitshunde, die gern apportieren und schwimmen. Man kann sie für die Jagd trainieren, es sind aber auch genügend Beispiele bekannt, in denen sich die Hunde in anderen Hundesportarten bewährt haben. Welche Sportart man auch immer bevorzugen mag – der Hund muß auf jeden Fall genügend Bewegung bekommen. Ein Curly-coated Retriever, der zuwenig Auslauf oder Arbeit bekommt, wird im Haus leicht unzufrieden und „lästig" werden.

Curly-coated Retriever: Kopfstudie

Flat-coated Retriever

HERKUNFTSLAND
England

VERANLAGUNG/TYP
Jagd-, Wasser- und Familienhund.

GRÖSSE
Bei Rüden variiert die Schulterhöhe zwischen 58 und 61 cm, bei Hündinnen zwischen 55 und 58 cm.

FELL
Das glatte, halblange Haar des Flat-coated Retriever kann schwarz oder leberbraun sein. Hin und wieder sieht man auch blondes Fell, diese Färbung wird allerdings nicht anerkannt.

PFLEGE
Zweimal pro Woche sollte das Fell gut durchgebürstet werden, besonders an jenen Flächen, an denen sich leicht Kletten bilden können. Bei der Gelegenheit kann man auch gleich die Gehörgänge kontrollieren und überstehende Haare zwischen den Fußballen wegschneiden. Falls nötig, kann man den Hund auch zum Trimmen schicken und das Fell dort wieder in Form bringen lassen.

CHARAKTER
Intelligent, freundlich, ausgeglichen, will gern für seinen Besitzer arbeiten, folgsam, treu, oft auch ein wenig eigensinnig, „wild“ auf Schwimmen, großes Anpassungsvermögen. Die meisten Hunde dieser Rasse sind nicht besonders wachsam und bellen wenig.

AUFZUCHT UND ERZIEHUNG
Diese Hunde sind sehr gemächlich zu erziehen. Sie lernen recht schnell. Flat-coated Retriever sind intelligent genug, um neue Kommandos schnell zu begreifen. Allerdings können Flat-coated Retriever etwas starrköpfig sein – man kann diesem Charakterzug aber durch allzeitige Konsequenz begegnen.

Flat-coated Retrievers: Kopfstudien

Flat-coated Retrievers

VERTRÄGLICHKEIT
Der Umgang mit Artgenossen und anderen Haustieren stellt keine Probleme dar, auch für Kinder sind diese Hunde zuverlässige Spielkameraden, sie sollten allerdings nicht zu sehr geneckt werden. Fremde werden angekündigt, dabei bleibt es dann aber auch meist.

BEWEGUNG
Die Vertreter dieser Rasse brauchen viel Bewegung, Schwimmen und Apportieren finden sie daher herrlich. Hat man einmal an einem Tag keine Zeit, paßt sich dieser Retriever ohne zu murren an, allerdings kann es über längere Zeiträume dazu führen, daß die Hunde „verelenden“ – sie sind eben Arbeitshunde, die beschäftigt werden wollen.

Golden Retriever

HERKUNFTSLAND
England

VERANLAGUNG/TYP
Jagd- und Familienhund.

GRÖSSE
Rüden weisen eine Schulterhöhe zwischen 56 und 61 cm auf, Hündinnen sind mit 51 bis 56 cm etwas kleiner.

Golden Retriever

FELL
Das Fell ist glatt oder wellig und mit wasserabstoßender Unterwolle versehen. Es kann Schattierungen von gold bis cremefarben annehmen, ein kleines weißes Abzeichen auf der Brust ist erlaubt.

PFLEGE
Das Fell muß regelmäßig gebürstet und gekämmt werden, überschüssige Haare zwischen den Fußballen müssen geschnitten werden, die Gehörgänge sollten auf Sauberkeit kontrolliert werden. Wenn nötig, kann man den Hund auch im Trimmsalon versorgen lassen.

CHARAKTER
Lieb, intelligent, sozial, selbstsicher, gefühlvoll, gutes Gedächtnis, großes Anpassungsvermögen, bellt wenig.

AUFZUCHT UND ERZIEHUNG
Ein Golden Retriever lernt nicht nur schnell – er behält das Gelernte meist auch ein Leben lang. Diese Retriever dürfen nicht mit harter Hand angepackt werden, sie sind sehr empfindsam und gefühlvoll.
Das Training sollte so abwechslungsreich wie möglich gestaltet werden, die Anmeldung zu einem Gehorsamkeitskurs ist sehr zu empfehlen.

VERTRÄGLICHKEIT
Die Hunde dieser Rasse gehen sehr gut mit Artgenossen, anderen Haustieren sowie Kindern um, die sie allzeit liebevoll beschützen möchten. In der Regel sind Golden Retriever echte „Menschenfreunde“, dennoch können einige Exemplare in Gegenwart von Fremden recht wachsam oder auch sehr zurückhaltend reagieren.

BEWEGUNG
Auch wenn sich ein Golden Retriever an seinen Besitzer anpaßt: Man sollte immer daran denken, daß dieser Hund mehr Bewegung als ein „Durchschnittshund“ braucht. Ist der Hund erst einmal vollkommen ausgewachsen, kann man ihn gut neben dem Fahrrad laufen lassen. Die meisten Exemplare schwimmen und apportieren mit Begeisterung und gehen auch gern in einen Gehorsamkeits- oder Behendigkeitskurs.

BESONDERHEITEN
Der Golden Retriever ist ein sehr populärer Hund. Man sollte einen Welpen nur von einem vertrauenswürdigen Züchter kaufen.

Labrador Retriever

HERKUNFTSLAND
England

VERANLAGUNG/TYP
Unter anderem Jagd-, Blindengeleit-, Drogensuch- und Familienhund.

GRÖSSE
Bei Rüden variiert die Schulterhöhe zwischen 56 und 57 cm, bei Hündinnen zwischen 54 und 56 cm.

FELL
Das Fell ist kurz und dick und mit wasserabstoßender Unterwolle versehen.
Der Labrador kommt in einfarbig Schwarz, Gelb oder Schokoladenbraun vor, ein kleiner weißer Brustfleck ist erlaubt

PFLEGE
Das Fell braucht kaum Pflege. Einmal wöchentlich sollte es gebürstet werden; während des Fellwechsels verlangt es nach etwas mehr Aufmerksamkeit.

CHARAKTER
Freundlich und gutmütig, intelligent und arbeitswillig, gehorsam, sozial, anhänglich und gefügig, verständig und bedachtsam, treu, guter Geruchssinn. Labradors werden erst sehr spät geistig und körperlich erwachsen.

Labrador Retrievers

Junge Golden und Labrador Retrievers

AUFZUCHT UND ERZIEHUNG
Der Labrador Retriever ist ein intelligenter Hund, der eigentlich fast keine Erziehung braucht, da er sehr lernwillig ist und gern für seinen Herrn arbeitet. Für einen Hund mit so vielen Fähigkeiten ist es eigentlich ein Jammer, wenn er nur als reiner Haushund gehalten wird. Der Labrador ist ein hervorragender Jagd- und Spürhund und gibt auch bei Gehorsamkeitswettkämpfen eine gute Figur ab. Man macht dem Hund jedenfalls immer eine Freude, wenn man etwas mit ihm unternimmt.

VERTRÄGLICHKEIT
Labrador Retriever gehen in der Regel sehr gut mit Artgenossen und anderen Haustieren um. In Gegenwart von Kindern sind sie besonders geduldig und gutmütig. Sie sind eben echte „Menschenfreunde" – und folglich daher auch nicht sonderlich gut als Wachhunde geeignet.

BEWEGUNG
Als Familienhund wird sich der Labrador Retriever gut anpassen, darüber darf man aber nie vergessen, daß er recht viel Bewegung braucht. Er liebt lange Wanderungen und sollte dabei unangeleint rennen und spielen dürfen. Labradors lieben Wasser und Apportieren.

Nova Scotia Duck Tolling Retriever: Kopfstudie

Nova Scotia Duck Tolling Retriever

HERKUNFTSLAND
Kanada

VERANLAGUNG/TYP
Jagd- und Familienhund.

Nova Scotia Duck Tolling Retriever

Grösse
Rüden erreichen eine Schulterhöhe zwischen 48 und 51 cm, bei Hündinnen variiert sie zwischen 45 und 48 cm.

Fell
Der Nova Scotia Duck Tolling Retriever besitzt ein doppeltes, wasserabstoßendes Fell mit mäßig langem, dichtem Deckhaar. Die Farbe liegt in der Mitte zwischen Rot und Orange, gewöhnlich mit kleinen weißen Abzeichen an Pfoten, Brust, Rutenspitze und manchmal im Gesicht.

Pflege
Das Fell dieser Hunde braucht nicht viel Pflege. Es reicht aus, es einmal wöchentlich durchzubürsten. Lediglich während des Fellwechsels ist mehr Betreuung nötig.

Charakter
Der Tolling Retriever ist aufgeweckt, freundlich, aufmerksam, intelligent, lebendig und sozial.

Aufzucht und Erziehung
Die Aufzucht stellt keine großen Probleme, da die Hunde fähige Schüler sind und neue Kommandos recht flott erlernen. Außerdem finden sie es schön, für ihren Herrn arbeiten zu dürfen.

Verträglichkeit
Nova Scotia Duck Tolling Retriever sind angenehme Familienhunde, die gut mit Artgenossen und anderen Haustieren umgehen und sich in Gesellschaft von Kindern ausgesprochen geduldig geben. Bei Gefahr lassen sie ihre Stimme vernehmen – dabei bleibt es aber meist.

Bewegung
Die Vertreter dieser Rasse brauchen recht viel Auslauf, Apportieren und Schwimmen sind bevorzugte Aktivitäten, auf die die Hunde ganz versessen sind.

American Cocker Spaniel

Mit der richtigen Begleitung können diese Retriever auch in Hundesportarten wie z. B. Fly-ball oder Gehorsamkeitsprüfungen mithalten.

Aufjagende Hunde

American Cocker Spaniel

Herkunftsland
Vereinigte Staaten

Veranlagung/Typ
Ursprünglich Jagdhund, heute vor allem Familienhund.

Grösse
Die Schulterhöhe von Rüden beträgt ungefähr 38 cm, die von Hündinnen ca. 35,5 cm.

Fell
Das Fell auf dem Kopf ist kurz und fein, am restlichen Körper ist es lang. Ohren, Brust, Bauch und Pfoten sind üppig befedert, hier ist das Haar glatt und besonders seidig. Dieses lange Fell ist das „Markenzeichen" der American Cocker Spaniels. Beinahe alle Farben sind zugestanden, z. B: Schwarz, Hirschrot, Beigeblond oder dreifarbige Kombinationen.

Pflege
Eine gute Versorgung des Fells ist sehr wichtig, man muß es täglich bürsten und kämmen. Darüberhinaus muß man den Hund, um das Fell rassentypisch zu halten, etwa alle vier Wochen zum Trimmen bringen. Desweiteren müssen auch die Ohren regelmäßig nachgesehen werden und überschüssige Haare zwischen den Fußballen und unter den Ohren (in Nähe der Gehörgänge) abgeschnitten werden. Wenn man keine Zeit hat, um dem Fell diese ausgiebige Pflege zukommen zu lassen oder auch die

Kosten der monatlichen Trimmsalon-Besuche scheut, sollte man von der Anschaffung eines American Cocker Spaniels Abstand nehmen.

CHARAKTER
Lieb, intelligent und gehorsam, fröhlich, verspielt, sanftmütig.

AUFZUCHT UND ERZIEHUNG
Die Aufzucht des American Cocker Spaniels gibt selten Probleme. Es reicht vollkommen aus, ihn mit sanfter Hand zu führen, denn er ist sehr empfänglich für Änderungen der Stimme seines Herrn und von Stimmungen im Haus oder in der Familie.

VERTRÄGLICHKEIT
Die Hunde dieser Rasse sind sehr sozial und kommen daher hervorragend mit Artgenossen und anderen Haustieren aus. Da sich die Cocker beinahe alles gefallen lassen, sollte man darauf achten, daß Kinder nicht allzu rauhe Spielchen mit dem Hund treiben.

BEWEGUNG
Dieser Cocker spielt und tobt ausgesprochen gern. Wenn man das beachtet, gibt es keinen Grund, warum man diesen Hund nicht auch in einem Appartement halten sollte.
Die meisten Exemplare sind ganz „verrückt" nach Apportieren und Schwimmen.

BESONDERHEITEN
Die Popularität der Rasse führt zu großer Nachfrage – „Hinterhofzüchter" sind also in jedem Falle zu meiden.

Clumber Spaniel

HERKUNFTSLAND
England

VERANLAGUNG/TYP
Jagd- und Familienhund.

GRÖSSE
Ausgewachsene Rüden wiegen ungefähr 36 kg, Hündinnen um 30 kg bei einer Schulterhöhe von 48 bis 51 cm.

Clumber Spaniel: Kopfstudie

Fell
Der Clumber Spaniel besitzt ein dichtes, seidiges, halblanges Fell. Die Farbe ist Weiß mit zitronengelben Abzeichen, auch orangene Abzeichen sind erlaubt.

Pflege
Das Fell muß regelmäßig gekämmt und gebürstet werden, die Gehörgänge müssen ebenfalls turnusmäßig gereinigt werden. Bei einigen Exemplaren kann es zu Augenentzündungen kommen, die man aber mit speziellen Lotionen bekämpfen kann. Bisweilen kann es nötig sein, den Clumber in Form trimmen zu lassen, wobei unordentliche und vorstehende Haare aus dem Fell entfernt werden. Wachsen unter den Ohren zu viele Haare, kann man sie auch zwischen den Trimmgängen selbst wegschneiden.

Charakter
Sanftmütig, fröhlich, ausgeglichen, große Ausdauer, gutes Gedächtnis, würdevoll, ruhig im Haus, gehorsam.

Aufzucht und Erziehung
Sein gutes Gedächtnis und sein Wille, alles für seinen Besitzer zu tun, machen aus dem Clumber einen höchst problemlosen Zögling.

Verträglichkeit
Clumber gehen prima mit anderen Hunden um, gleiches gilt auch für den Umgang mit Katzen und anderen Haustieren. Mit Kindern sind sie sofort vertraut, Fremde sollten sich allerdings besser in Acht nehmen.

Bewegung
Zuallererst ist der Clumber ein Jagdhund, doch er hat dennoch keine Schwierigkeiten damit, sich an die Gegebenheiten in „seiner Familie" anzupassen. Falls der Hund nicht genug Bewegung bekommt, muß man auf seine Ernährung achten, denn er neigt zur Fettleibigkeit.

Clumber Spaniel

English Cocker Spaniel

English Cocker Spaniel

Herkunftsland
England

Veranlagung/Typ
Jagd- und Familienhund.

Grösse
Die Schulterhöhe von Rüden variiert zwischen 39 und 41 cm, die der Hündinnen zwischen 38 und 39 cm; das Gewicht beträgt um 13 kg.

Fell
Das Fell liegt flach und seidig am Körper an. Folgende Farben sind am häufigsten: Rotbraun, Leberbraun, Schwarz, „Black and Tan" (Schwarz-Loh), Weiß mit schwarzen, roten oder leberbraunen Abzeichen (dann nicht mit lohfarbenen Abzeichen), Blauschimmel, Orangeschimmel oder Leberschimmel (ebenfalls nicht mit lohfarbenen Abzeichen).

Pflege
Das Fell dieser Cocker Spaniel kann schnell verkletten, wenn es nicht regelmäßig gründlich gekämmt und gebürstet wird. Vor allem das Haar zwischen den Hinter- und zwischen den Vorderpfoten sowie auf den Ohren braucht besonderes Augenmerk. Die Cocker müssen außerdem regelmäßig getrimmt werden, wobei vor allem überschüssige Haare auf dem Kopf, unter den Ohren und im Nacken ausgedünnt werden.
Je nach Fellqualität sollte man diese Behandlung zwei- bis viermal pro Jahr in einem Trimmsalon vornehmen lassen. Die Rute, die parallel zur Rückenhöhe getragen wird, muß bereits im Welpenalter coupiert werden.

Charakter
Fröhlich, sanftmütig, gefügig, intelligent, anhänglich, lebendig. Cocker haben eine gute Nase und sind meist sehr in Wasser „vernarrt".

English Cocker Spaniel

AUFZUCHT UND ERZIEHUNG
Der English Cocker ist von Natur aus ein sehr gefügiger Hund, der schnell mitbekommt, was von ihm verlangt wird. Man muß ihn behutsam, aber dennoch konsequent erziehen, denn wenn man sich alles gefallen läßt, wird der English Cocker Spaniel das schnell ausnutzen.

VERTRÄGLICHKEIT
Die Hunde dieser Rasse kommen im allgemeinen gut mit Haustieren, anderen Hunden und Kindern aus. Man sollte darauf achten, daß die Kinder den Cocker nicht zu rauh anpacken oder als Spielzeug „mißbrauchen".

BEWEGUNG
Grundsätzlich ist dieser Hund mit dreimal täglich Gassi-Gehen zufrieden. Das soll aber nicht darüber hinwegtäuschen, daß die Cocker Spaniels gern im Freien sind – man macht ihnen die größte Freude, wenn man sie in freier Natur rennen (und auch schwimmen) läßt.

English Springer Spaniel

HERKUNFTSLAND
England

VERANLAGUNG/TYP
Jagd- und Familienhund.

GRÖSSE
Die Schulterhöhe beträgt 48 bis 51 cm. Das Gewicht der English Springer liegt bei 22-25 kg.

FELL
Das Fell ist dicht, glatt, wasser- und schmutzabweisend. Zugestandene Farbkombinationen sind Leberbraun-Weiß und Schwarz-Weiß (evtl. mit lohfarbenen Abzeichen).

PFLEGE
Ein English Springer Spaniel muß regelmäßig gut durchgebürstet werden. Überschüssige Haare müssen aus den Gehörgängen und gegebenenfalls auch unter den Ohren entfernt werden, damit die Ohren „atmen" können; auch die überstehenden Haare zwischen den Fußballen dürfen nicht vergessen werden. Die English Springer Spaniels sollten – abhängig von der Qualität des Fells – etwa zwei- bis viermal pro Jahr in den Trimmsalon gebracht werden.

CHARAKTER
Sanftmütig, intelligent, freundlich und schlau, aktiv, gesellig, gefügig, gehorsam und ausgeglichen.

AUFZUCHT UND ERZIEHUNG
Die Erziehung der English Springer Spaniels verläuft normalerweise vollkommen problemlos. Sie sind intelligente und lernwillige Hunde, die alles für ihren Herrn tun möchten.

English Springer Spaniel

VERTRÄGLICHKEIT
Die Hunde dieser Rasse sind bekannt für ihren freundlichen Charakter. Mit Artgenossen, anderen Haustieren, Kindern und Erwachsenen leben sie harmonisch und problemlos zusammen.

BEWEGUNG
Normalerweise macht es einem English Springer Spaniel keine Mühe, sich „seiner Familie" anzupas-

sen, doch bei nur dreimal täglich Gassi-Gehen kommt er einfach zu kurz. Man sollte also öfter ausgedehnte Wanderungen mit dem Hund unternehmen und ihm dabei genügend Gelegenheit zum Rennen und Spielen ohne Leine geben. Bei den Hundesportarten Behendigkeit und Gehorsamkeit stellen sich diese Hunde sehr gut an.

Field Spaniel

Field Spaniel

HERKUNFTSLAND
England

VERANLAGUNG/TYP
Jagd- und Familienhund.

GRÖSSE
Die Schulterhöhe liegt bei 46 cm.

FELL
Das glänzende, wasserabstoßende Fell kann glatt oder leicht wellig sein und weist eine feine, seidige Struktur auf.
Die am häufigsten auftretenden Farben sind Leberbraun, Mahagonirot, Gold und Schwarz, eventuell mit weißen oder lohfarbenen Abzeichen.

Field Spaniel

PFLEGE
In der Regel muß ein Field Spaniel viermal pro Jahr getrimmt werden. Tote Haare werden aus dem Fell „gepflückt" und das Fell auf Ohren, Pfoten und Hals wird ausgedünnt. Zwischendurch müssen die Ohren auf Sauberkeit kontrolliert werden.

CHARAKTER
Sanftmütig, anhänglich, intelligent, ein bißchen eigensinnig, temperamentvoll und verspielt, ruhig im Haus.
Es wird behauptet, daß Field Spaniels die Neigung besitzen, sich zwischen ihren Besitzer und eine andere Person zu stellen.

AUFZUCHT UND ERZIEHUNG
Dieser flink lernende Schüler reagiert gut auf die Stimme. Der Hund muß liebevoll und dennoch konsequent aufgezogen werden. Harte Worte oder eine zu strenge Hand verderben seinen gefühlvollen Charakter.
Ein Field Spaniel braucht den Kontakt zum Menschen und kann, falls alleingelassen, schlimmstenfalls neurotisch werden.

VERTRÄGLICHKEIT
Eigentlich sind die Hunde zu jedem freundlich. In der Regel sind sie mit Kindern sehr geduldig – wenn es ihnen zu viel wird, ziehen sie sich ohnehin zurück. Wie üblich sollten schon junge Hunde an den Umgang mit anderen Haustieren gewöhnt werden.

BEWEGUNG
Der Field Spaniel paßt sich mühelos an die Gegebenheiten in „seiner Familie" an, bleibt aber dennoch in erster Linie ein Jagdhund. Das bedeutet, daß er viel Bewegung braucht und für eine sportliche Familie ein guter Gefährte sein wird. Wegen des ausgeprägten Jagdinstinktes ist es ratsam, das eigene Grundstück gut umzäunt zu halten – allzuoft bieten sich dem Hund „verlockende" Fährten.

Kooikerhondje

HERKUNFTSLAND
Niederlande

VERANLAGUNG/TYP
Jagdhund, Ungezieferbekämpfer und Gesellschaftshund.

GRÖSSE
Die Schulterhöhe liegt zwischen 35 und 40 cm, das Gewicht beträgt rund 10 kg.

FELL
Das mäßig lange Fell besteht aus leicht gewelltem Haar. Die Farbe ist meist Weiß mit orangenen Flächen, die Ohrspitzen haben schwarz zu sein und werden dann „Ohrringe" genannt.

PFLEGE
Ein Kooikerhondje hat nur wenig Fellpflege nötig. Es sollte regelmäßig gebürstet und die Gehörgänge sauber gehalten werden. Wenn nötig, kann man überstehende Haare zwischen den Fußballen abschneiden.

CHARAKTER
Freundlich, fröhlich, aufmerksam, mutig und selbstsicher, sportiv und intelligent, nicht „jedermanns Freund", bellt selten, hängt sich stark an einen Menschen, ist nötigenfalls sehr wachsam. Wegen seines gefühlvollen Wesens ist der empfindsame Hund nicht unbedingt als Spielkamerad für Kinder geeignet.

AUFZUCHT UND ERZIEHUNG
Wie bei allen Hunden sollte man in der Aufzucht eines Kooikerhondje vor allem konsequent bleiben. Die Tiere sind intelligent und neugierig – sie lernen aufgrund dieser Eigenschaften also recht schnell. Die Hunde sind sehr empfindsam für Änderungen der Stimme und brauchen daher keine feste Hand. Dennoch muß ein zukünftiger Kooikerhondje-Besitzer über Durchsetzungsvermögen verfügen, da sich sonst leicht das dominante Wesen der Hunde behauptet.

VERTRÄGLICHKEIT
Der Umgang mit anderen Hunden und Katzen ist gut, wenn der Kooikerhondje von Jugend an mit den anderen Haustieren vertraut gemacht worden ist. Der Hund ist nicht „jedermanns Freund", und verhält sich Fremden gegenüber entsprechend zurückhaltend; Bekannte der Familie werden hingegen enthusiastisch empfangen.

BEWEGUNG
Rennen und Toben finden diese Hunde herrlich. Das dreimal tägliche Um-den-Block-Gehen käme also einer „Verurteilung" gleich. Die meisten Exemplare

schwimmen und apportieren auch gern, auch in Gehorsamkeits- und Behendigkeitswettkämpfen schneiden sie gut ab.

Kooikerhondje

Rhodesian Ridgeback oder African Lion Hound

HERKUNFTSLAND
Südafrika

VERANLAGUNG/TYP
Jagdhund (speziell auf Löwen), darüberhinaus Wach- und Familienhund.

GRÖSSE
Rüden erreichen eine Schulterhöhe zwischen 64 und 69 cm, bei Hündinnen variiert sie zwischen 61 und 66 cm.

FELL
Das Fell ist kurzhaarig und trägt den charakteristischen Rückenkamm oder „Aalstrich" auf dem Rücken – eine Haarlinie, die exakt entgegengesetzt zum übrigen Haar wächst.
Das Fell ist hellrot bis weizenrot, eine dunkle Maske sowie kleine weiße Abzeichen an Zehen und Brust sind zugestanden.

PFLEGE
Die Fellpflege des Rhodesian Ridgebacks nimmt wenig Zeit in Anspruch. Der Hund muß regelmäßig gebürstet werden, während des Fellwechsels empfiehlt sich eine Gummibürste zum Entfernen der losen Haare.

CHARAKTER
Intelligent, schlau, zurückhaltend gegenüber Fremden, ehrlich, seinem Besitzer treu ergeben, etwas eigensinnig, mutig, wachsam, große Ausdauer.

AUFZUCHT UND ERZIEHUNG
Auf eine ausgeglichene und sehr konsequente Erziehung reagiert dieser Hund am besten. Ridgebacks sind intelligent und lernen sehr schnell, bisweilen sind sie aber auch ein wenig stur. Der zukünftige Besitzer sollte sich daher darauf verstehen, den Hund zu führen.

Zwei Rhodesian Ridgebacks

Verträglichkeit
Wenn man diese Hunde bereits in ihrer Jugend mit Katzen und anderen Haustieren vertraut macht, beugt man späteren Problemen vor. Rhodesian Ridgebacks sind lieb zu Kindern, solange sie nicht geneckt werden oder ihnen auf andere Weise das Leben erschwert wird. Der Umgang mit Artgenossen verläuft in der Regel problemlos. Die meisten Ridgebacks verhalten sich Fremden gegenüber ausgesprochen zurückhaltend.

Bewegung
Dieser Hund ist vom Ursprung her ein Jäger mit einem enormen Durchhaltevermögen. Es ist daher nicht schwer zu verstehen, daß er viel Auslauf braucht. Man sollte ihn zumindest neben dem Fahrrad laufen lassen oder mit ihm ausgedehnte Wanderungen unternehmen.

Rhodesian Ridgeback

Sussex Spaniel

Herkunftsland
England

Veranlagung/Typ
Jagd- und Familienhund.

Grösse
Die Schulterhöhe dieser Hunde liegt bei ungefähr 38 bis 41 cm, sie erreichen ein Gewicht bis 23 kg – sind also recht schwer für ihre Größe.

Fell
Der Sussex Spaniel trägt ein üppiges, mäßig langes, seidiges Fell ohne Locken. Die Farbe ist immer Golden-Leberbraun.

Pflege
Das Fell muß regelmäßig gebürstet, die Ohren saubergehalten und überschüssige Haare zwischen den Fußballen und an der Unterkante der Pfoten abgeschnitten werden. Die Haarbüschel, die zwischen den Zehen nach oben wachsen, muß man allerdings stehen lassen. Während des Zahnwechsels muß darauf geachtet werden, daß die neuen Zähne nicht gegen die alten drücken, da es sonst zu einem dauerhaft schiefen Gebiß kommen könnte. Falls nötig, kann man die helleren Haare aus dem Fell „pflücken“ lassen. Haare unter den Ohren und im Gehörgang müssen rechtzeitig abgeschnitten werden.

Sussex Spaniel: Kopfstudie

Charakter
Lieb, eigensinnig, anhänglich, fröhlich, bellt gern, angenehmer Hausgenosse. Sussex Spaniel sind leicht eifersüchtig und möchten ihren Besitzer am liebsten für sich allein haben.

Aufzucht und Erziehung
Der Hund ist ein rasch begreifender Schüler, der allerdings etwas starrköpfig sein kann. Man muß daher allzeit Konsequenz zeigen. Da diese Spaniel gern bellen, sollte man dem Hund frühzeitig beibringen, daß er nicht allzuoft und aus Übermut – beispielsweise wenn die Hausglocke klingelt – kläffen darf.

Verträglichkeit
Diese in der Regel sehr sozialen Hunde kommen prima mit Kindern, Katzen und anderen Hunden aus.

Bewegung
Ein Sussex Spaniel wird schnell zu schwer, wenn er nicht ausreichend Bewegung bekommt. Er ist gern draußen in freier Natur, man muß aber darauf achten, daß er nicht seiner eigenen Nase nachgeht. Fürs Schwimmen und Apportieren können sich die Sussex Spaniels jederzeit begeistern. Die kräftig gebauten Jagdhunde verfügen über eine beinahe unglaubliche Ausdauer, sind allerdings nicht besonders schnell.

BESONDERHEITEN
Die Rasse ist beinahe zu einer Seltenheit geworden. Wenn man sich also so einen Hund anschaffen möchte, sollte man sich an eine internationale Vereinigung wenden, um sich die geeigneten Züchter empfehlen und sich auch mit sonstigen wertvollen Ratschlägen versorgen zu lassen.

Sussex Spaniel

Welsh Springer Spaniel

HERKUNFTSLAND
Wales

VERANLAGUNG/TYP
Jagd- und Familienhund.

GRÖSSE
Rüden dürfen eine Schulterhöhe von maximal 48 cm erreichen, für Hündinnen gilt ein Maximum von 46 cm.

FELL
Das Fell besteht aus halblangem, geradem, seidigem Haar. Locken sind nicht erlaubt, die Farbe ist immer Rot mit Weiß.

PFLEGE
Man sollte regelmäßig überflüssige Haare aus den Gehörgängen entfernen, da sich sonst Entzündungen bilden könnten. Auch die überstehenden Haare zwischen den Fußballen müssen abgeschnitten werden. Zwei- bis viermal im Jahr sollte man mit dem Hund einen Trimmsalon aufsuchen.

CHARAKTER
Sanftmütig, intelligent, gesellig, ausgeglichen, folgsam und gehorsam, bisweilen aber auch etwas stur. Die Hunde sind vernarrt in Wasser und besitzen eine große Ausdauer.

AUFZUCHT UND ERZIEHUNG
Im allgemeinen brauchen diese Hunde so gut wie keine Erziehung, dennoch können sie sich bisweilen als ein wenig starrköpfig erweisen. Sie lernen aber sehr schnell. Man benutzt am besten Variationen der Stimmlage, um Befehle zu geben und belohnt den Hund, sobald er etwas richtig gemacht hat. Der Welsh Springer zeigt eine große Leidenschaft für die Jagd, daher sollte man dem Hund frühzeitig beibringen, auf Kommando sofort „bei Fuß" zu gehen.

VERTRÄGLICHKEIT
Welsh Springer Spaniels kommen im allgemeinen ohne Probleme mit anderen Hunden sowie Kindern aus. Grundsätzlich gilt das gleiche auch für den Umgang mit Katzen, man muß den Hund aber schon von klein an an diese Hausgenossen gewöhnen, um späteren Problemen vorzubeugen. Menschen gegenüber ist ein Welsh Springer Spaniel allzeit freundlich.

BEWEGUNG
Wenn die Hunde Gelegenheit zum Austoben bekommen, verhalten sie sich im Hause vorbildlich.

Welsh Springer Spaniel

Welsh Springer Spaniel: Kopfstudie

Wasserhunde

Barbet

HERKUNFTSLAND
Frankreich

VERANLAGUNG/TYP
Jagd- und Familienhund.

GRÖSSE
Für Rüden gilt eine minimale Schulterhöhe von 54 cm, bei Hündinnen sind 50 cm das Minimum.

FELL
Das Fell ist wasserabstoßend, lang, dick, gelockt oder gewellt. Zugestandene Farben sind Schwarz, Weiß, Falb, Grau oder Kastanienbraun.

PFLEGE
Das Fell muß sehr regelmäßig gut durchgebürstet werden, sonst entstehen Verfilzungen, die kaum mehr entfernt werden können.

CHARAKTER
Ausgeglichen, nachgiebig, sehr anhänglich und treu, lebendig, freundlich, fröhlich, intelligent und lernwillig, selbstlos, bedachtsam und unkompliziert.

AUFZUCHT UND ERZIEHUNG
Ein Barbet lernt vergleichsweise schnell und besitzt viel Empfinden für die Stimme seines Besitzers, dem er gerne dienen möchte. Dennoch ist auch bei dieser Rasse Konsequenz wichtig: Ein Besitzer, der dem Hund alles durchgehen läßt und zu wenig Autorität ausstrahlt, wird vom Barbet auf Dauer nicht ernst genommen werden.

VERTRÄGLICHKEIT
Barbets gehen gut mit Artgenossen und anderen Haustieren um, auch ihr Verhältnis zu Kindern sollte in der Regel kein Problem darstellen. Bei Gefahr wird der Barbet seine Stimme deutlich vernehmen lassen, mehr wird er allerdings dann nicht unternehmen.

Barbet: Kopfstudie

BEWEGUNG
Diese Hunde sind ursprünglich als Arbeitshunde gezüchtet worden, sie sind ganz „wild" auf Wasser und apportieren gern. Als Haushunde passen sie sich gut an „ihre Familie" an. In einem Zwinger fühlen sie sich dementsprechend unglücklich. Man sollte regelmäßig lange Strecken mit dem Hund gehen und ihm genügend Gelegenheit zum unangeleinten Laufen bieten.

Barbet

Irish Water Spaniel

HERKUNFTSLAND
Irland

VERANLAGUNG/TYP
Jagd- und Familienhund.

GRÖSSE
Bei Rüden variiert die Schulterhöhe zwischen 53 und 59 cm, bei Hündinnen zwischen 51 und 56 cm.

FELL
Das ölige Fell des Irish Water Spaniels besteht aus dichten, krausen Kringellöckchen. Die einzige zugelassene Farbe ist ein sattes Leberbraun.

PFLEGE
Das Fell darf nicht zu viel gebürstet werden, da es sonst wollig und faserig werden würde. Nach einem Bürstgang müßte man den Hund eigentlich waschen oder sogar schwimmen lassen, damit sich die Löckchen wieder gut ausbilden können. Bisweilen muß das Fell ein wenig in Form geschnitten werden. Der große Vorteil des Fells liegt darin, daß lose Haare darin festgehalten werden, der Irish Water Spaniel haart also nicht. Für Ausstellungen bekommt der Irish Water Spaniel ein besonderes „Styling".

CHARAKTER
Charaktervoll, lebendig und fröhlich, großes Durchhalte- und Durchsetzungsvermögen, sehr guter Geruchssinn, intelligent, ausgeglichen, selbstlos. Der Irish Water Spaniel ist recht dickköpfig.

AUFZUCHT UND ERZIEHUNG
Mit der Erziehung dieser Hunde muß man schon in deren frühester Jugend beginnen. Die schnell lernende Rasse verlangt nach einem Besitzer mit fester und konsequenter Hand. Wenn man sich dem Hund gegenüber zu nachgiebig verhält, wird er bald immer stärker versuchen, seinen eigenen Kopf durchzusetzen. Die Übungen sollten abwechslungsreich gestaltet werden, um den Hund „bei Laune" zu halten. Immerhin war der erste Jagdhund, der in den Vereinigten Staaten einen Unterordnungstitel gewann, ein Irish Water Spaniel.

VERTRÄGLICHKEIT
Die Vertreter dieser Rasse gehen in der Regel recht gut mit Kindern um. Auch das Verhältnis zu Katzen und anderen Haustieren liefert normalerweise keine Probleme, wenn der Hund schon früh und gut sozialisiert worden ist. Bei Gefahr läßt der Hund seine Stimme hören, dabei bleibt es aber dann auch. Gegenüber Fremden gibt sich der Irish Water Spaniel reserviert.

BEWEGUNG
Der Irish Water Spaniel ist ein Jagdhund mit unglaublicher Ausdauer. Er ist ganz „wild" aufs Apportieren und – wie sein Name andeutet – auf Wasser. Wenn es die Temperaturen zulassen, sollte man ihn also regelmäßig schwimmen lassen, auch auf lange Wanderungen kommt dieser Hund gern mit.

Irish Water Spaniel

Irish Water Spaniel: Kopfstudie

Perro de Agua Español

HERKUNFTSLAND
Spanien

VERANLAGUNG/TYP
Wasserhund und Hütehund, Familienhund.

GRÖSSE
Rüden erreichen eine Schulterhöhe zwischen 40 und 50 cm, bei Hündinnen kann die Schulterhöhe 38 bis 45 cm messen.

FELL
Das gekräuselte, wollige und wetterbeständige Fell soll „Dreadlocks" bilden, wenn es länger wird. Braun, Schwarz, Weiß, Schwarz-Weiß oder Braun-Weiß sind die häufigsten Farben.

Perro de Agua Español

PFLEGE
Die Hunde brauchen nur wenig Pflege. Anders als beim Puli oder beim Komondor, die ein ähnlich verfilztes Fell besitzen, bilden sich die „Dreadlocks“ beim Perro de Agua Español von selbst aus.

CHARAKTER
Aktiv, intelligent, freundlich, lernwillig, verspielt, unternehmungslustig, wachsam.

AUFZUCHT UND ERZIEHUNG
Hunde dieser Rasse lernen neue Kommandos relativ schnell, die Erziehung stellt also keine allzugroße Aufgabe dar.

VERTRÄGLICHKEIT
In der Regel gehen diese Hunde gut mit Artgenossen um, gleiches gilt auch für den Kontakt zu Kindern sowie zu anderen Haustieren. Mit Katzen muß man sie rechtzeitig „anfreunden“, dann wird auch die Gesellschaft dieser Tiere keinen Ärger bringen. Bei Gefahr schlägt der Perro an, unternimmt aber nichts weiter.

BEWEGUNG
Der Perro de Agua Español besitzt einen recht großen Bewegungsdrang. Er schwimmt und apportiert gern und macht bei Gehorsamkeitsprüfungen und bei Fly-ball eine gute Figur.

Perro de Agua Español: Kopfstudie

Portugiesischer Wasserhund oder Cão de Agua Português

HERKUNFTSLAND
Portugal

VERANLAGUNG/TYP
Gehilfe von Fischern und Familienhund.

GRÖSSE
Rüden können eine Schulterhöhe zwischen 50 und 57 cm erreichen, am liebsten wird eine Schulterhöhe von 54 cm gesehen. Bei Hündinnen sind 46 cm das Ideal, die Höhe kann aber zwischen 43 und 52 cm schwanken.

FELL
Das Fell ist entweder dick und gewellt („wavy coat“) oder gelockt und langhaarig („curly coat“). Schwarz, Braun, Weiß, Schwarz-Weiß und Braun-Weiß sind die häufigsten Farben.

Portugiesischer Wasserhund mit „wavy coat“

PFLEGE
In der Regel wird der „wavy coat“ am Hinterleib und auf Kopf und Fang kurz geschoren. Für den „curly coat“ wird – speziell in den Vereinigten Staaten – der „working Retriever clip“ bevorzugt, bei dem lediglich der Schwanz geschoren wird. Das Fell muß aber in jedem Fall regelmäßig gekämmt und gebürstet werden.

CHARAKTER
Aufgeweckt, freundlich, intelligent, arbeitswillig, schnell von Begriff, schlau, gehorsam und sozial. Der Portugiesische Wasserhund besitzt einen guten Geruchssinn.

AUFZUCHT UND ERZIEHUNG
Angesichts des lerneifrigen Charakters dieser Hunde ist eine Erziehung fast nicht nötig. Der Hund, der gern hart arbeitet, ist intelligent und schnell von Begriff. Er ist sehr empfänglich für Änderungen der Stimmlage. Die Übungen sollten sich mit Spielen abwechseln, denn die Hunde sind gescheit genug, um sich bei sich ständig wiederholenden Übungen bald zu langweilen und eigene „Spielchen“ zu erfinden.

VERTRÄGLICHKEIT
Die Gesellschaft von anderen Hunden und anderen Haustieren akzeptiert der Hund problemlos, zu Kindern ist er unglaublich freundlich.

Portugiesischer Wasserhund – Welpe mit „curly coat“

BEWEGUNG
Wie sein Name schon zeigt, liebt der Portugiesische Wasserhund das Schwimmen. Man kann ihm kaum eine größere Freude machen, als ihn Stöckchen oder Bälle aus dem Wasser apportieren zu lassen; die Hunde sind aber auch für Behendigkeit und andere Hundesportarten geeignet.

Wetterhoun

HERKUNFTSLAND
Niederlande

VERANLAGUNG/TYP
Jagd-, Wach-, Hof- und Familienhund.

GRÖSSE
Als ideale Schulterhöhe für Rüden gelten 58 cm, für Hündinnen sind 55 cm ideal.

FELL
Das Fell des Wetterhouns trägt dichte Locken und ist fettig – es darf sich nie wollig anfühlen. Schwarzes oder braunes, schwarz-weiß oder braunweiß geflecktes Fell und Schimmel-Färbung sind zugestanden.

PFLEGE
Mit der Fellpflege dieser Hunde braucht man sich nicht besonders intensiv zu beschäftigen. Ab und zu sollte das Fell gekämmt werden, bei der Gelegenheit kann man auch gleich Ohren und Zähne kontrollieren. Der Wetterhoun kann gut in einem Außenzwinger gehalten werden, braucht aber selbstverständlich dennoch viel Kontakt zum Menschen und ausreichend Bewegung.

CHARAKTER
Körperlich robust, aber auch gefühlvoll, intelligent, aber auch unabhängig, ein wenig eigensinnig, sehr wachsam, guter Geruchssinn, mutig und zuverlässig. Der Wetterhoun (friesisch für „Wasserhund") schwimmt gern.

AUFZUCHT UND ERZIEHUNG
Für Anfänger sind diese Hunde nicht sonderlich geeignet. Zwar sind die Hunde intelligent genug, um schnell zu lernen, aber dann kommt oft ihr Dickschädel durch und sie verweigern Befehle. Liebevolle Konsequenz ist sicher der erfolgversprechendste Weg, ab und zu ist aber immer noch eine Korrektur fällig.

VERTRÄGLICHKEIT
Gegenüber „seinen" Menschen ist der Wetterhoun ein gutartiger und freundlicher Hund, das gilt besonders auch für Kinder. Bei unbekannten Besuchern liegt der Fall dann schon ganz anders: Die Hunde geben sich zunächst mißtrauisch, gegen Eindringlinge werden sie „ihr Haus" sogar vehement verteidigen. Bekannte der Familie dürfen sich hingegen auf eine herzliche Begrüßung freuen. Artgenossen und andere Haustiere akzeptieren die Wetterhouns ohne Murren.

BEWEGUNG
Ein Wetterhoun braucht viel Bewegung. Ideal für den Hund wäre es, wenn er auf einem großen Hof herumlaufen könnte, den er dann nicht nur bewachen, sondern auch von Ungeziefer (speziell Ratten und Mäusen) befreien würde. Der Hund ist recht ortstreu, es besteht also wenig Gefahr, daß er streunen geht.

BESONDERHEITEN
In einem Appartement oder in dicht besiedelten Gebieten kann sich ein Wetterhoun einfach nicht wohlfühlen. Außerhalb seines Herkunftslandes ist er ohnehin eine Rarität.

Wetterhoun

Brauner Wetterhoun: Kopfstudie

9. Gesellschafts- und Zwerghunde

Bichons

Bichon Frisé

HERKUNFTSLAND
Frankreich/Belgien

VERANLAGUNG/TYP
Familienhund

GRÖSSE
Die Schulterhöhe sollte 30 cm nicht überschreiten, das Gewicht beträgt rund 4 kg.

FELL
Das seidige Fell besteht aus lose hängenden, leicht gekräuselten Haaren. Es besitzt eine starke Unterwolle, die Farbe ist immer Silberweiß. Etwas apricotfarben, creme oder weiß am Kopf ist allerdings erlaubt.

PFLEGE
Das Fell muß jeden Tag gründlich gekämmt werden, darüberhinaus muß es regelmäßig beschnitten werden, da es sonst zu lang wachsen würde. Wie viele andere Hunde wird auch der Bichon Frisé in eine bestimmte „Toilette“ geschnitten, die allerdings von Land zu Land unterschiedlich aussehen kann. Damit das Fell schön weiß bleibt, sollte man es regelmäßig mit einem Hundeshampoo waschen. Bei dieser Gelegenheit kann man gleich kontrollieren, ob die Haare um die Augen nicht zu Reizungen führen. Überstehende Haare zwischen den Fußballen und in den Gehörgängen müssen geschnitten werden. Ein Bichon Frisé haart nicht, die toten Haare bleiben in der Bürste hängen.

CHARAKTER
Sehr anhänglich an seinen Besitzer, möchte also nicht allein gelassen werden, gefügig, fröhlich, beweglich, verspielt, intelligent, gesellig und gefühlvoll.

AUFZUCHT UND ERZIEHUNG
Da es sich um „clevere“ Hunde handelt, die schnell begreifen, was von ihnen verlangt wird, sollte die Erziehung der Bichons Frisé keine größeren Probleme aufwerfen. Es ist daher nicht weiter erstaunlich, daß die Hunde nicht nur wegen ihres Wesens, sondern auch aufgrund ihrer Beweglichkeit zum typischen Hund der Drehorgelspieler und zu Zirkusartisten wurden.

Malteser

VERTRÄGLICHKEIT
Bichons sind von Natur aus soziale Hunde, die sich am wohlsten in der Umgebung und in der Gesellschaft „ihrer Familie“ fühlen. Dementsprechend gut gehen sie mit Artgenossen, anderen Hunden sowie besonders mit Kindern um.

BEWEGUNG
Der Bichon Frisé paßt sich den jeweiligen Gegebenheiten gut an.

BESONDERHEITEN
Der Bichon Frisé ist der einzige Bichon mit doppeltem Fell – und braucht darum eine intensive Fellpflege, die sehr zeitaufwendig sein kann. Nicht umsonst bedeutet „Bichon a Poil Frisé“ wörtlich übersetzt „Bichon mit lockigem Fell“.

Bichon Frisé

Bologneser oder Bichon Bolognais

HERKUNFTSLAND
Italien

VERANLAGUNG/TYP
Familienhund

GRÖSSE
Die Schulterhöhe variiert zwischen [illegible] und 30 cm, das Gewicht liegt zwischen 2,5 und 4 kg.

Bologneser

Fell
Das leicht gelockte Fell ist immer weiß und lang, sehr dicht und flauschig und besitzt keine Unterwolle.

Pflege
Da das Fell des Bolognesers leicht verklettet, muß es täglich ausgekämmt werden, vor allem am Bauch, hinter den Ohren und zwischen den Pfoten. Darüber hinaus sollte der Bologneser regelmäßig gebadet werden, damit das Fell strahlend weiß bleibt.
Ein Vorteil des Fells liegt darin, daß es nicht haart, tote Haare bleiben in der Bürste zurück. In den Gehörgängen, die generell sauber gehalten werden müssen, sollten sich keine losen Haare befinden. Wenn nötig, sollte man auch überschüssige Haare zwischen den Fußballen abschneiden.

Charakter
Fröhlich, intelligent, gehorsam, gesellig, sehr anhänglich, ruhig, wachsam.

Aufzucht und Erziehung
Die Erziehung eines Bolognesers verläuft im allgemeinen problemlos. Die Hunde lernen recht gut und möchten alles für ihren Besitzer tun.

Verträglichkeit
Ein Bologneser geht gut mit anderen Hunden, Katzen sowie Kindern um. Er braucht viel Aufmerksamkeit, einige Exemplare kann man darum kaum allein zu Hause lassen. Gegenüber Fremden gibt sich der Bologneser abwartend bis mißtrauisch.

Bewegung
Die Rasse ist mit nur mäßig viel Auslauf zufrieden, das bedeutet aber nicht, daß ihnen stundenlange Wanderungen keinen Spaß machen würden.

Besonderheiten
Wenn man keine Zeit für die intensive Fellpflege aufbringen kann, sollte man sich nach einer „pflegeleichteren" Rasse umsehen.

Zwei Cotons de Tuléar

Coton de Tuléar

Herkunftsland
Madagaskar

Veranlagung/Typ
Familienhund

Grösse
Bei Rüden variiert die Schulterhöhe zwischen 25 und 32 cm, bei Hündinnen zwischen 22 und 28 cm.

Fell
Das feine, lange Fell weist eine baumwollartige Struktur („Coton") auf und besitzt keine Unterwolle. Die Farbe ist Reinweiß, eventuell mit champagnerfarbenen oder grauen Abzeichen.

Pflege
Das Fell muß mehrmals in der Woche gebürstet und gekämmt werden. Wie bei allen Bichons gibt es nur einen minimalen Haarwechsel. Überschüssige Haare zwischen den Fußballen und in den Gehörgängen müssen geschnitten werden. Ein Coton de Tuléar badet nicht so gern, ein- oder zweimal pro Jahr ist

allerdings auch ausreichend, um das Fell sauber zu halten.

CHARAKTER
Freundlich, intelligent, wachsam, verspielt, ein wenig kapriziös.

AUFZUCHT UND ERZIEHUNG
Der Coton de Tuléar lernt sehr schnell. Man muß aber beachten, daß er trotz aller Intelligenz und trotz allen Arbeitswillens bisweilen ein wenig dickköpfig sein kann. Die Hunde stellen sich gut in Sportarten wie Behendigkeit oder Fly-ball an.

VERTRÄGLICHKEIT
Die Hunde dieser Rasse sind sehr sozial und leben daher friedlich mit anderen Hunden oder anderen Haustieren zusammen. Kindern sind sie im allgemeinen prima Spielkameraden.

BEWEGUNG
Die Hunde passen sich den Gegebenheiten „ihrer Familie" an. Sie schwimmen recht gern und sind ausgesprochen „versessen" auf alle möglichen Ballspiele.

Coton de Tuléar

Havaneser (Bichon Havanais)

HERKUNFTSLAND
Kuba

VERANLAGUNG/TYP
Familienhund

Havaneser mit Welpen

Havaneser

Grösse
Ein Havaneser soll bei einer Höhe bis 28 cm nicht mehr als 6 kg wiegen.

Fell
Das üppige Fell besitzt Unterwolle. Alle Farben werden zugestanden, Schwarz wird allerdings nicht in allen Ländern akzeptiert.

Pflege
Das Fell eines Havanesers braucht intensive Pflege. Man muß den Hund mindestens zweimal in der Woche sorgfältig bürsten und kämmen. Dazu benutzt man am besten einen groben Kamm. Eine Lotion kann helfen, das Haar vor dem Abbrechen zu schützen. Überschüssige Haare zwischen den Fußballen müssen abgeschnitten werden. Die Haare auf den Pfoten selbst müssen rund abgeschnitten werden, damit der Hund nicht „wie auf Flossen" läuft. Havaneser machen nur einen minimalen Haarwechsel durch, tote Haare fallen nicht aus und bleiben statt dessen in der Bürste hängen.

Charakter
Fröhlich, sehr anhänglich, höchst intelligent, lernwillig, verspielt, sanft, gesellig.

Aufzucht und Erziehung
Der Havaneser lernt ausgesprochen schnell und hat Spaß daran, etwas für seinen Besitzer zu tun. Havaneser wurden daher früher oft als Zirkushunde, um nicht zu sagen als „Trickkünstler", eingesetzt. Sie reagieren gut auf Änderungen der Stimme und brauchen daher keine Härte. Einige Exemplare bellen öfter als unbedingt nötig, man sollte ihnen das beizeiten abgewöhnen.

Verträglichkeit
Ganz gleich, ob man schon Hunde, Katzen oder andere Haustiere besitzt – der Havaneser geht mit allen gut um. Auch mit Kindern verträgt er sich prima, er sollte allerdings nicht allzusehr geneckt werden. Falls das doch einmal geschehen sollte, wird sich der Hund für längere Zeit zurückziehen.

Bewegung
Die Rasse verfügt über einen mittleren Bewegungsdrang – mit drei Spaziergängen pro Tag sind die Hunde schon zufrieden.

Löwchen (Petit Chien Lion)

Herkunftsland
Frankreich

Veranlagung/Typ
Familienhund

Grösse
Die Schulterhöhe liegt zwischen 25 und 32 cm bei einem Gewicht bis zu 5 kg.

Löwchen

Löwchen

FELL
Das Fell ist lang, seidig, gewellt und ohne Locken. Löwchen besitzen keine Unterwolle, alle Farben werden zugestanden.

PFLEGE
Das Löwchen muß regelmäßig gebürstet und gekämmt werden, damit sich keine Kletten im Fell ausbilden können. Auch wenn man den Hund nicht auf Ausstellungen präsentieren will, muß das Fell in Form geschnitten werden. Traditionell wird es dabei in die typische „Löwenschur" getrimmt. Der Fellwechsel ist nur minimal.

CHARAKTER
Fröhlich, intelligent, lernwillig, verspielt, gesellig, sanftmütig, gefühlvoll.

AUFZUCHT UND ERZIEHUNG
Löwchen sind in der Regel flinke Schüler, ihre Erziehung sollte also keine Probleme aufwerfen.

VERTRÄGLICHKEIT
Der Umgang mit Kindern sowie der mit anderen Haustieren verläuft meist ohne Schwierigkeiten.

BEWEGUNG
Die Rasse verfügt über einen mittleren Bewegungsdrang und paßt sich in der Regel den Gegebenheiten an. Wanderungen über längere Strecken macht das Löwchen aber gern mit.

Malteser oder Bichon Maltaise

HERKUNFTSLAND
Malta

VERANLAGUNG/TYP
Familienhund

GRÖSSE
Die Schulterhöhe der Rüden liegt bei 21 bis 25 cm, bei Hündinnen zwischen 20 und 23 cm. Die Hunde sollten weniger als 3,2 kg wiegen - ein Gewicht von 1,8 bis 2,7 kg wird bevorzugt.

FELL
Der Malteser besitzt ein weißes, langes, seidiges Fell ohne Unterwolle, das von einem Scheitel auf dem Rücken bis zum Boden fällt.

PFLEGE
Das Fell ist pflegeintensiv, es muß täglich gekämmt und regelmäßig gewaschen werden. Spezielle Lotionen sorgen dafür, daß es beim anschließenden Durchkämmen nicht zu schmerzhaft für den Hund wird.

Malteser

Malteserwelpe

Die Haare in der Umgebung der Augen können zu Reizungen der Augäpfel führen und verlangen daher nach besonderer Aufmerksamkeit (meist werden die Haare vor den Augen mit „Zopfspangen" o. ä. zusammengebunden). Da das Haar keine Unterwolle besitzt, findet auch kein jährlicher Haarwechsel statt. Das Fell soll von einem deutlichen Scheitel auf dem Rücken bis auf den Boden reichen. Es ist schwierig, das Fell eines Ausstellungshundes in Form zu halten. Oft werden die Haare dazu eingeölt und auf Papilloten gedreht, um sie gegen Abbrechen zu schützen.

CHARAKTER
Freundlich, lieb, verspielt, gesellig, lernwillig und gefühlvoll, kommt hervorragend mit Kindern aus und hängt sich stark an seinen Besitzer.

AUFZUCHT UND ERZIEHUNG
Die Erziehung ist recht einfach, da Malteser sich gern in der Gesellschaft ihres Besitzers aufhalten und sich allzeit mühelos den Umständen anpassen.

Sie sind sehr empfindsam, harte Worte oder gar eine harte Hand sind also nicht notwendig.

VERTRÄGLICHKEIT
Der Malteser ist kein Raufbold und verträgt sich sowohl mit anderen Hunden und anderen Haustieren wie auch mit Kindern. Auch bei Besuchern macht er keine Schwierigkeiten.

BEWEGUNG
Mit einem Malteser muß man nicht unbedingt stundenlange Wanderungen unternehmen, doch auch bei ausgedehnteren Spaziergängen wird der Hund ein freudiger Begleiter sein.

Pudel

Pudel

Zwergpudel und Toypudel

HERKUNFTSLAND
Frankreich

VERANLAGUNG/TYP
Familienhund

GRÖSSE
Die Idealgröße für Toypudel ist 25 cm, sie sollten aber in jedem Fall unter 28 cm bleiben. Die Schulterhöhe von Zwergpudeln variiert zwischen 28 und 35 cm.

FELL
Das feine, wollige Fell besteht aus gut gekräuseltem Haar. Zugestanden sind einfarbig Weiß, Schwarz, Apricot, Braun und Grau. Eine Besonderheit stellt der Schnürenpudel dar, bei dem das Fell nach einiger Zeit Schnüre bildet.

PFLEGE
Für Ausstellungen muß man den Pudel in passender „Toilette" präsentieren, wofür große Fachkenntnis und Erfahrung notwendig sind – man läßt es also am besten in einem speziellen Trimmsalon erledigen. Allerdings braucht man für eine derartige Pflege nicht nur viel Zeit, sondern auch Geld – und die Konkurrenz auf Ausstellungen ist sehr groß.
Das traditionelle Trimmen der Pudel, die sogenannte Löwenschur, hatte ursprünglich einen durchaus praktischen Hintergedanken: Das Fell rings um die Gelenke und Organe blieb dicht und schützte die früher zur Wasserjagd eingesetzten Pudel dann gegen kaltes Wasser. Das übrige Fell wurde abgeschoren, um die Pflege zu erleichtern.
Später kamen allerdings eher groteske „Verschönerungen" hinzu. Pudel, die als reine Haushunde gehalten werden, bekommen meist die sogenannte Zwinger- oder Holländerschur, da das kürzere Haar verständlicherweise pflegeleichter ist.
Ab und zu müssen die Hunde auch auf Zahnstein untersucht werden.

CHARAKTER
Lebendig, verspielt, intelligent, lernwillig, gefühlvoll, vorsichtig, sehr anhänglich an seinen Besitzer und dessen Familie.

AUFZUCHT UND ERZIEHUNG
Zwerg- und Toypudel sind sehr intelligente Hunde. Wenn man sie anzupacken versteht, lernen sie sehr schnell. Eine konsequente und dennoch liebevolle Erziehung erzielt die besten Resultate.

VERTRÄGLICHKEIT
Im allgemeinen sind Zwerg- und Toypudel problemlose Hunde, die sehr gut mit Hunden und anderen Haustieren auskommen. Besuch wird angekündigt, dabei bleibt es dann aber auch meistens.

BEWEGUNG
Auch wenn man Pudel auch in kleinen Wohnungen halten kann, sollte man ihnen genügend Auslauf- und Bewegungsmöglichkeiten bieten.

Brauner Toypudel

Schwarzer Königspudel in „Löwentoilette"

Grauer Zwergpudel

Groß- oder Königspudel

Herkunftsland
Frankreich

Veranlagung/Typ
Ursprünglich Jagdhund, heute Familienhund.

Grösse
Der Königspudel erreicht eine Schulterhöhe zwischen 45 und 58 cm.

Fell
Das Fell ist fein, wollig und gekräuselt. Zugestanden sind einfarbig Weiß, Schwarz, Apricot, Braun und Grau. Eine Besonderheit stellt der Schnürenpudel dar, bei dem das Fell nach einiger Zeit Schnüre bildet.

Schwarzer Königspudel mit Schnürenfell

Pflege
Siehe Zwerg- und Toypudel.

Charakter
Aufgeweckt, gescheit, sportiv, gesellig, intelligent und lernwillig, treu, folgsam, wachsam, beweglich, vorsichtig, neugierig.

Aufzucht und Erziehung
Der Königspudel lernt recht schnell und schafft daher in der Erziehung keine Probleme. Man muß sich dem Hund gegenüber deutlich darstellen und allzeit konsequent bleiben. Pudel sind sehr empfindsam für Änderungen der Stimme.

Verträglichkeit
Die Vertreter dieser Rasse sind von Natur aus sehr sozial und kommen gut mit Hunden und anderen Haustieren aus. Auch der Umgang mit Kindern macht keine Schwierigkeiten. Großpudel sind in der Regel wachsam, aber nicht unfreundlich gegen Unbekannte.

Bewegung
Die Hunde dieser Rasse brauchen recht viel Bewegung. Ballspiele sind eine gute Gelegenheit zum Toben, aber auch lange Wanderungen sind geeignet, um den Pudel in guter Form zu halten. Pudel stellen sich im allgemeinen auch gut in den verschiedensten Hundesportarten wie Fly-ball, Behendigkeit oder Gehorsamkeit an – Großpudel gehören schließlich zu den intelligentesten Hunderassen der Welt.

Grauer Kleinpudel

Kleinpudel

Herkunftsland
Frankreich

Veranlagung/Typ
Ursprünglich Jagdhund, heute Familienhund.

Grösse
Die Schulterhöhe liegt zwischen 35 und 45 cm.

Fell
Das Fell ist fein, wollig und gekräuselt. Zugestanden sind einfarbig Weiß, Schwarz, Apricot, Braun und Grau. Eine Besonderheit stellt der Schnürenpudel dar, bei dem das Fell nach einiger Zeit Schnüre bildet.

Pflege
Siehe Zwerg- und Toypudel.

Charakter
Äußerst intelligent, aufgeweckt, lebendig, anhänglich, sozial zu anderen Tieren, seinem Besitzer treu ergeben, schwimmt gern.

Aufzucht und Erziehung
Der Kleinpudel kann bequem erzogen werden, da er ein schnell begreifender Schüler ist. Die Hunde können in den verschiedensten Hundesportarten wie Fly-ball oder Behendigkeitsprüfungen große Leistungen vollbringen.

Verträglichkeit
Die Vertreter dieser Rasse kommen gut mit Hunden und anderen Haustieren aus. Auch der Umgang mit Kindern macht keine Schwierigkeiten. Besucher werden immer angekündigt.

Bewegung
Kleinpudel brauchen einiges an Bewegung, die meisten Exemplare schwimmen und apportieren gern.

Belgische Zwerghunde

Griffon Bruxellois oder Brüsseler Griffon, Griffon Belge oder Belgischer Griffon und Petit Brabançon

Herkunftsland
Belgien

Veranlagung/Typ
Familienhund

Grösse
Die Hunde wiegen zwischen 3 und 5 kg bei einer Schulterhöhe bis 28 cm.

Fell
Der Brüsseler Griffon und der Belgische Griffon sind rauhhaarig. Der Brüsseler ist rostrot, eventuell mit etwas schwarz an Schnurrbart und Kinn. Der

Griffons und Petit Brabançons

Griffon Belge

Belgische Griffon kann schwarz, schwarz-lohfarben oder rot-schwarz sein. Der Petit Brabançon besitzt ein kurzhaariges Fell in denselben Farben wie die beiden Griffon-Arten.

Pflege
Rauhhaarige Griffons werden in der Regel turnusmäßig getrimmt, wobei die „Garnitur" stehen gelassen wird. Der Bart muß dann auch regelmäßig gekämmt werden, um Essensreste o. ä. zu entfernen und Kletten vorzubeugen. Die Haare um die Augen müssen eventuell weggehalten werden, da sie sonst Reizungen der Augäpfel hervorrufen könnten.

Charakter
Neugierig, „kleine Taugenichtse", verspielt, unkompliziert, ruhig, lernwillig und gut zu Kindern. Griffons wachen gut und sind immer gern in der Nähe ihres Besitzers.

Aufzucht und Erziehung
Die Aufzucht sollte problemlos verlaufen, da sowohl die Griffons wie auch der Petit Brabançon sehr intelligent und lernwillig sind. Sie stellen sich gut in verschiedenen Hundesportarten an.

Griffon Bruxellois

Petit Brabançon

VERTRÄGLICHKEIT
Die Vertreter dieser Rassen gehen gut mit Kindern, Hunden und Katzen um, da sie von Natur aus sehr sozial eingestellt sind.

BEWEGUNG
Obwohl Griffons auch in Appartements gehalten werden können, finden sie es herrlich, wenn man sie mit in die freie Natur nimmt. Das sollte man möglichst regelmäßig tun, damit sich die Hunde allmählich an ein Dasein in der Stadt gewöhnen können.

Nackthunde

Chinesischer Nackthund oder Chinese Crested Dog

HERKUNFTSLAND
China

VERANLAGUNG/TYP
Gesellschaftshund

GRÖSSE
Rüden erreichen eine Schulterhöhe zwischen 28 und 33 cm, bei Hündinnen variiert sie zwischen 23 und 30 cm.

FELL
Es gibt zwei Spielarten dieser Nackthunde: Eine Art besitzt keinerlei Haar auf dem Körper, lediglich auf Kopf, Ohren, Rutenspitze und an den Pfoten finden sich Haarbüschel. Die nackte Haut fühlt sich sehr glatt an.
Bei der anderen Art handelt es sich um den sogenannten Powder Puff. Diese Hunde besitzen Unterwolle und ein langes, schleierartiges, Deckfell mit seidiger Haarstruktur. Alle Farben und Farbkombinationen sind zugestanden.

PFLEGE
Die Haut der Chinesischen Nackthunde muß sorgfältig gepflegt werden. Bei Hunden, die für Ausstellungen vorbereitet werden, schrubbt man die Haut gewöhnlich mit einer (für Menschen gedachten) Peeling-Creme, um tote Hautzellen abzutragen und die Haut samtig zu halten. Am wichtigsten ist, daß die Haut elastisch und glatt bleibt und gegen Austrocknung geschützt wird – was man mit einer guten Creme oder Lotion erreicht.
Besonders die unpigmentierten Körperregionen sind natürlich sehr empfindlich gegen Sonnenstrahlen. Man sollte den Hund also nie zu lange in die Sonne

Chinesischer Nackthund, Powder Puff

stellen und ihn gegebenenfalls mit Sonnenmilch schützen. Der Powder Puff muß hin und wieder gebürstet werden, auch ein Bad schadet nicht. In der Regel wird das Haar im Gesicht auf gleiche Länge geschoren.

CHARAKTER
Aufgeweckt, schlau, verspielt, gefühlvoll, wachsam, sehr lebendig und beweglich. Gegen Fremde recht zurückhaltend.

AUFZUCHT UND ERZIEHUNG
Chinesische Nackthunde brauchen kaum Erziehung; sie sind intelligent genug, um schnell zu begreifen, was von ihnen verlangt wird.

VERTRÄGLICHKEIT
Wenn Kinder den Hund nicht zu sehr necken, wird es keine Probleme geben, auch die Gesellschaft von Artgenossen und anderen Haustieren macht selten oder nie Schwierigkeiten.

BEWEGUNG
Die Hunde passen sich gut den Gegebenheiten in „ihrer Familie“ an.

BESONDERHEITEN
Bei felltragenden Hunden fallen Verletzungen der Haut selten auf, bei Nackthunden sieht man Schäden verständlicherweise wesentlich leichter. Der wichtigste Vorteil der Rasse liegt sicher darin, daß sie keine losen Haare im Haus verlieren (können).

Chinesischer Nackthund

Chinesischer Nackthund: Kopfstudie

Mexikanischer Nackthund mit Haaranflug auf dem Oberkopf

Mexikanischer Nackthund

Mexikanischer Nackthund oder Xoloitzcuintli

HERKUNFTSLAND
Mexiko

VERANLAGUNG/TYP
Wachhund und Familienhund.

GRÖSSE
Mexikanische Nackthunde gibt es in drei Größen: Mit einer Schulterhöhe von 28 bis 33 cm („Toy") und mit einer Schulterhöhe von 33 bis 56 cm („Standard" und „Miniature")

FELL
Die Hunde besitzen – wie der Name schon sagt – keinerlei Fell, der Körper ist vollkommen kahl, lediglich auf der Stirn und an der Rutenspitze können kleine Haarbüschel stehen.
Die Haut kann schwarz, schiefergrau, leberfarben oder bronze sein, rosa- oder kaffeefarbene Flecken sind zulässig.

PFLEGE
Da der Mexikanische Nackthund kein Fell besitzt, richtet sich die ganze Aufmerksamkeit auf die Pflege der Haut. Zunächst muß sie gut gegen Sonnenstrahlung geschützt werden, da es sonst zu Verbrennungen kommen könnte. Bei Hunden, die für Ausstellungen vorbereitet werden, schrubbt man die Haut gewöhnlich mit einer (für Menschen gedachten) Peeling-Creme, um tote Hautzellen abzutragen und die Haut samtig zu halten. Am wichtigsten ist, daß die Haut elastisch und glatt bleibt und gegen Austrocknung geschützt wird – was man mit einer guten Creme oder Lotion erreicht. Bisweilen wird die Haut auch mit Öl eingerieben.

CHARAKTER
Anhänglich an „seine Menschenfamilie", guter Umgang mit Kindern, intelligent, großes Anpassungsvermögen, ruhig und würdevoll. Die Hunde können nicht bellen und stoßen stattdessen eine Art Heulen aus.

AUFZUCHT UND ERZIEHUNG
Der Mexikanische Nackthund braucht eigentlich keine besondere Erziehung.

VERTRÄGLICHKEIT
Die auffälligen Hunde gehen in der Regel gut mit Artgenossen, mit allen anderen Haustieren sowie Kindern um.

BEWEGUNG
Die Vertreter dieser Rasse brauchen recht wenig Auslauf. Man sollte den Hund aber regelmäßig ren-

nen und spielen lassen, außerdem begleitet er sein Herrchen auch angeleint gern überall hin.

BESONDERHEITEN
Der Xoloitzcuintli ist ein seltsamer und außergewöhnlicher Hund, der einen größeren Bekanntheitsgrad bräuchte, um die Rasse vor dem Aussterben zu bewahren.

Tibetanische Rassen

Lhasa Apso

HERKUNFTSLAND
Tibet

VERANLAGUNG/TYP
Familienhund

GRÖSSE
Die Schulterhöhe beträgt ungefähr 25 cm.

FELL
Das lange, schwere Deckfell ist hart, gerade und dicht. Die Unterwolle ist mittellang und etwas weicher. Beinahe alle Farben sind zugestanden, z. B. Blau, Schwarz, alle Beigetöne, Rot, Grau, Weiß, Braun. Es gibt auch rauchfarbene und mehrfarbige Fellvarianten.

PFLEGE
Das schwere Haarkleid braucht viel Pflege. Zunächst muß es wöchentlich gründlich ausgebürstet werden, wobei man sich nicht nur um das Deckfell, sondern vor allem auch um die Unterwolle kümmern muß, um Verklettungen vorzubeugen. Man sollte dabei nicht zu stark an den Haaren ziehen und eventuell eine Lotion verwenden, um das Abbrechen von Haaren zu vermeiden. Desweiteren müssen die Ohren auf überstehende Haare kontrolliert werden, die dann genau wie überschüssige Haare zwischen den Fußballen abgeschnitten werden müssen. Da die Pflege des Fells sehr aufwendig ist, wird es bei Haushunden oft gekürzt. Das ruft bei Liebhabern zwar nicht unbedingt „Begeisterung" hervor, ist aber in jedem Falle besser als ein ungepflegtes, verfilztes Fell.

CHARAKTER
Ruhig, treu, lieb, ausgeglichen, nicht laut, selbständig, mißtrauisch gegenüber Fremden, fröhlich. Der Lhasa Apso drängt sich zwar nicht auf, hat aber trotzdem sehr gern Gesellschaft. Für seine geringe Größe ist der Lhasa Apso unerwartet robust, es ist außerdem immer wieder überraschend, wie sich die Hunde einer Vielzahl von klimatischen und kulturellen Verhältnissen anpassen konnten.

AUFZUCHT UND ERZIEHUNG
Wie alle östlichen Hunderassen ist auch der Lhasa Apso ein wenig dickköpfig. Man sollte von ihm keine Kunststücke erwarten, sondern seinen Charakter durch gezielte Belohnungen bei gutem Benehmen in die richtige Richtung lenken. Harte Worte können ihn tief treffen und er wird sich „beleidigt" zurückziehen. Er ist aber intelligent genug, um Regeln zu begreifen.

VERTRÄGLICHKEIT
Der Lhasa Apso geht gut mit Artgenossen, anderen Haustieren sowie Kindern um. Gegenüber Fremden gibt sich der Lhasa Apso ein wenig reserviert.

BEWEGUNG
Der Lhasa Apso verfügt über ein durchschnittliches Bewegungsbedürfnis. Er ist sehr häuslich, allzulange Wanderungen muß man nicht mit ihm unternehmen.

BESONDERHEITEN
Wenn man die Betreuung des Fells nicht als unerquickliche Mühe betrachtet, ist der Lhasa Apso ein angenehmer Haushund.

Shih Tzu

Shih Tzu

Shih Tzus

Shih Tzu

HERKUNFTSLAND
Tibet

VERANLAGUNG/TYP
Familienhund

GRÖSSE
Die Schulterhöhe beträgt ungefähr 25 cm, das Gewicht rund 5 bis 6 kg.

FELL
Für das langhaarige, leicht gewellte Fell sind alle Farben erlaubt, bei mehrfarbigen Hunden sind eine weiße Blesse und Rutenspitze erwünscht.

PFLEGE
Ein Shih Tzu braucht viel Pflege. Das Fell muß täglich gründlich ausgebürstet werden, um Kletten vorzubeugen. Die Haare um die Augen werden meist mit einer Zopfspange o. ä. aus dem Gesicht gehalten. Ohnehin sind die Augen sehr empfindlich und müssen öfter auf Sauberkeit kontrolliert werden,

eventuell müssen besondere Augentropfen verabreicht werden. Auch die Gehörgänge sollten turnusgemäß gereinigt werden.
Wenn man nicht genügend Zeit für die Pflege des Fells aufbringen kann, sollte man es im Trimmsalon kürzen lassen, um sich Zeit und dem Hund viel Leid zu ersparen.

CHARAKTER
Intelligent, lieb, nicht wehleidig, fröhlich, sozial, anhänglich, dennoch selbständig und nicht „jedermanns Freund“. Der Shih Tzu bellt wenig.

AUFZUCHT UND ERZIEHUNG
Mit viel Geduld und Konsequenz kann man den etwas eigensinnigen Hunden dennoch eine ganze Menge beibringen.

VERTRÄGLICHKEIT
Die Hunde dieser Rasse kommen in der Regel gut mit anderen Haustieren sowie Kindern zurecht, eigentlich verhalten sie sich in jeglicher Gesellschaft ausgesprochen „würdevoll“.

BEWEGUNG
Der Shih Tzu ist mit kurzen Spaziergängen zufrieden.

BESONDERHEITEN
Um wirklich gut auszusehen, braucht das fließende Haar außerordentlich viel Pflege, um zum „Löwenkopf“ und „Bärenkörper“ – wie es im Rassenstandard heißt – gestylt zu werden.

Tibetanischer Spaniel

HERKUNFTSLAND
Tibet

VERANLAGUNG/TYP
Familienhund

GRÖSSE
Die Schulterhöhe beträgt ungefähr 25 cm, das Gewicht rund 4 bis 6,5 kg.

FELL
Der Tibetanische Spaniel besitzt ein mäßig langes, seidiges, doppeltes Fell. Alle Farben und Farbkombinationen sind zugestanden, ein goldfarbenes Fell ist aber am häufigsten.

PFLEGE
Das Fell dieser Hunde ist recht pflegeleicht. Es muß regelmäßig gebürstet werden, und die Gehörgänge sollten ab und zu gereinigt werden.

CHARAKTER
Selbstsicher, mutig, wachsam, kein „Kläffer“, fröhlich, intelligent, etwas zurückhaltend gegenüber Fremden, starke Konstitution.

Tibetanischer Spaniel

AUFZUCHT UND ERZIEHUNG
Tibetanische Spaniel sind leicht zu erziehen, da sie schnell begreifen, worum es geht. Dennoch ist Konsequenz nötig, denn die Hunde können recht eigenwillig sein.

VERTRÄGLICHKEIT
Die Tibetanischen Spaniel sind lieb zu Kindern und werden gut mit Katzen und anderen Haustieren zurechtkommen, wenn sie schon von jung auf an sie gewöhnt worden sind. Bei Gefahr lassen sie ihre Stimme laut erschallen.

BEWEGUNG
Die Rasse hat nicht so viel Bewegung nötig. Um den Hund in guter Form zu halten, sind drei kleinere Spaziergänge am Tag ausreichend, wenn man den Hund darüberhinaus noch ein wenig im Garten rennen und toben läßt.

Tibetanische Terrier

Tibetanischer Terrier oder Dhoki Apso

HERKUNFTSLAND
Tibet

VERANLAGUNG/TYP
Familienhund

GRÖSSE
Rüden erreichen eine Schulterhöhe, die von 35 bis 43 cm variieren kann, Hündinnen sind kleiner.

FELL
Die Terrier besitzen ein doppeltes Fell: Das Deckfell ist lang, üppig, gewellt und fein, die Unterwolle ist dicht und flauschig. Die Farben sind Schwarz, Weiß, Grau, Gold, mit oder ohne weiße oder lohfarbene Abzeichen.

PFLEGE
Um Verklettungen vorzubeugen und lose Haare zu entfernen, sollte das Fell täglich gebürstet werden. Dabei muß man besonders auf die Regionen achten, an denen sich das Haar am leichtesten verfilzt, wie an den Achseln, am Bart und an der „Hose". Außerdem sollte der Hund regelmäßig gebadet werden, dabei kann man auch gleich die Gehörgänge säubern und überschüssige Haare abschneiden.

CHARAKTER
Fröhlich, lebendig, wachsam, ausgeglichen, intelligent, würdevoll, mutig, seinem Besitzer sehr zugetan, aber zurückhaltend gegenüber Fremden, etwas dominant gegenüber anderen Hunden. Unter dem zerzausten Fell findet sich ein sehr tapferer und mutiger Hund. Die Tibetanischen Terrier sind im allgemeinen nicht gern allein.

AUFZUCHT UND ERZIEHUNG
Der Hund sollte ruhig und ausgeglichen aufgezogen werden. Die Tiere sind sehr feinfühlig und reagieren auf jede Änderung der Stimmlage.

VERTRÄGLICHKEIT
Im Umgang mit anderen Hunden gibt sich dieser Tibetaner oft etwas dominant. An Katzen und andere Haustiere sollte man ihn frühzeitig gewöhnen, dann wird es im späteren Zusammenleben keine Schwierigkeiten geben.
Wenn er nicht zu sehr geneckt wird, ist er Kindern ein fröhlicher, unempfindlicher Spielkamerad und Familiengenosse.

BEWEGUNG
Diese Hunde verfügen über viel Energie, sie brauchen also die Möglichkeit, ihre Kraft loszuwerden. Behendigkeitsübungen und Fly-ball sind geeignete Hundesportarten.

Tibetanischer Terrier

Chihuahua

Chihuahua

HERKUNFTSLAND
Mexiko

VERANLAGUNG/TYP
Familienhund

GRÖSSE
Chihuahuas gelten als kleinste Hunde der Welt, ihr Gewicht sollte optimal 1 bis 1,8 kg betragen.

FELL
Es gibt langhaarige und kurzhaarige Varietäten. Alle Farben sind zugestanden, unter anderem Schwarz, Weiß oder Blau, mit oder ohne dunkle, bzw. weiße Abzeichen.

PFLEGE
Die langhaarigen Vertreter müssen gründlich gebürstet werden, bei den kurzhaarigen Chihuahuas reicht die Pflege mit einer Gummibürste. Meist brauchen die Hunde eine besondere Augenpflege (Augentropfen) und das Gebiß muß regelmäßig auf Zahnstein kontrolliert werden. Speziell bei den ganz kleinen Exemplaren gibt es Zucht- und Gesundheitsprobleme.

CHARAKTER
Eigensinnig, intelligent, mutig (oft sogar ein wenig übermütig), gefühlvoll und verspielt. Chihuahuas hängen sich sehr stark an „ihre Menschen".

Kurzhaariger Chihuahua

Langhaarige Chihuahuas

Langhaariger Chihuahua

AUFZUCHT UND ERZIEHUNG
Da die kleinen Hunde ohnehin kaum Schaden anrichten können, werden sie meist nur wenig oder gar nicht erzogen. Das ist allerdings schade, denn Chihuahuas sind sehr gelehrig.

VERTRÄGLICHKEIT
Chihuahuas sind soziale Tiere, ihr Zusammenleben mit anderen Hunden und anderen Haustieren verläuft daher in der Regel problemlos. Sie sind so winzig, daß sie ohne Schwierigkeiten zwischen den Beinen größerer Hunde durchlaufen können. Für kleinere Kinder sind Chihuahuas nicht so gut geeignet, da diese den Hund leicht als Spielzeug „mißbrauchen".

BEWEGUNG
Da Chihuahuas so klein sind, bekommen sie meist schon im Haus genügend Auslauf. Wenn man sie gut anlernt, können sie sogar auf eine Katzenkiste gehen. Chihuahuas sind anfällig gegen Kälte, Feuchtigkeit und Zugluft – ein Mäntelchen ist also nicht unbedingt nur Modeschmuck.

BESONDERHEITEN
Der Chihuahua ist eine gute Wahl für Menschen, die nicht über allzuviel Platz verfügen. Man kann den Kleinen auch überallhin mitnehmen und sein Futter reißt wohl keine großen Löcher ins Budget. Leider werden die Tiere allzuoft als Spielzeug angesehen. Man sollte also versuchen, sich immer daran zu erinnern, daß dieser Winzling trotz seiner geringen Maße ein echter Hund ist.

Kurzhaarige Chihuahua-Welpen

Englische Zwergspaniels

Cavalier King Charles Spaniel

HERKUNFTSLAND
England

VERANLAGUNG/TYP
Familienhund

GRÖSSE
Bei einer Schulterhöhe von 30 bis 33 cm wiegt der Hund 5,4 bis 8,1 kg.

FELL
Das Fell besteht aus langem, seidigem, nicht gelocktem Haar. Die Rasse kommt vor in Black and Tan (Schwarz-Loh), Ruby (einfarbig Tiefrot) und Blenheim (braune Abzeichen auf weißem Grund). Die dreifarbige Varietät (schwarz-weiß-rotbraun) wird auch als „Prince Charles“ bezeichnet.

PFLEGE
Das Fell sollte besonders auf Brust, Ohren und zwischen den Pfoten regelmäßig gründlich ausgekämmt werden. Darüberhinaus sollte man besonders auf lose Haare in den Ohren achten.

Cavalier King Charles Spaniel: Kopfstudie

Cavalier King Charles Spaniel

CHARAKTER
Aufgeweckt, einnehmend, intelligent, gesellig, gehorsam, sanftmütig, lieb und aktiv, großes Anpassungsvermögen.

AUFZUCHT UND ERZIEHUNG
Da dieser intelligente Hund gerne lernt und schnell begriffen hat, was man von ihm verlangt, braucht man sich in bezug auf die Erziehung keine Sorgen zu machen.

VERTRÄGLICHKEIT
Der Cavalier ist ein unkomplizierter Hausgenosse, der problemlos mit Kindern, Artgenossen oder anderen Haustieren auskommt.

BEWEGUNG
Der Cavalier King Charles Spaniel paßt sich den Gegebenheiten an.

Cavalier King Charles Spaniel: Kopfstudie

King Charles Spaniel

King Charles Spaniel: Kopfstudie

King Charles Spaniel oder English Toy Spaniel

HERKUNFTSLAND
England

VERANLAGUNG/TYP
Familienhund

GRÖSSE
Die Schulterhöhe liegt zwischen 25 und 30 cm, das Gewicht beträgt ungefähr 5 kg.

FELL
Das Fell besteht aus leicht gewelltem, langem, seidigem Haar. Die Rasse kommt vor in Black and Tan (Schwarz-Loh), Ruby (einfarbig Tiefrot) und Blenheim (braune Abzeichen auf weißem Grund). Die dreifarbige Varietät (schwarz-weiß-rotbraun) wird auch als „Prince Charles" bezeichnet.

PFLEGE
Die Gesichtsfalten müssen ab und zu mit einer speziellen Lotion versorgt werden, das Fell sollte zweimal in der Woche gründlich gebürstet werden, vor allem auf der Brust, hinter den Ohren und zwischen den Pfoten.
Aus den Gehörgängen müssen lose Haare und gegebenenfalls Schmutz entfernt werden.

CHARAKTER
King Charles Spaniels sind gern in der Nähe ihres Besitzers und brauchen viel Aufmerksamkeit. Sie sind verspielt, intelligent, fröhlich und bellen selten.

AUFZUCHT UND ERZIEHUNG
Die Erziehung dieser Hunde verläuft problemlos, da die King Charles Spaniels intelligent genug sind, um schnell zu begreifen, was von ihnen verlangt wird.

Drei King Charles Spaniels

VERTRÄGLICHKEIT
Zu dieser Rasse gehören fast ausschließlich sehr soziale Hunde, die im allgemeinen sehr gut mit Artgenossen oder anderen Haustieren zurechtkommen. Wenn Kinder dem Hund genügend Ruhe lassen, wird es auch hier keinerlei Probleme geben.

BEWEGUNG
King Charles Spaniels passen sich den Gegebenheiten und dem Bewegungsbedürfnis ihres Besitzers an.

Japanische Spaniels und Pekinesen

Japanischer Spaniel oder Japan Chin

HERKUNFTSLAND
Japan (Ursprung evtl. in China)

VERANLAGUNG/TYP
Familienhund

GRÖSSE
Die Schulterhöhe variiert zwischen 20 und 25 cm (Rüden können größer sein), das Gewicht beträgt 2,5 bis 3,2 kg.

FELL
Das seidige Fell besteht aus weichem, langem Haar, das nicht gelockt sein soll. Zugestandene Farben sind Schwarz mit Weiß (die häufigste Farbkombination) und Rot mit Weiß. Bei der roten Varietät kann der Farbton von Gelborange bis Dunkelrot variieren. Darüberhinaus gibt es auch dreifarbige Kombinationen sowie andere Farbschläge, die aber nicht in allen Ländern akzeptiert werden.

PFLEGE
Das prächtige Fell verfilzt glücklicherweise nicht so leicht, so daß zweimaliges Bürsten in der Woche ausreichend ist. Um es schön weiß zu halten, muß man den Hund ab und zu baden. Die Gehörgänge müssen sauber gehalten werden. Mit Cremes (Vaseline) kann man die Gesichtsfalten behandeln, vor allem um dunklen Verfärbungen vorzubeugen.

CHARAKTER
Anhänglich, einnehmend, eigensinnig, verspielt, dennoch recht ruhig, bellt wenig, unkompliziert, fröhlich, steht gern im Mittelpunkt des Interesses. Der Japanische Spaniel ist gern in der Nähe seines Besitzers.

AUFZUCHT UND ERZIEHUNG
Abgesehen vom bisweilen eigensinnigen Wesen dieser Hunde bereitet ihre Erziehung keinerlei

Japanischer Spaniel

Schwierigkeiten. Japanische Spaniel sind in der Regel sehr reinlich.

VERTRÄGLICHKEIT
Japanische Spaniels sind friedliche Burschen, sie gehen gut mit Artgenossen, anderen Haustieren und vor allem mit Kindern um. Es ist sicher verständlich, daß Hunde mit diesen geringen Maßen keine allzu rauhe Behandlung durch größere Hunde oder kleine Kinder mögen, aber sie werden nie schnell zubeißen.

BEWEGUNG
Rennen, Toben und Spielen, sind Dinge, die diese Hunde geradezu lieben. Einige sind sogar gute Kletterer. Sie fühlen sich aber auch in einer kleinen Wohnung wohl und passen sich den dortigen Gegebenheiten an – sollten aber natürlich dennoch genügend Auslauf im Freien bekommen.

Japanischer Spaniel

Japanische Spaniels

Pekinese

Pekinese, Pekingese oder Peking Palasthund

HERKUNFTSLAND
China

VERANLAGUNG/TYP
Gesellschaftshund

GRÖSSE
Die Schulterhöhe liegt bei ungefähr 20 cm, das Gewicht bei 4 bis 5 kg.

FELL
Das dicke, langhaarige Fell ist mit einer dichten Unterwolle ausgestattet. Pekinesen kommen in einer Vielzahl von Farben vor, unter anderem in Rot, Falb, Schwarz-Loh, oder in mehrfarbigen Fellvarianten, wobei es am meisten gewünscht wird, wenn zwei Farben gleichmäßig über den ganzen Körper verteilt sind. Schwarze Maske, Brillenbildung und schwarze Ohrenmarkierung sind ebenfalls erwünscht.

PFLEGE
Die Hunde brauchen eine intensive Fellpflege, an die man sie am besten schon in der Jugend gewöhnt, damit es später beim Kämmen und Bürsten nicht zu „Rangeleien" kommt. Vor allem das Haar in den Achseln, am Bauch und zwischen den Pfoten braucht erhöhte Aufmerksamkeit, da sich hier am schnellsten Kletten ausbilden können. Vor, während oder nach dem Bürsten kann man etwas Talkumpuder in das Fell streuen. Die Gesichtsfalten müssen gut gepflegt werden, da hier leicht Infektionen auftreten. Überschüssige Haare zwischen den Fußballen müssen geschnitten werden.

CHARAKTER
Anhänglich, aber nicht abhängig, würdevoll, überaus einnehmende Art, intelligent, etwas hochmütig und eigensinnig, mutig, im allgemeinen aber nicht übermütig gegenüber Fremden. Ein Pekinese wählt seinen Herrn selbst aus.

Aufzucht und Erziehung
Auch wenn ein Pekinese sich eigentlich keine Vorschriften machen läßt, so sollte man ihm doch einige Grundregeln beibringen, damit er seinem Besitzer später nicht auf der Nase herumtanzt.
Positive Zusprache, wenn er etwas richtig gemacht hat, aber keine allzuharte Strafe bei Vergehen sind wohl der erfolgreichste Weg – ein „beleidigter" Pekinese wird sich ohnehin für längere Zeit zurückziehen.

Verträglichkeit
Im allgemeinen hat diese Rasse wenig Probleme mit der Gesellschaft von anderen Tieren, alles ist aber abhängig vom Grad der Sozialisierung des Hundes. Da ein Pekinese nicht gerne in seiner Ruhe gestört wird, ist er als Spielgefährte für kleinere Kinder nicht so gut geeignet.

Bewegung
Aufgrund ihrer kleinen Statur legen die meisten Exemplare dieser Rasse wenig Wert auf ausgedehnte Wanderungen. Da sie über ein nur so geringes Bewegungsbedürfnis verfügen, sind Pekinesen ideale Stadthunde und geeignet für weniger sportliche Zeitgenossen.

Besonderheiten
Wer nicht genügend Zeit und Energie in die Fellpflege seines Pekinesen investieren mag, sollte sich besser nach einer anderen Rasse umsehen.

Kontinentale Zwergspaniels

Épagneul Nain Continental Papillon und Épagneul Nain Continental Phalène

Herkunftsland
Frankreich/Belgien

Veranlagung/Typ
Familienhund

Grösse
Die maximale Schulterhöhe beträgt bei beiden Rassen ungefähr 28 cm. Das Gewicht sollte – im Verßltnis zur Größe – unter 5 kg liegen.

Fell
Das langhaarige Fell ist gewöhnlich weiß mit farbigen Flecken, eine weiße Blesse auf dem Kopf ist erwünscht.

Pflege
Das Fell muß regelmäßig durchgebürstet und lose Haare aus dem Gehörgang entfernt werden.

Épagneul Nain Continental Papillon

Charakter
Ein anhängliches, lebendiges, liebes, verspieltes, intelligentes und lernwilliges Hündchen, das bisweilen etwas eifersüchtig werden und sich gegen Fremde zurückhaltend geben kann.

Aufzucht und Erziehung
Die Vertreter dieser Rasse, die gern neue Dinge lernen möchten, können mit sanfter Hand aufgezogen werden. Kommandos sollten mit Ballspielen als Belohnung abgewechselt werden.
Épagneuls sind sehr intelligente und gehorsame Hunde, die sich auch für Behendigkeits- und Gehorsamkeitsübungen eignen.

Verträglichkeit
Einige Épagneuls werden schnell eifersüchtig, wenn sich die Aufmerksamkeit ihres Besitzers auf jemand anders als sie selbst richtet, aber das trifft nicht auf alle Épagneuls zu und hängt auch vom Grad ihrer Sozialisierung ab. Im allgemeinen kommen sie sehr gut mit anderen Haustieren sowie mit Kindern aus.

Épagneul Nain Continental Phalène

Zwergdoggen

Boston Terrier

HERKUNFTSLAND
Vereinigte Staaten

VERANLAGUNG/TYP
Familienhund

GRÖSSE
Bostons werden in drei verschiedenen Größen gezüchtet, bei der größten Form („Schwergewicht") sollte das Gewicht nicht mehr als 11,4 kg betragen.

FELL
Das kurzhaarige Fell kann gestromt oder schwarz mit weißen Abzeichen sein, die erstgenannte Varietät wird bevorzugt.

PFLEGE
Diese Hunde brauchen nicht viel Fellpflege. Ab und zu sollte das Fell mit einem Pflegehandschuh gebürstet werden.
Die Ohren müssen sauber und die Krallen kurz gehalten werden, auch die Gesichtsfalten brauchen besondere Pflege.

Boston Terrier

CHARAKTER
Intelligent, enthusiastisch, etwas ungestüm, „Sinn für Humor", verspielt, selbstsicher, anhänglich, guter Wachhund, kein „Kläffer".

AUFZUCHT UND ERZIEHUNG
Ein Boston Terrier braucht kaum Erziehung; er ist intelligent und lernt gern, schnappt also alles recht schnell auf. Die Hunde sind sehr empfänglich für Änderungen der Stimmlage ihres Besitzers.

VERTRÄGLICHKEIT
Normalerweise kommen die Hunde prima mit Artgenossen, anderen Haustieren sowie Kindern aus.

Drei Boston Terrier

BEWEGUNG
Diese Terrier brauchen keine langen Wanderungen, sie wollen aber gern überallhin mitgenommen werden. Die Tiere sind nicht schwer und können – wenn es zu warm oder anstrengend werden sollte – gut getragen werden. Sie spielen gern und viel.

Französische Bulldogge

HERKUNFTSLAND
Frankreich

VERANLAGUNG/TYP
Familienhund

GRÖSSE
Die Schulterhöhe beträgt ungefähr 30 cm, das Idealgewicht für Rüden liegt bei 12,7 kg, für Hündinnen gelten 10,9 kg als Idealmaß.

FELL
Das Fell besteht aus dicht anliegendem, glänzendem, kurzem Haar. Es kann gestromt, falb, mit oder ohne weiße Abzeichen, gescheckt oder weiß sein.

PFLEGE
Mit der Fellpflege dieser Hunde hat man wenig Mühe. Ab und zu sollte das Fell mit einer Gummibürste gepflegt werden. Darüberhinaus müssen die Gehörgänge gereinigt werden (keine Wattestäbchen benutzen!), die Krallen gekürzt und die Gesichtsfalten mit einer speziellen Lotion (Vaseline geht auch) sauber gemacht werden.

CHARAKTER
Intelligent, lieb und verträglich mit Kindern, verspielt und fröhlich, gefühlvoll und sehr anhänglich, ein wenig ungestüm, starker „Sinn für Humor", selbstlos, beharrlich, etwas eigensinnig. Französische Bulldoggen können eifersüchtig werden, wenn die Aufmerksamkeit ihres Besitzers sich auf jemand anderen richtet. Die Hunde mögen außerdem nicht allein gelassen werden.

AUFZUCHT UND ERZIEHUNG
Französische Bulldoggen sind leicht zu erziehen, da sie schlau sind und schnell lernen. Mit ihrer lustigen Mimik können sie sehr gut um Verzeihung bitten – es ist daher wichtig, daß man sich davon nicht erweichen läßt und konsequent bleibt.
Die Hunde sind sehr empfänglich für Änderungen

der Stimmlage und für Stimmungsschwankungen im Haus.

VERTRÄGLICHKEIT
Oft wird behauptet, daß diese Hunde nicht mit Kindern auskommen könnten – das Gegenteil ist der Fall. Einige Exemplare können sich gegenüber Artgenossen etwas dominant benehmen, mit anderen Haustieren gibt es aber keine Probleme, wenn sie schon von jung auf aneinander gewöhnt worden sind.
Französische Bulldoggen sind in der Regel ganz „vernarrt" in Menschen – dementsprechend enthusiastisch werden Gäste begrüßt. Einige Hunde können aber dennoch recht wachsam sein.

BEWEGUNG
Wenn die Hunde genügend Aufmerksamkeit geschenkt bekommen, können sie auf lange Wanderungen gut verzichten. Besonders bei warmem Wetter ist davon – mit Rücksicht auf ihren kurzen Fang – ohnehin abzuraten. Dreimal täglich um den Block gehen reicht aus, wenn die Hunde genügend Gelegenheit zum Rennen und Spielen im Garten erhalten. Die Hunde können auch gut in einem Appartement gehalten werden.

BESONDERHEITEN
Die Französischen Bulldoggen sind echte Familienhunde – sie können auch überallhin mitgenommen werden. Für Zwingerhaltung sind sie absolut ungeeignet.

Mops

HERKUNFTSLAND
England (Ursprung in China)

VERANLAGUNG/TYP
Familienhund

GRÖSSE
Die Schulterhöhe beträgt rund 35 cm, das Gewicht wird mit ca. 7 kg angegeben.

Möpse

FELL
Das kurzhaarige Fell kann schwarz, silbergrau oder beige mit schwarzer Maske sein.

PFLEGE
Ab und zu sollte man die Gesichtsfalten mit einer speziellen Lotion pflegen, lose Haare lassen sich mit einer Gummibürste entfernen, wenn nötig müssen Augentropfen verabreicht werden.

CHARAKTER
Ruhig im Haus, gesellig und gefühlvoll, unkompliziert, verspielt, folgsam, körperlich robust, stark entwickelter „Sinn für Humor", sehr anhänglich und intelligent. Die meisten Möpse schnarchen.

AUFZUCHT UND ERZIEHUNG
Ein Mops muß sanft aufgezogen werden. Er ist sehr empfänglich für Änderungen der Stimmlage, wodurch harte Strafmaßnahmen überflüssig werden.

VERTRÄGLICHKEIT
Möpse gehen sehr gut mit Artgenossen und anderen Haustieren um, auch in der Gegenwart von Kindern oder Besuchern betragen sie sich vorbildlich. Sie verlangen nach viel Aufmerksamkeit und können eifersüchtig werden, wenn sich das Augenmerk ihres Besitzers auf jemand anderen richtet.

BEWEGUNG
Bei kühleren Temperaturen liebt es der Mops, im Freien zu toben und zu rennen, bei wärmerem Wetter sollte man den Hund allerdings nicht zu lange draußen lassen und ihm ein schattiges, kühles Plätzchen bereithalten.

Mops

Das ausdrucksvolle Gesicht eines Mopses

Französische Bulldoggen sind lieb zu Kindern

10. Windhunde

Rassen mit Befederung oder langem Fell

Afghane oder Afghanischer Windhund

HERKUNFTSLAND
Afghanistan/England

VERANLAGUNG/TYP
Sichtjäger auf großes und kleines Wild (Gazellen und Wölfe), desweiteren Wach-, Renn- und Gesellschaftshund.

GRÖSSE
Rüden können eine Schulterhöhe von 68 bis 74 cm erreichen, bei Hündinnen variiert die Höhe zwischen 63 und 69 cm.

FELL
Afghanische Windhunde besitzen ein sehr langes, seidiges Fell. Lediglich im Gesicht ist das Haar kurz. Alle Farben sind zugestanden, am häufigsten sind Rot- bis Beigeschattierungen mit dunkler Maske.

PFLEGE
Für die Pflege des Fells muß man an zwei Tagen in der Woche jeweils mindestens eine Stunde einplanen. Am besten ist es, das Fell Strähne für Strähne vorsichtig auszukämmen, damit keine Kletten hängenbleiben und die Haare nicht brechen. Die Gehörgänge müssen saubergehalten werden. Alle zwei Monate sollte der Afghane gebadet werden, wobei man ein gutes Hundeshampoo benutzen sollte, das die Haut nicht austrocknet. Wer für all dies keine Zeit hat, sollte sich lieber nach einer anderen Rasse umsehen.

CHARAKTER
Unabhängig, stolz und würdevoll, ruhig im Haus, draußen sehr beweglich und unglaublich schnell, gegenüber Fremden zurückhaltend, intelligent, nicht unbedingt „sklavisch" folgsam. Der Afghane ist mutig, wachsam, nicht laut. Es liegt in seiner Natur, sich schnell bewegenden Dingen nachzurennen. Rüden können etwas dominant sein.

AUFZUCHT UND ERZIEHUNG
Afghanische Windhunde eignen sich nicht für unerfahrene Hundefreunde. Wegen ihres unabhängigen Wesens sind Afghanen schwer zu erziehen und werden wohl nie perfekt gehorchen. Zudem reagieren sie genau entgegengesetzt, wenn man versucht, ihnen mit Schlägen oder Schreien Respekt aufzuzwingen. Afghanen müssen also mit starker, aber dennoch sachter Hand angeleitet werden, dann kann man ihnen einiges beibringen.

VERTRÄGLICHKEIT
Rüden können sich gegenüber Geschlechtsgenossen etwas dominant geben. Mit Kindern können sie aber prima zusammenleben – unter der Voraussetzung, daß die Kinder den Hund rechtzeitig in Ruhe lassen und nicht zu sehr necken. In dieser Hinsicht sind also wohl Familien mit älteren Kindern besser geeignet. Eine bereits anwesende Katze wird der Hund akzeptieren, man muß aber immer aufpassen, da Afghanen eigentlich allem nachrennen, das sich schnell bewegt – das liegt ihnen nun einmal im Blut.

BEWEGUNG
Die Rasse hat sehr viel Bewegung nötig. Der Hund sollte jeden Tag neben dem Fahrrad laufen, um seine Energie abarbeiten zu können – aber Vorsicht: Die Hunde verfügen über einen ausgeprägten Jagdinstinkt. Afghanen sollten daher nur in einem gut umfaßten Terrain ohne Leine laufen gelassen werden. Wegen der Fellpflege ist es unmöglich, eine „Show-" mit einer Rennkarriere zu vereinbaren.

BESONDERHEITEN
Ein gut gepflegter Afghane ist herrlich anzuschauen – und darüber scheint der Hund sich im klaren zu sein. Er ist ein Hund für Liebhaber, die sich des unabhängigen und manchmal etwas schwer ergründba-

Afghane

Afghane: Kopfstudie

ren Charakters der Afghanen bewußt sind. Die Rasse gelangte erst im späten 19. Jahrhundert nach Europa; englische Soldaten, die aus dem Krieg in Afghanistan heimkehrten, brachten die ersten Tiere mit. Durch Auslesezucht ist übrigens das Fell des Afghanen in den letzten 50 Jahren erheblich länger geworden.

Barsoi

Barsoi oder Borzoi

HERKUNFTSLAND
Ehemalige Sowjetunion.

VERANLAGUNG/TYP
Sichtjäger auf großes und kleines Wild, vor allem auf Wölfe, heute Gesellschaftshund.

GRÖSSE
Rüden erreichen eine Schulterhöhe von 70 bis 82 cm, Hündinnen sind um rund 5 cm kleiner.

FELL
Das Fell ist halblang, seidig und leicht gewellt oder gelockt, jede Farbe ist zugelassen, Weiß sollte allerdings dominieren.

PFLEGE
Das Barsoi-Fell muß regelmäßig gebürstet werden. Überschüssige Haare zwischen den Fußballen müssen abgeschnitten werden. Speziell während des Wachstums brauchen die Hunde hochwertige Nahrung.

CHARAKTER
Stolz und selbstbewußt, seinem Besitzer treu ergeben, ruhig im Haus, unaufdringlich oder leicht distanziert, schwer zu durchschauen, gutartig und ausgeglichen, kann – wenn nötig – das Haus gut bewachen.

AUFZUCHT UND ERZIEHUNG
Die Erziehung funktioniert am besten auf der Basis von gegenseitigem Respekt. Barsois sind nicht sonderlich gehorsam, man darf also keine Wunder erwarten, kann ihnen aber die elementaren Dinge beibringen.

VERTRÄGLICHKEIT
Der Hund hält nichts von aufdringlichen (fremden) Menschen. Barsois kommen recht gut mit älteren Kindern aus, als Spielkameraden eignen sie sich aber nicht. Für rauhe Spielchen o. ä. sind sie absolut nicht zu begeistern. Im allgemeinen können sie gut mit anderen, gleichgestellten Hunden gehalten werden. Es ist – wie bei allen Hunden – wichtig, sie frühzeitig mit Katzen und anderen Haustieren zu sozialisieren, denn Barsois sind und bleiben (Sicht-) Jäger: Ein flüchtendes Tier weckt also immer ihren Jagdinstinkt, ansonsten bestechen Barsois durch ihr ausgesprochen ruhiges Verhalten.

Barsoi

BEWEGUNG
Ein Barsoi wird im Haus ruhig, ja geradezu „unauffällig" sein, wenn er im Freien genügend Gelegenheit zum Rennen und Laufen bekommt. In einigen Ländern ist es allerdings verboten, Windhunde ohne Leine laufen zu lassen. Normalerweise gefällt es dem Barsoi aber fast genauso gut, neben dem Fahrrad zu laufen. Aber auch da ist Vorsicht geboten: Wenn der Barsoi eine Beute ins Visier bekommt, kann er sofort auf und davon sein.

BESONDERHEITEN
Der majestätische Hund kommt am besten bei einem Besitzer auf seine Kosten, der ein gut umzäuntes Grundstück besitzt, auf dem der Hund den ganzen Tag nach Herzenslust rennen und laufen kann. Im Haus ist der Barsoi gern nahe bei seinem Besitzer und „seiner Familie". Für die Haltung in einem Zwinger sind diese Hunde absolut ungeeignet.

Saluki: Kopfstudie

Saluki

HERKUNFTSLAND
Iran

VERANLAGUNG/TYP
Sichtjäger auf großes und kleines Wild (Gazellen), heute vornehmlich Gesellschaftshund.

GRÖSSE
Die Schulterhöhe von Rüden liegt zwischen 58 und 71 cm, Hündinnen sind etwas kleiner.

FELL
Das Fell ist recht kurz, glatt und seidig. An der Rute, den Ohren und an der Hinterseite der Beine sollen die Haare länger sein (Befederung). Salukis kommen vor in Weiß, Creme, Falb, Gold, Rot, Graumelierung, mit dreifarbigem Fell (Schwarz-Braun-Weiß), Schwarz-Loh und in Variationen dieser Färbungen.

PFLEGE
Wenn man das Fell ab und zu bürstet – vornehmlich an den befederten Regionen – hält man es in gutem Zustand. Hin und wieder müssen auch die Gehörgänge auf Verschmutzungen kontrolliert werden.

CHARAKTER
Unabhängig, ruhig, würdevoll, eigensinnig, sehr auf seinen Besitzer fixiert, zurückhaltend gegenüber Fremden. Salukis besitzen einen ausgeprägten Jagdinstinkt.

AUFZUCHT UND ERZIEHUNG
Wer sich einen Saluki anschafft, darf keinen perfekt gehorchenden Hund erwarten. Salukis sind eher wie Katzen: sauber, ruhig, erfreuen sich an der menschlichen Gesellschaft – aber nur, wenn ihnen danach ist – und entsprechend unabhängig. Mit viel Geduld und Einfühlungsgabe läßt sich ihnen dennoch einiges beibringen.

VERTRÄGLICHKEIT
Mit anderen Hunden ihrer Rasse sollten Salukis prima auskommen, auch die Gesellschaft von Kindern bereitet in Normalfall keine Probleme. Andere Haustiere – egal ob schon anwesend oder erst später angeschafft – sollte man besser außer Reichweite des Saluki halten, denn sein Jagdinstinkt ist sehr stark ausgebildet. Von einigen Ausnahmen abgesehen, gilt es als Unmöglichkeit, diesen Hunden das Jagen abzugewöhnen.

BEWEGUNG
Salukis sind Sichtjäger, was bedeutet, daß sie in einigen Ländern nicht ohne Leine laufen dürfen. Laufen neben dem Fahrrad oder eine Sportart wie Coursing sind aber gute Alternativen, um dem Hund die Gelegenheit zu geben, seine enorme Energie abzubauen.

Saluki

Rauhhaarige Rassen

(Scottish) Deerhound

Herkunftsland
Schottland

Veranlagung/Typ
Sichtjäger auf großes Wild (Hirsche), Familienhund.

Grösse
Rüden sollen eine Schulterhöhe von mindestens 76 cm erreichen, für Hündinnen gilt ein Minimum von 71 cm.

Fell
Das rauhe, halblange Fell darf sich nicht wollig anfühlen. Die am häufigsten vorkommende und am besten bewertete Farbe ist Dunkelgrau-Blau. Gestromte Felle, Gelb- und Sandfarbe mit Sandrot oder Rot-Gelb mit schwarzer Maske und Ohren sowie Hellgrau kommen auch vor. Etwas Weiß auf Rutenspitze, Brust und Zehen wird zugestanden.

Pflege
Das Fell muß regelmäßig gut ausgebürstet werden. Ab und zu sollte man auch überstehende Haare aus den Gehörgängen und überschüssige Haare zwischen den Fußballen entfernen. Abhängig von der Qualität des Fells müssen ein- bis zweimal pro Jahr alte Haare aus dem Fell „gepflückt" werden.

Charakter
Freundlich, sanftmütig, verständig, unkompliziert, nicht sonderlich wachsam, bellt wenig, seinem Herrn treu ergeben, selbstlos, würdevoll, intelligent, lieb zu Kindern.
Die meisten Deerhounds verfügen über einen recht ausgeprägten Jagdinstinkt.

(Scottish) Deerhound

Aufzucht und Erziehung
Der Deerhound ist ein recht schnell begreifender Schüler, dessen Verständigung mit seinem Herrn gut ist. Mit Freundlichkeit wird man den Hund am leichtesten dazu bringen, zu tun was man will.

Verträglichkeit
Mit Vertretern ihrer Rasse können Deerhounds im allgemeinen sehr harmonisch zusammenleben. Auch der Umgang mit Kindern macht wenig Probleme. Einige Exemplare besitzen einen etwas stärker entwickelten Jagdinstinkt, worauf man in Zusammenhang mit der Haltung von Katzen und anderen Haustieren achten muß.

Bewegung
Die Hunde brauchen sehr viel Bewegung. Wenn man dafür nicht genügend Zeit aufbringen kann (zumindest eine Stunde tägliches Laufen sind unabdingbar), sollte man sich besser keinen Deerhound zulegen. Coursing ist eine gute Gelegenheit, um die Energie der Hunde im wahrsten Sinne des Wortes „in Bahnen" zu lenken, aber auch Laufen neben dem Fahrrad ist eine geeignete Körperertüchtigung.

Irish Wolfhound

Herkunftsland
Irland

Veranlagung/Typ
Sichtjäger auf großes Wild (Wölfe), heute Familienhund.

Grösse
Rüden müssen eine Schulterhöhe von mindestens 79 cm erreichen, für Hündinnen gilt ein Minimum von 71 cm – es ist aber erwünscht, daß diese Maße deutlich überschritten werden, schließlich gilt der Irish Wolfhound als größter Hund der Welt.

Fell
Das Fell besteht aus rauhem, hartem und besonders drahtigem Haar. Irische Wolfshunde können grau, gestromt, rot, schwarz, reinweiß oder falb sein, am häufigsten ist aber die graue Färbung.

Pflege
Regelmäßiges Kämmen und Bürsten hält das Fell in gutem Zustand. Ein- oder zweimal im Jahr müssen überstehende Haare von Hand aus dem Fell entfernt werden.

Charakter
Freundlich, gutartig, lieb zu Kindern, seinem Besitzer und dessen Familie gegenüber bedingungslos treu, folgsam, aber nicht „sklavisch", ruhig, kein „Kläffer".

Aufzucht und Erziehung

Ein Irish Wolfhound ist relativ bequem zu erziehen. Mit sanfter Hand und viel Einfühlsamkeit kommt man gut zurecht, die Hunde begreifen schnell, was von ihnen verlangt wird. Man sollte versuchen, den jungen Hund so früh wie möglich mit Selbstvertrauen auszustatten, Befehle sollten allzeit deutlich und konsequent gegeben werden, damit der Hund in seinen Reaktionen sicher wird. Man sollte ihm auch rechtzeitig beibringen, daß er nicht an der Leine zerren darf – er wird nämlich sehr schnell groß und stark.

Während des Wachstums braucht der Hund eine vollwertige Ernährung, erzwungene Bewegungen und das Laufen über allzulange Strecken können in dieser Zeit seinen Körperbau überlasten. Es dauert mindestens zwei Jahre bis der Irische Wolfshund vollkommen ausgewachsen ist.

Verträglichkeit

Irish Wolfhounds gehen in der Regel sehr gut mit Kindern um. Auch der Umgang mit anderen Hunden ergibt normalerweise keine Schwierigkeiten. Gleiches gilt auch für andere Tiere, wenn der Hund schon früh mit ihnen sozialisiert worden ist. Die Hunde fühlen sich als „Familienmitglieder“ und sollten daher nicht im Zwinger gehalten werden. Sie begrüßen jedermann freundlich, sind also nicht wachsam.

Bewegung

Die Hunde passen sich recht gut an die jeweilige Situation an und leiden nicht, wenn sie einmal in der Woche etwas weniger Bewegung bekommen. Das soll aber nicht heißen, daß sie es nicht lieben würden, mit ihren Besitzern in die freie Natur zu ziehen.

Glatthaarige Rassen

Azawakh oder Tuareg Sloughi

HERKUNFTSLAND
Mali

VERANLAGUNG/TYP
Sichtjäger auf kleines und großes Wild (Gazellen).

GRÖSSE
Rüden erreichen eine Schulterhöhe zwischen 64 und 72 cm, Hündinnen zwischen 61 und 71 cm.

FELL
Der Azawakh besitzt ein sehr kurzes Fell, das sandfarben, rötlich oder gestromt sein kann. Eine weiße Blesse und Brust sind erlaubt, weiße Zehen sind ein „muß".

PFLEGE
Das Fell dieser Tiere braucht nur wenig Pflege. Es tut dem Hund gut, wenn es ab und zu gebürstet wird. Daneben müssen die Krallen kurz und die Ohren sauber gehalten werden. Auch die Zähne sollten hin und wieder kontrolliert werden.

CHARAKTER
Temperamentvoll, lebendig, stolz, unabhängig, wachsam, große Ausdauer. Der Azawakh, der vor über tausend Jahren von den Tuareg der Sahara gezüchtet wurde, zeigt allen Menschen, die er mag, seine Zuneigung und seinen sanften Charakter. Außerdem wird er „seinen Menschen" bei Gefahr vehement verteidigen.

Azawakh: Kopfstudie

AUFZUCHT UND ERZIEHUNG
Diese Hunde sind schwer zu erziehen. Man braucht viel Geduld und Kenntnis ihrer Wesenszüge, um einigermaßen befriedigende Resultate zu erzielen. Mit Strafen erreicht man bei Azawakhs eher das Gegenteil des erhofften Effektes.

VERTRÄGLICHKEIT
Der Umgang mit anderen, gleichgestellten Hunden verläuft problemlos. Gleiches gilt auch für das Verhältnis zu Kindern – wenn sie dem Hund beizeiten seine Ruhe lassen. Wegen seines ausgeprägten Jagdinstinktes ist dem Hund im Umgang mit Katzen und anderen Haustieren nicht unbedingt zu trauen. Gegenüber Fremden verhalten sie sich recht zurückhaltend.

BEWEGUNG
Das übliche „Um-den-Block-Gehen" käme für diesen Hund einer „Verurteilung" gleich. Er muß rennen, um seinen gewaltigen Betätigungsdrang abzureagieren. Der Hund kann über viele Kilometer neben dem Fahrrad laufen, ohne zu ermüden. Er erreicht dabei Geschwindigkeiten bis zu 65 km/h. In einigen Ländern ist es verboten, Sichtjäger wie den Azawakh ohne Leine laufen zu lassen.

Azawakh

Galgo Español

HERKUNFTSLAND
Spanien

VERANLAGUNG/TYP
Sichtjäger auf kleines Wild, Familienhund.

GRÖSSE
Rüden erreichen eine Schulterhöhe von 65 bis 71 cm, bei Hündinnen variiert die Schulterhöhe von 60 bis 68 cm.

Galgo Español

Galgo Español: Kopfstudie

FELL
Der Galgo kommt in einer kurzhaarigen und einer rauhhaarigen Version vor. Gestromte, schwarze, sandfarbene, weiße, rote, braune und gelbe Exemplare sind am häufigsten.

PFLEGE
Das Fell dieser spanischen Hunde braucht relativ wenig Pflege. Aber wie bei anderen Hunden auch sollte man regelmäßig die Ohren kontrollieren und hin und wieder die Krallen kürzen.

CHARAKTER
Intelligent, lieb zu Kindern, neugierig und anhänglich, seinem Herrn und dessen Familie treu ergeben: er wird sie bei Gefahr und Bedrängnis beschützen.

AUFZUCHT UND ERZIEHUNG
Wenn man konsequent handelt und Geduld und Einfühlungsvermögen beweist, kann man diesen Hunden doch das eine oder andere beibringen. Ihr Charakter muß in die richtigen Bahnen gelenkt werden, man darf aber keine korrekt gehorchende „Maschine" erwarten — da wäre man beim Galgo Español an der falschen Adresse. Es ist sehr wichtig, daß der Hund schon in früher Jugend viele Menschen und Situationen kennenlernt.

VERTRÄGLICHKEIT
Bei Kindern wird dieser Hund selten Schwierigkeiten machen, denn die Vertreter dieser Rasse begreifen instinktiv, daß auf kleine Menschen Rücksicht genommen werden muß. Mit anderen Hunden möchten sie gerne spielen und demonstrieren dann gern ihre enorme Schnelligkeit. Falls man bereits Katzen oder andere Haustiere besitzt, ist der Galgo Español nicht unbedingt die beste Wahl – sein Jagdtrieb sorgt eigentlich immer dafür, daß er alles verfolgt, das sich schnell bewegt.

BEWEGUNG
Wenn sich der Hund in einem gut umzäunten Areal nach eigenem Gutdünken bewegen kann, ist es ausreichend, wenn man ihn zweimal in der Woche neben dem Fahrrad laufen läßt, damit er auch andere Eindrücke sammeln kann. Sollte kein umzäunter Garten zur Verfügung stehen, so steigt das Bewegungsbedürfnis des Hundes natürlich entsprechend – und will befriedigt werden. Kann man ihm das nicht bieten, so wird der Hund „frustriert" sein und das auch deutlich zeigen.

Greyhound

Greyhound

HERKUNFTSLAND
England

VERANLAGUNG/TYP
Rennhund, Sichtjäger auf kleines Wild (Hasenhatz), heute häufig Familienhund.

GRÖSSE
Die Schulterhöhe von Rüden liegt bei 71 bis 76 cm, bei Hündinnen variiert die Schulterhöhe zwischen 68 und 71 cm.

FELL
Greyhounds besitzen ein sehr glattes, anliegendes, kurzhaariges Fell. Felle in Schwarz, Weiß, Rot, Blau, Falb, Rotgelb und gestromte Varianten kommen am häufigsten vor.

PFLEGE
Es tut dem Greyhound gut, wenn sein Fell hin und wieder mit einer weichen Bürste bearbeitet wird. Auch die Ohren und die Krallen sollten regelmäßig versorgt werden.
Greyhounds können gut in einem Außenzwinger gehalten werden, man muß aber für einen trockenen und zugfreien Schlafplatz sorgen.

CHARAKTER
Im Haus ruhig und gesellig, bisweilen sogar ausgesprochen faul, intelligent, gefühlvoll, kein „Kläffer", sehr anhänglich an „seine Menschen", große Ausdauer. Greyhounds sind nicht sonderlich wachsam.

AUFZUCHT UND ERZIEHUNG
Der Greyhound kann – im Vergleich zu anderen Windhundrassen – recht gemächlich erzogen werden. Er kann fast alle Kommandos lernen und gehorcht gut – es sei denn, er hat gerade eine Beute gesichtet, denn dann weist er keine der obengenannten guten Eigenschaften mehr auf. In einigen Ländern darf man Greyhounds daher auch nicht unangeleint laufen lassen, nicht nur, weil sie eine Gefahr für das Wild darstellen können, sondern auch weil sie sich selbst und beispielsweise Passanten gefährden könnten.

Greyhounds sind die Könige der Hunderennbahnen

VERTRÄGLICHKEIT
Den Hunden ist angeboren, hinter sich schnell bewegenden Objekten herzurennen, daher sind sie keine allzu optimalen Hausgenossen für Menschen, die bereits Katzen oder andere Haustiere besitzen. Greyhounds vertragen sich aber in der Regel mit anderen Hunden und sind sehr lieb zu Kindern. Gegen Fremde verhalten sie sich sehr zurückhaltend.

BEWEGUNG
Die Hunde wollen und können lange Strecken laufen und rennen. Man sollte sich also überlegen, ob man sich einer Greyhound-Vereinigung anschließt, damit sie sich auf einer Rennbahn auslaufen können. Laufen neben dem Fahrrad ist aber eine gute Alternative, um die Energie des Hundes abzuarbeiten.
Es ist prinzipiell unwichtig, auf welche Weise der Hund seine Bewegung bekommt – Hauptsache, er bekommt sie, dann ist er auch im Hause ruhig.

BESONDERHEITEN
Greyhounds, die für Windhundrennen eingesetzt werden, unterscheiden sich ziemlich von denen, die auf Ausstellungen präsentiert werden. Die gesunden Hunde können sehr alt werden.

Italienisches Windspiel

HERKUNFTSLAND
Italien, ursprünglich aus Ägypten.

VERANLAGUNG/TYP
Sichtjäger unter anderem auf Kaninchen, darüberhinaus Familienhund.

GRÖSSE
Das Italienische Windspiel erreicht eine Schulterhöhe zwischen 32 und 38 cm und wiegt bis 5 kg.

FELL
Das Fell ist kurz, glatt und fein. Italienische Windspiele kommen in einfarbig Isabell (in allen Schattierungen), Schwarz oder Schiefergrau vor; Weiß an Brust und Läufen ist zulässig. Gefleckte Exemplare sind auch bekannt, werden aber nicht in allen Ländern akzeptiert.

PFLEGE
Die Hunde brauchen nur wenig Fellpflege. Man kann das Fell ab und zu mit einem Tuch abreiben, um den Glanz zu verstärken. Darüberhinaus sollte man die Zähne regelmäßig kontrollieren, da die Hunde sehr stark zu Zahnsteinbildung neigen. Die Italienischen Windspiele sind nicht besonders robust, bis zum Alter von eineinhalb Jahren können sie sich leicht ein Bein brechen.

Italienisches Windspiel

Italienische Windspiele

CHARAKTER
Anhänglich, treu, flink und beweglich, intelligent und folgsam, sanft, fröhlich.

AUFZUCHT UND ERZIEHUNG
Im allgemeinen ist es nicht schwer, diese Hunde zu erziehen, alles was man braucht ist Konsequenz. Allerdings sind Italienische Windspiele kleine „Taugenichtse“ – und das wissen sie auch. Man sollte also den Humor nicht verlieren, sich aber auch nicht auf der Nase herumtanzen lassen. Mit ihrem liebevollen Wesen werden es die Hunde aber immer wieder verstehen, ihren Besitzer zu besänftigen.

VERTRÄGLICHKEIT
Italienische Windspiele gehen gut mit anderen Hunden und Katzen um. Es ist wohl ohnehin selbstverständlich, daß man das zierliche Italienische Windspiel nicht als Gefährten für einen Rottweiler hält. Mit Kindern kommen sie in der Regel auch gut zurecht, wichtig ist, daß die Kinder den Hund nicht als Spielzeug „mißbrauchen“.
Italienische Windspiele kommen eigentlich schlecht allein zurecht, es wird daher empfohlen, mehr als ein Exemplar zu halten.

BEWEGUNG
Die Hunde rennen gern, bei ihrer Größe sollte sich dazu leicht eine Gelegenheit bieten.

BESONDERHEITEN
Die uralte Rasse hat seit der Zeit der Pharaonen überdauert und war ursprünglich größer und kräftiger. Seine erste Verwendung fand das Italienische Windspiel als „Damenhund“ – es galt seit jeher als Liebling der Damenwelt, von Fürsten und Königen.

Sloughi oder Arabischer Windhund

HERKUNFTSLAND
Marokko

VERANLAGUNG/TYP
Sichtjäger auf großes und kleines Wild, Gesellschaftshund.

GRÖSSE
Die Schulterhöhe von Rüden variiert zwischen 66 und 72 cm, die Idealhöhe ist 70 cm. Bei Hündinnen kann die Höhe zwischen 61 und 68 cm schwanken, ideal sind 65 cm.

FELL
Der Sloughi besitzt ein feines, kurzhaariges Fell, das in verschiedenen Falbschattierungen und gestromt vorkommen kann. Einfarbig Schwarz oder Weiß ist unerwünscht.

PFLEGE
Viel Pflege braucht der Sloughi nicht, ab und zu Bürsten tut ihm aber gut. Die Krallen müssen kurz und die Ohren sauber gehalten, sowie das Gebiß auf Beläge durchgesehen werden.

CHARAKTER
Stolz, eigensinnig, etwas reserviert gegenüber Frem-

Sloughi

den, wachsam, große Ausdauer, temperamentvoll. Seine Zuneigung zeigt er nur Menschen, die er wirklich mag.

AUFZUCHT UND ERZIEHUNG
Diese unabhängigen Hunde sind nicht einfach zu erziehen, das soll aber nicht heißen, daß ihnen gar nichts beizubringen wäre. Man muß einfühlsam und geduldig zu Werke gehen, dann kann ein Sloughi auch einiges lernen. Es sollte ein Band des gegenseitigen Respekts entstehen.

VERTRÄGLICHKEIT
Sloughis müssen schon in ihrer Jugend mit den verschiedensten Situationen, Menschen und Tieren bekannt gemacht werden. Unter guter Anleitung ist es nicht unmöglich, Sloughis mit einer oder mehreren Hauskatzen zusammenleben zu lassen.

BEWEGUNG
Die Hunde brauchen einiges an Auslauf. In einigen Ländern darf man sichtjagende Hunde allerdings nicht unangeleint laufen lassen, dann ist die Rennbahn der einzige Ort, an dem die Sloughis ihre Energie loswerden können – ihre Ausdauer ist dabei sehr beachtlich.

Whippet

HERKUNFTSLAND
England

VERANLAGUNG/TYP
Renn- und Familienhund.

GRÖSSE
Bei Rüden variiert die Schulterhöhe zwischen 47 und 51 cm, bei Hündinnen zwischen 44 und 47 cm.

FELL
Das Fell, das in allen Farben erlaubt ist, ist fein, kurz und dicht. Weiß mit gestromten oder gelben Flächen und Flecken, Schwarz, Schwarz mit Weiß, Blau, gelbgestromte Zeichnungen und Beige mit dunkler Maske kommen am häufigsten vor.

PFLEGE
Ein Whippet braucht wenig Fellpflege. Es tut ihm aber gut, wenn man ab und zu tote und lose Haare aus dem Fell bürstet. Einige Exemplare neigen zur Zahnsteinbildung, man sollte ihnen daher regelmäßig härtere Dinge zum Kauen geben, um diesem Problem vorzubeugen. Die Krallen müssen kurz gehalten werden.

Sloughis: Kopfstudie

Whippet

Charakter

Anhänglich und anschmiegsam, lieb zu Kindern, intelligent, aber nicht „supergehorsam", fröhlich, friedfertig, verspielt, ein wenig eigensinnig und etwas wachsam.

Aufzucht und Erziehung

Die Erziehung sollte abwechslungsreich gestaltet werden. Man erzielt die besten Resultate, wenn man das Training mit Rennen und Spielen abwechselt, aber die Hunde werden wohl nie einen „Gehorsamkeitspreis" gewinnen.

Verträglichkeit

Whippets sind in der Regel sehr lieb zu Kindern, die meisten halten aber nicht allzuviel von Fremden. Besuch wird beinahe immer angekündigt. Die Hunde verhalten sich in Gesellschaft von anderen Hunden sehr verträglich und suchen selten Streit. Die Neigung, allem schnell Bewegten nachzujagen, ist ihnen angeboren. Eine Hauskatze, an die der Whippet gewöhnt ist, wird aber in Ruhe gelassen werden.

Bewegung

Ein Whippet ist ein Windhund, er ist vom gesamten Körperbau her auf Rennen und Jagen ausgerichtet. Es ist also nicht überraschend, daß diese Hunde viel Auslauf brauchen. In einigen Ländern darf man Whippets und andere sichtjagende Windhunde nicht unangeleint laufen lassen, es empfiehlt sich daher der Anschluß an eine Windhund-Vereinigung, damit der Hund auf einer Rennbahn laufen kann.

Whippets

11. Nicht anerkannte Rassen

American-Canadian White Herdershound

Herkunftsland
USA/Kanada/Europa

Veranlagung/Typ
Familienhund

Grösse
Bei Rüden variiert die Schulterhöhe zwischen 60 und 63 cm, bei Hündinnen zwischen 55 und 60 cm. Abweichungen von 2 cm nach oben und unten werden, bei insgesamt ausgewogener Erscheinung des Hundes, zugestanden.

Fell
Der American-Canadian White Herdershound kann ein stockhaariges, langstockhaariges oder langhaariges Fell haben. Die langhaarige Varietät besitzt keine Unterwolle, die Farbe ist in allen Fällen Weiß.

Pflege
Während des Fellwechsels muß der Hund täglich gründlich gebürstet und gekämmt werden, die Ohren müssen kontrolliert und die Krallen kurz gehalten werden.

Charakter
Freundlich, intelligent, arbeitswillig, aufmerksam, wachsam, treu, will gern in der Nähe seines Besitzers sein.
Die Hunde sind sehr sozial eingestellt, sie brauchen und suchen die Gesellschaft „ihrer Familie“ und haben es dann auch recht gern, wenn sich alle Aufmerksamkeit auf sie konzentriert – wofür sie gegebenenfalls auch sorgen.

Aufzucht und Erziehung
Hunde dieser Rasse brauchen fast keine Erziehung, da sie gern für ihren Besitzer arbeiten und relativ schnell lernen. Es ist wichtig, daß der Hund schon in früher Jugend mit vielen Menschen, Tieren und Situationen bekanntgemacht wird.

Verträglichkeit
Der American-Canadian White Herdershound geht sehr gut mit Artgenossen sowie Kindern um. Auch mit Katzen und anderen Haustieren gibt es in der Regel keine Probleme, wenn der Hund schon frühzeitig an diese Hausgenossen gewöhnt worden ist.

American-Canadian White Herdershounds

Bewegung
Die Hunde verfügen über ein mittleres Bewegungsbedürfnis, dreimal täglich um den Block zu gehen ist aber sicherlich nicht ausreichend. Diese Hütehunde sind für verschiedenste Hundesportarten wie Gehorsamkeits- und Behendigkeitsprüfungen oder Fly-ball geeignet.

American-Canadian White Herdershound

Kurzbeiniger Jack Russel Terrier

Kurzbeiniger Jack Russell Terrier

Herkunftsland
England

Veranlagung/Typ
Jagd- und Familienhund.

Grösse
Die Schulterhöhe liegt zwischen 23 und 30 cm.

FELL
Es gibt zwei Varietäten, eine rauhhaarige und eine glatthaarige, bei beiden hat das Fell geschlossen und dicht zu wirken. Das Fell muß zu mehr als der Hälfte gelblichweiß sein, mit dreifarbigen, braunen oder schwarzen Abzeichen; gestromte Fellvarianten sind nicht zulässig.

PFLEGE
Der Jack Russell Terrier braucht nur wenig Fellpflege. Gelegentliches Bürsten tut ihm gut und hält das Fell in gutem Zustand.

CHARAKTER
Lebendig, sehr mutig und temperamentvoll, wachsam, aktiv und unternehmungslustig, intelligent, verspielt, dickköpfig, selbstlos, etwas dominant und selbständig.

AUFZUCHT UND ERZIEHUNG
Ein Besitzer, der die Hunde liebevoll und sehr konsequent zu führen weiß, wird mit Jack Russells keine Mühen haben. Die Terrier platzen geradezu vor Selbstvertrauen – wenn man ihnen alles durchgehen läßt, werden sie einem schnell auf der Nase herumtanzen.

VERTRÄGLICHKEIT
Wenn der Hund in seiner Jugend richtig sozialisiert wird, wird der Umgang mit Artgenossen sowie anderen Haustieren keine Probleme aufwerfen. Jack Russells sind von Natur aus sehr mutige und selbständige Jagdhunde, die die Katze des Hauses zwar akzeptieren, anderen Katzen aber nachjagen werden. Mit Kindern gehen sie in der Regel sehr gut um.

BEWEGUNG
Die Hunde dieser Rasse verfügen über enorm viel Energie und arbeiten gern. Man kann sich also vorstellen, daß sie mit drei Spaziergängen um den Block nicht zufrieden sind. Die Hunde wollen rennen, spielen, und sie graben sehr gern. Sie sind hervorragende Ungezieferbekämpfer und daher gut für Bauernhöfe geeignet. Auch in verschiedenen Hundesportarten machen sie eine gute Figur.

Kurzbeinige Jack Russell Terrier

Fotonachweis und Danksagung

Alle Fotografien wurden von Esther J. J. Verhoef-Verhallen gemacht; zusätzliches Material wurde bereitgestellt von:

Sandra Arts; H. Settelaar; R. van Riet; C. C. Asselbergs; A. Christiansen; Archief Pystykorva; Joenpolvi; J. W. A. Snel; Lochs-Romans; Reina Jansen; Willemien Dubislav-Tol; Henk und Ine Hartgers-Wagener.

Herausgeber und Autor wollen sich außerdem bei folgenden Hundebesitzern für die Bereitstellung ihrer Zeit und Hunde bedanken:

1. Hüte- und Treibhunde
Fam. Avontuur, F.H.M. Backx, Fam. Beenen-Sluijters, Mascha Bollen, Fam. Van Boven, Bea und Gerrit Enthoven, P.B.T. Gerritsen, J. de Gids, D. Griffijn, H. ten Haaf, Fam. De Haas, T. van der Heijden, W.L. van der Hoek, C.A. Keizer, Fam. Klein, D. van Klingeren, H.M. Luijken, Yvonne Maas, Jacky Marks, M. und J. van Mook, dhr. Van de Meijden Sr., M.A. van Mierlo, Laura van den Nieuwenhuijzen, A. van de Noorda, M.E. Spiering, M. Olsthoorn, Fam. Van Ooijen, R. Peschier, Fam. Prins, Bert Reintjes, T.A. Scherbeyn, Yvonne Schultz, H. Settelaar, H. Smits, R. und A. Tetteroo, H.P.P Verbakel, Jet Vermeulen, Fam. Welvering, Nancy Wijnhoven.

2. Die Rassengruppen der Pinscher, Schnauzer, Molosser, Doggen und Schweizer Sennenhunde
J.M.W. van de Berg, J. Bouland-Planken, Arie und José den Dekker Bragt, M. van Deursen, Fam. Gest, M.I.J. van Goethem-Jagz, H. und I. Hartgers-Wagener, P. Hendriks, Louis Hillebrand, Fam. Hoendervanger, J.C.G. van der Kant, Frans Kappe, G. Kemps, J. und E. Kloosterhof, E. Kluijs, H.T.J van Laar, M.C. Langendoen, L.J. Lodders, J. Luyks, B. Martens, Fam. van de Mierden, Fam. Nettenbreijer, Fam. Oudendijk, Fam. Plattje, Pranger, Fam. Reijnen-Labee, J. Rutten, Schellekens, J.M. Stramer, Joke und Jan Verberkt, E. Verhoef, Fam. J. Westerhoven, A. van Wijk, F. und L. van Wijk, G. van Wijk, Annette Wijnsouw, C. Zuydeweg-Roxs.

3. Terrier
J.H. Albers, Atilla und Nancy, Marianne Baas Becking, R. Bomers, Laurens und Sandra van de Burgt, J. Dekker und J. Roskam, Charlotte Froon, A. Hartmann-Tibbe, A. van Hoorn, Peter Jaspers, Colette de Jong, R. und I. Kelleter, E. Lahaye, B. und P. Langemaat-Oudkerk, J. van Lieshout, G.H.J. Lugtigheid, C. Meijer, W. Pul, W. de Reus und R. Bomers, Irma de Roo-Strous, R.P: Snip und J. Bourret, Marga Steenvoorden, C.C.E. Thomas, P. Koolen, W. Tijsee-Claase, T. Hoffman-Winkels, Jet Vermeulen, Th. und W. van Vessem, Lily Weber, Fam. De Wolf.

4. Teckel (Dackel, Dachshunde)
Mevr. Blom, Jeanine van de Heuvel, P. van Leeuwen, Fam. van Oers.

5. Spitze und spitzartige Hunde vom Urtyp
J.A.van de Berkmortel, A.W. Bruynzeel, Michel Cayol, M van Deursen, Chris Eisenga, R. und M. Fisher, Jennifer Gielisse, Sandra van de Graaf, Cornelis Koot, Marjo van Oers-van Mimpen, Ronny van Riet, H. Vrieze, J.W.A. Snel, A.M.M. Konijnenbung, Jet Vermeulen, Fam. De Wolf.

6. Lauf- und Schweißhunde
Thea Bouman, M. van de Broek, N. Horsten, H. und F. Huikeshoven, mevr. De Jong-Van Wijngaarden, G.M. Koenraadt, B. und P. Langemaat-Oudkerk, R.Morgans, Fam. Rust, R. Smits.

7. Vorstehhunde (Pointer)
J.F.H. Brocken, Anneke Cornelissen, A. Dekker, Lianne Eekman-Lampio, Margriet Gijsen-van de Bosch, Jan van Haren, A. Harduin, N. Hoogervorst-Hazenoot, J. Kamsteeg, G. Kemps, R. Key, Marianne Krans, B.G.A.W. Maton, M.B. Melchior, I. Nannings-Balvert, Fam. Roks, Fam. Van Son, A. Vorstenbosch, M.J.A.H.M. van Wanrooij, J. van Dommelen, Annette Wijnsouw.

8. Aufjagende und apportierende Vogel- und Wasserhunde
M. Cat, Jolanda van Gils, A. de Goede-van den Burg, Ellen Hagendijk, M. Hoogendorp, Hazel Huybregts-Kingham, A.T. Kamer, Fam. Knol, Ge und Ria Kleynen, H. Konings, R. Lochs-Romans, J. Luyks, E. Notenboom, J-P. und V. Perennec. Fam. Smits-Steenbakkers, Van der Linden-Steenbakkers, J. Tresoor-Homan, Marc Wynn, Ton und Louise van Zoom, C. Zuydeweg-Roxs.

9. Gesellschafts- und Zwerghunde
Hans Bleeker, Jan den Otter, M.W.A.H. Cooymans, A.M. und T. van Dongen-Ribberink, Willemien Dubislav-Tol, A.P.M. van de Horst, H.R. Jacobs, Reina Jansen, Wim und Ria Jansen, Reina Janssen-Spits, M. Kavelaars, J. und E. Kloosterhof, T.J. Koster, T.J. Koster und A. Leliveld, J. van Lieshout, H.M. Luijken, Erwin Manders, Jo und Majorie Nelissen, B. und Chr. Schiltman, J. Tekelenburg, J. Timmers,

H. Verhees, Fam. De Wit-Peemen, F. Voogt, R. Rullens.

10. Windhunde
Fam. Ferber-Llinares, Anita M.T.H. Gielisse, Jennifer Gielisse, Sandra van de Graaf, E. van de Have-van Dipten, Annemie und Jo Hoffman, Phil Morgan, Fam. Oudendijk, Sonja van Rij-van Baarle.

11. Nicht anerkannte Rassen
A. Klerken, H.L. Noordhoek.

Der Autor möchte sich vor allem bei C.C. und T.J. Asselbergs für ihre Informationen über und die Einblicke in die Haltung skandinavischer Hunderassen bedanken.

Darüberhinaus sei allen Rassenvereinigungen, Rassenspezialisten, Züchtern, Besitzern und Hundeliebhabern gedankt, die bislang nicht namentlich erwähnt worden sind. Ihre wertvollen Beiträge haben bei der wahrheitsgetreuen Beschreibung der betreffenden Rassen sehr geholfen.

Register

Labrador Retriever

Grand Basset Griffon Vendéen

Glen of Imaal-Terrier

Belgischer Schäferhund, Tervueren